黄永祥 编著

Django+Vue.js 商城项目实战

清华大学出版社
北京

内 容 简 介

本书基于Django 4.x和Vue 3.x版本，以一个完整商城网站的开发流程为主线，介绍分别使用纯后端架构和前后端分离架构实现项目的全部技术细节。纯后端开发架构主要讲解Django的知识要点及每个功能模块的要点和实现方式，内容包括Django网站开发基础、项目需求与设计、路由规划与设计、商城数据模型的搭建与使用、数据业务视图、数据渲染与展示、商品信息模块、用户信息模块、购物车与支付功能、后台管理系统等。前后端分离架构是在纯后端开发架构基础上演变而来的，内容包括接口开发、使用DRF开发商城接口、Vue前端开发、使用Vue开发商城项目、项目上线与部署等。

本书凝聚了编者近十年一线开发经验，提供了完整的项目源码，对于缺少项目经验和想要深入理解架构演进的各层次读者，本书极具参考价值，本书也很适合作为培训机构、企业内训和大中专院校的实践课教材。

图书在版编目（CIP）数据

Django+Vue.js商城项目实战/黄永祥编著. —北京：清华大学出版社，2023.8
ISBN 978-7-302-64390-6

Ⅰ．①D… Ⅱ．①黄… Ⅲ．①软件工具—程序设计 Ⅳ．①TP311.561

中国国家版本馆CIP数据核字（2023）第149716号

责任编辑：王金柱
封面设计：王 翔
责任校对：闫秀华
责任印制：宋 林

出版发行：清华大学出版社

网　　　址：http://www.tup.com.cn，http://www.wqbook.com
地　　　址：北京清华大学学研大厦A座　　　　　　邮　　编：100084
社 总 机：010-83470000　　　　　　　　　　　邮　　购：010-62786544
投稿与读者服务：010-62776969，c-service@tup.tsinghua.edu.cn
质量反馈：010-62772015，zhiliang@tup.tsinghua.edu.cn

印 装 者：三河市龙大印装有限公司
经　　销：全国新华书店
开　　本：190mm×260mm　　　　　印　　张：24.25　　　字　　数：582千字
版　　次：2023年9月第1版　　　　　印　　次：2023年9月第1次印刷
定　　价：109.00元

产品编号：102322-01

前 言 PREFACE

随着技术的不断发展，Python 越来越受开发者的喜爱和追捧，很多企业开始使用 Python 作为网站服务器的开发语言。Python 功能强大，适应性强，能够与当前流行的各类开发工具无缝结合，而且容易上手，即使是没有任何编程语言基础的读者，通过自学也能轻松上手，这也是 Python 越来越受欢迎的原因之一。

Python 的 Django 框架是其进行 Web 开发的利器，目前大量网站使用 Python 进行开发，和 Django 框架的流行是分不开发，如果你是新手，想从事 Web 开发，学习 Django 可以说是不二之选。Django 从 2008 年推出发展到现在，已有成熟的体系和社区，目前已成为 Python Web 开发的首选框架。

本书基于当前最新的 Django 4.x 和 Vue 3.x 版本，以一个商城网站项目的开发贯穿全书，从实战中讲述各个知识要点，理论与实践相结合。值得注意的是，本书的项目使用了两种架构模式，一种是纯后端架构，另一种是前后端分离架构，因此，通过本书的学习，读者不仅可以掌握当前两大热点流行工具 Django 和 Vue.js 在实际开发中的应用，还能够了解一个项目的架构演进，有助于读者在实际项目开发中做出正确的选择。

本书结构

本书共 16 章，各章内容概述如下：

第 1 章为网站开发基础，主要讲述 Django 与 WSGI、搭建 Django 与 PyCharm 开发环境、项目创建与调试等。

第 2 章为项目需求与设计，讲述商城网站的项目需求，根据开发需求设计网站架构，创建 Django 项目，并进行项目的功能配置等。

第 3 章为路由规划与设计，讲述路由变量的设置、设置正则表达式、命名空间与路由命名、路由的反向解析和重定向等。

第 4 章为数据模型的搭建与使用，讲述 Django 如何设计数据模型，通过模型创建数据表，操作模型对象实现数据表的读写。

第 5 章为数据业务视图，讲述 Django 如何编写数据业务逻辑，包括 HTTP 请求对象、响应内容和视图类的定义过程，分别使用视图函数和视图类编写网站首页的业务逻辑。

第 6 章为数据渲染与展示，讲述 Django 如何实现模板的数据渲染，包括模板上下文、模板标签及其自定义、模板继承和过滤器及其自定义，并设计电子商务网站的基础模板和实现首页模板的数据渲染。

第 7 章为商品信息模块，包含商品列表页和商品详细页的业务逻辑和数据渲染，讲述如何使用 Django 的分页功能、会话 Session 和 Ajax 调用 API 接口。

第 8 章为用户信息模块，包含用户注册、登录以及个人中心页的业务逻辑和数据渲染，讲述如何使用 Django 的 CSRF 防护机制、内置 Auth 认证系统、内置表单类 Form 和 ModelForm。

第 9 章为购物车与支付功能，包含购物车功能页面和在线支付的业务逻辑，讲述如何使用 Ajax 调用 API 接口删除购物车的商品信息，以及添加支付宝在线支付接口功能。

第 10 章为后台管理系统，分别对网站的数据模型实现可视化的数据管理操作，如增、删、改、查操作，并深入讲述后台系统的二次开发过程。

第 11 章为前后端分离架构，分别阐述前后端分离的优缺点、接口规范与设计、项目接口设计方案以及如何搭建 Mock Server。

第 12 章为接口开发，深入讲述如何使用 Django 原生语法和 DRF 框架实现接口开发。

第 13 章为使用 DRF 开发商城接口，功能包括模型数据读写操作、在线支付、用户认证等。

第 14 章为前端开发，内容包括 Windows 搭建 Vue 开发环境、使用 Vue 脚手架创建项目、项目目录功能配置与启动，并通过示例实现简单的用户登录和产品查询页面。

第 15 章为 Vue 开发商城项目，包括 HTTP 请求配置、状态管理配置、路由定义、组件应用与设计，分别实现商城首页、商品列表页、商品详细页、用户注册与登录、购物车、个人中心页、网站异常页等功能。

第 16 章为项目上线与部署，分别讲述商城项目在 Windows、Linux 和 Docker 环境的部署过程。Windows 采用 IIS 服务器 +wfastcgi+Django 实现部署过程，Linux 采用 Nginx+uWSGI+Django 实现部署过程，Docker 采用 Docker Compose + Dockerfile 实现部署过程。

本书特色

使用两种架构模式开发：全书以一个商城网站项目的开发流程为主线，使用两种架构模式讲解，即纯后端架构和前后端分离架构，有助于读者深入理解架构原理并在实际项目开发中做出正确选择。

方便项目再现：全书从项目设计入手，涉及商城网站的所有重要模块及代码实现、接口开发、项目上线部署等，并提供完整源码，读者对照本书，完全可以再现本书的项目。

原理与实践并重：本书虽然是从项目入手，但有关网站开发的基本概念、原理也一并穿插进行了介绍，因此，对于有一定编程语言（例如 Python、HTML、CSS、JavaScript）基础，但是初次接触商城网站项目开发的读者，本书很适合。

一线开发经验总结：本书编者拥有近十年 Web 开发经验，并长期使用 Python 进行后端开发，同时，对于各类流行框架及工具也拥有丰富经验，阅读本书可以让读者快速提升整合运用工具开发的实战技能，用最少的时间掌握正确的开发姿势，解决开发中遇到的各类疑惑，不走弯路，行稳致远。

源代码下载

本书提供了源码和 PPT 课件。

其中，所有程序代码均在 Django 4 下调试通过，源代码 GitHub 下载地址：

https://github.com/xyjw/diango-vue

源码和 PPT 也可扫描以下二维码获取：

如果你在下载过程中遇到问题，可发送邮件至 booksaga@126.com 获得帮助，邮件标题为"Django+Vue 商城项目实战"。

读者对象

本书主要适合以下读者阅读：

- 缺少项目经验的 Django 新手及网站开发初学者
- 从事 Python 网站开发的技术人员
- 培训机构及大专院校的在校学生

虽然编者力求本书更臻完美，但由于水平所限，难免会出现疏漏之处，特别是 Django 版本更新可能导致源代码在运行过程中出现问题，欢迎广大读者和专家给予指正。

编　者

2023 年 5 月 20 日

目　录　CONTENTS

网站开发基础

学习开发网站必须了解网站的组成部分、网站类型、运行原理和开发流程。使用 Django 开发网站必须掌握 Django 的基本操作，比如创建项目、Django 的操作指令以及开发过程中的调试方法。本书的商城项目就是一个电子商务网站，在介绍本书商城网站开发之前，本章先介绍一些通用的网站开发的基础知识。

1.1 网站的定义与组成

网站（Website）是指在互联网上根据一定的规则，使用 HTML（Hyper Text Mark-up Language，超文本标记语言）等工具制作并用于展示特定内容相关网页的集合。简单地说，网站是一种沟通工具，人们可以通过网站来发布自己想要公开的资讯，或者利用网站来提供相关的网络服务，也可以通过网页浏览器来访问网站，获取自己需要的资讯或者享受网络服务。

在早期，域名、空间服务器与程序是网站的基本组成部分，随着科技不断进步，网站的组成日趋复杂，目前多数网站由域名、空间服务器、DNS 域名解析、网站程序和数据库等组成。

域名（Domain Name）由一串用点分隔的字母组成，代表互联网上某一台计算机或计算机组的名称，用于在数据传输时标识计算机的电子方位，已经成为互联网的品牌和网上商标保护必备的产品之一。通俗地说，域名就相当于一个家庭的门牌号码，别人通过这个号码很容易找到你所在的位置。以百度的域名为例，百度的网址是由 3 部分组成的：标号 baidu 是这个域名的主域名体；前面的 www. 是网络名；最后的标号 com 则是该域名的后缀，代表一个国际域名，属于顶级域名之一。

常见的域名后缀有以下几种。

- .COM：商业性的机构或公司。
- .NET：从事 Internet 相关的网络服务的机构或公司。
- .ORG：非营利的组织、团体。
- .GOV：政府部门。
- .CN：中国国内域名。

- .COM.CN：中国商业域名。
- .NET.CN：中国从事 Internet 相关的网络服务的机构或公司。
- .ORG.CN：中国非营利的组织、团体。
- .GOV.CN：中国政府部门。

空间服务器主要有虚拟主机、独立服务器和虚拟专用服务器（Virtual Private Server，VPS）。

（1）虚拟主机是在网络服务器上划分出一定的磁盘空间供用户放置站点和应用组件等，提供必要的站点功能、数据存放和传输功能。虚拟主机也叫"网站空间"，就是把一台运行在互联网上的服务器划分成多个"虚拟"的服务器。每一个虚拟主机都具有独立的域名和完整的 Internet 服务器（支持 WWW、FTP、E-mail 等）。虚拟主机是网络发展的福音，极大地促进了网络技术的应用和普及。同时，虚拟主机的租用服务成了网络时代新的经济形式，虚拟主机的租用类似于房屋租用。

（2）独立服务器是指性能更强大、整体硬件完全独立的服务器，其 CPU 都在 8 核以上。

（3）VPS 即虚拟专用服务器技术是将一个服务器分区成多个虚拟独立专享服务器的技术。每个使用虚拟专用服务器技术的虚拟独立服务器拥有各自独立的公网 IP 地址、操作系统、硬盘空间、内存空间和 CPU 资源等，还可以进行安装程序、重启服务器等操作，与一台独立服务器完全相同。

网站程序是建设与修改网站所使用的编程语言，源代码是由按一定格式书写的文字和符号编写的，可以是任何编程语言，常见的网站开发语言有 Java、PHP、ASP.NET 和 Python。而浏览器就如程序的编译器，它会将源代码翻译成图文内容呈现在网页上。

1.2　网站的分类

资讯门户类网站以提供信息资讯为主要目的，是目前普遍的网站形式之一，例如新浪、搜狐和新华网。这类网站虽然涵盖的信息类型多、信息量大、访问群体广，但包含的功能比较简单，网站基本功能包含检索、论坛、留言和用户中心等。

开发这类网站主要涉及 4 个因素：

- 承载的信息类型，例如是否承载多媒体信息、是否承载结构化信息等。
- 信息发布的方式和流程。
- 信息的数量级。
- 网站用户管理。

企业品牌类网站用于展示企业综合实力，体现企业文化和品牌理念。企业品牌网站非常强调创意，对于美工设计要求较高，精美的 FLASH 动画是常用的表现形式，对于网站内容组织策划和产品展示体验方面也有较高的要求。网站利用多媒体交互和动态网页技术，针对目标客户进行内容建设，以达到品牌营销的目的。

企业品牌网站可细分为以下 3 类。

- 企业形象网站：塑造企业形象、传播企业文化、推介企业业务、报道企业活动和展示企业实力。
- 品牌形象网站：当企业拥有众多品牌且不同品牌之间的市场定位和营销策略各不相同时，企业可以根据不同品牌建立其品牌网站，以针对不同的消费群体。
- 产品形象网站：针对某一产品的网站，重点在于产品的体验。

交易类网站以实现交易为目的，以订单为中心。交易的对象可以是企业和消费者。这类网站有 3 项基本内容：商品如何展示、订单如何生成以及订单如何执行。

因此，这类网站一般需要有产品管理、订购管理、订单管理、产品推荐、支付管理、收费管理、送发货管理和会员管理等基本功能。功能复杂一点的可能还需要积分管理系统、VIP 管理系统、CRM（Customer Relationship Management，客户关系管理）系统、MIS（Enterprise Relationship Planning，企业关系计划）系统、ERP（Management Information Systems，管理信息系统）和商品销售分析系统等。交易类网站成功与否的关键在于业务模型的优劣。

交易类网站可细分为以下 3 类。

- B2C（Business To Consumer）网站：商家—消费者，主要是购物网站，用于商家和消费者之间的买卖，如传统的百货商店和购物广场等。
- B2B（Business To Business）网站：商家—商家，主要是商务网站，用于商家之间的买卖，如传统的原材料市场和大型批发市场等。
- C2C（Consumer To Consumer）网站：消费者—消费者，主要以拍卖网站为主，用于个人物品的买卖，如传统的旧货市场、跳蚤市场、废品收购站等。

办公及政府机构网站分为企业办公事务类网站和政府办公类网站。企业办公事务类网站主要包括企业办公事务管理系统、人力资源管理系统和办公成本管理系统。

政府办公类网站是利用政府专用网络和内部办公网络而建立的内部门户信息网，是为了方便办公区域以外的相关部门互通信息、统一处理数据和共享文件资料而建立的，其基本功能如下：

（1）提供多数据源接口，实现业务系统的数据整合。

（2）统一用户管理，提供方便有效的访问权限和管理权限体系。

（3）灵活设立子网站，以实现复杂的信息发布管理流程。

网站面向社会公众，既可提供办事指南、政策法规和动态信息等，又可提供网上行政业务申报、办理及相关数据查询等。

互动游戏网站是近年来国内逐渐风靡起来的一种网站。这类网站的投入是根据所承载游戏的复杂程度来定的，其发展趋势是向超巨型方向发展，有的已经形成了独立的网络世界。

功能性网站是一种新型网站，其中谷歌和百度是典型代表。这类网站的主要特征是将一个具有广泛需求的功能扩展开来，开发一套强大的功能体系，将功能的实现推向极致。功能在网页上看似简单，但实际投入成本相当惊人，而且效益非常巨大。

1.3 网站运行原理及开发流程

1.3.1 常用术语

如果刚接触网站开发，那么很有必要了解网站的运行原理。在了解网站的运行原理之前，首先需要理解网站中一些常用的术语。

- 客户端：在计算机上运行并连接到互联网的应用程序，简称浏览器，如 Chrome、Firefox 和 IE。用户通过操作客户端实现网站和用户之间的数据交互。
- 服务器：能连接到互联网且具有 IP 地址的计算机。服务器主要接收和处理用户的请求信息。当用户在客户端操作网页的时候，实质上是向网站发送一个 HTTP 请求，网站的服务器接收到请求后会进行相应的处理，最后将处理结果返回客户端并生成相应的网页信息。
- IP 地址：互联网协议地址，TCP/IP 网络设备（计算机、服务器、打印机、路由器等）的数字标识符。互联网上的每台计算机都有一个 IP 地址，用于识别和通信。IP 地址有 4 组数字，以小数点分隔（例如 244.155.65.2），这被称为逻辑地址。为了在网络中定位设备，通过 TCP/IP 将逻辑 IP 地址转换为物理地址（物理地址即计算机中的 MAC 地址）。
- 域名：用于标识一个或多个 IP 地址。
- DNS（Domain Name System）：域名系统，用于跟踪计算机的域名及其在互联网上相应的 IP 地址。
- ISP（Internet Service Provider）：互联网服务提供商，主要工作是在 DNS（域名系统）中查找当前域名对应的 IP 地址。
- TCP/IP：传输控制协议 / 互联网协议，是广泛使用的通信协议。
- HTTP：超文本传输协议，是浏览器和服务器通过互联网进行通信的协议。

1.3.2 网站的运行原理

了解网站的常用术语后，我们通过一个简单的例子来讲解网站运行的原理。

（1）在浏览器中输入网站地址，如 www.github.com。

（2）浏览器解析网站地址中包含的信息，如 HTTP 和域名（github.com）。

（3）浏览器与 ISP 通信，在 DNS 中查找 www.github.com 所对应的 IP 地址，然后将 IP 地址发送到浏览器的 DNS 服务，最后向 www.github.com 的 IP 地址发送请求。

（4）浏览器从网站地址中获取 IP 地址和端口（HTTP 默认为 80 端口，HTTPS 默认为 443 端口），并打开 TCP 套接字连接，实现浏览器和 Web 服务器的连接。

（5）浏览器根据用户操作向服务器发送相应的 HTTP 请求，如打开 www.github.com 的主页面。

（6）当 Web 服务器接收到请求后，根据请求信息查找该 HTML 页面。若页面存在，则 Web 服务器将处理结果和页面返回浏览器；若服务器找不到页面，则发送一个 404 错误消息，代表找不到相关的页面。

1.3.3 网站的开发流程

很多人认为网站开发是一件很困难的事情，其实没有想象中那么困难。只要明白了网站的开发流程，就会觉得网站开发非常简单。如果没有一个清晰的开发流程指导开发，就会觉得整个开发过程难以实行。完整的开发流程如下。

（1）需求分析：当拿到一个项目时，必须进行需求分析，清楚地知道网站的类型、具体功能、业务逻辑以及网站的风格，此外还要确定域名、网站空间或者服务器以及网站备案等。

（2）规划静态内容：重新确定需求分析，并根据用户需求规划出网站的内容版块草图。

（3）设计阶段：根据网站草图由美工制作成效果图。就好比建房子一样，首先画出效果图，然后才开始建房子，网站开发也是如此。

（4）程序开发阶段：根据草图划分页面结构和设计，前端和后台可以同时进行。前端根据美工效果负责制作静态页面；后台根据页面结构和设计，设计数据库数据结构和开发网站后台。

（5）测试和上线：在本地搭建服务器，测试网站是否存在 Bug。若无问题，则可将网站打包，使用 FTP 上传至网站空间或者服务器。

（6）维护推广：在网站上线之后，根据实际情况完善网站的不足，定期修复和升级，保障网站运营顺畅，然后对网站进行推广宣传等。

1.3.4 任务划分

网站开发必须根据用户需求制定开发任务，不同职位的开发人员负责不同的功能设计与实现，各个职位的工作划分如下。

（1）网页设计由 UI 设计人员负责。UI 设计人员需要考虑用户体验、网站色调搭配和操作流程等。

（2）前端开发人员将网页设计图转化成 HTML 页面，主要编写 HTML 网页、CSS 样式和 JavaScript 脚本，如果采用前后端分离模式，那么整个网站的页面功能皆由前端人员实现。

（3）后端开发人员负责实现网站功能和数据库设计。网站功能需要数据库提供数据支持，实质上是实现数据库的读写操作；数据库设计需要根据网站功能设计相应的数据表，并且还要考虑数据表之间的数据关联。如果采用前后端分离模式，那么后端人员只需编写 API，由前端人员调用 API 实现网站功能。

（4）测试人员负责测试网站功能是否符合用户需求。在测试过程中需要编写测试用例进行测试，如果发现功能存在 Bug，那么需要向开发人员提交 Bug 的重现方法。只要功能发生修改或变更，测试人员就要重新测试。

（5）运维人员负责网站的部署和上线。网站主要部署在 Linux 系统中，除了安装 Django 环境之外，还需要将 Django 搭建在 Nginx 或 Apache 服务器上，并在 Nginx 或 Apache 上绑定网站的域名。

1.4 Django 简史

Django 是一个开放源代码的 Web 应用框架，由 Python 写成，最初用于管理劳伦斯出版集团旗下的一些以新闻内容为主的网站，即 CMS 软件，于 2005 年 7 月在 BSD（Berkeley Software Distribution，伯克利软件套件）许可证下发布，这套框架是以比利时的吉卜赛爵士吉他手 Django Reinhardt 来命名的。Django 采用了 MTV 的框架模式，即模型（Model）、模板（Template）和视图（View），三者之间各自负责不同的职责。

- 模型：*数据存取层，处理与数据相关的所有事务，例如如何存取、如何验证有效性、包含哪些行为以及数据之间的关系等。*
- 模板：*表现层，处理与表现相关的决定，例如如何在页面或其他类型的文档中进行显示。*
- 视图：*业务逻辑层，存取模型及调取恰当模板的相关逻辑，模型与模板的桥梁。*

Django 的主要目的是简便、快速地开发数据库驱动的网站。它强调代码复用，多个组件可以很方便地以插件形式服务于整个框架。Django 有许多功能强大的第三方插件，可以很方便地开发出自己的工具包，这使得 Django 具有很强的可扩展性。此外，Django 还强调快速开发和 DRY（Don't Repeat Yourself）原则。Django 基于 MTV 的设计十分优美，它具有以下特点：

- 对象关系映射（Object Relational Mapping，ORM）：*通过定义映射类来构建数据模型，将模型与关系数据库连接起来，使用 ORM 框架内置的数据库接口可实现复杂的数据操作。*
- URL 设计：*开发者可以设计任意的 URL（网站地址），并且支持使用正则表达式设计。*
- 模板系统：*提供可扩展的模板语言，模板之间具有可继承性。*
- 表单处理：*可以生成各种表单模型，而且表单具有有效性检验功能。*
- Cache 系统：*完善的缓存系统，可支持多种缓存方式。*
- Auth 认证系统：*提供用户认证、权限设置和用户组功能，功能扩展性强。*
- 国际化：*内置国际化系统，方便开发出多种语言的网站。*
- Admin 后台系统：*内置 Admin 后台管理系统，系统扩展性强。*

1.5 Django 与 WSGI

在 Python 中，很多 Web 应用框架都支持 WSGI（Web Server Gateway Interface，Web 服务器网关接口），比如 Django、Flask、Tornado 和 Bottle 等。WSGI 是为 Python 语言定义的 Web 服务器和 Web 应用程序或框架之间的一种简单而通用的接口协议，它将 Web 服务器（例如 Apache 或 Nginx）的请求转发到后端 Python Web 应用程序或 Web 框架。

可能许多读者搞不清楚 Django、WSGI 和 Web 服务器（Apache 或 Nginx）三者之间的关系，简单来说，Django 是一个 Web 应用框架，WSGI 是定义 Web 应用框架和 Web 服务器的通信协议。一个完整的网站必须包含 Web 服务器、Web 应用框架和数据库。用户通过浏览器访问网址的时候，这个访问操作相当于向网站发送一个 HTTP 请求，网站首先由 Web 服务器接受用户的 HTTP 请求，然后 Web 服务器通过 WSGI 将请求转发到 Web 应用框架进行处理，并得出处理结果，Web 应用框架通过 WSGI 将处理结果返回给 Web 服务器，最后由 Web 服务器将处理结果返回到用户的浏览器，用户即可看到相应的网页内容，如图 1-1 所示。

图 1-1　网站运行原理

WSGI 分为两部分：服务端和应用端，服务端也可以称为网关端（uWSGI 或 Gunicorn），应用端也称为框架端（Django 或 Flask 的 Web 应用框架）。我们知道 WSGI 是 Web 服务器（Apache 或 Nginx）与 Web 应用框架（Django 或 Flask 的 Web 应用框架）的通信规范，它没有具体的实现过程，因此由服务端（uWSGI 或 Gunicorn）实现通信过程。换句话说，服务端实现服务器和 Web 应用框架的通信传输。根据实际的网站搭建情况，我们将网站架构分为两级架构和三级架构，如图 1-2 所示。

图 1-2　两级架构和三级架构

　　两级架构是将服务端（uWSGI 或 Gunicorn）作为 Web 服务器，许多 Web 框架已经附带了 WSGI 的服务端，比如 Django 和 Flask，因此它们能直接运行启动，但这种架构模式只能在开发阶段使用，在上线阶段是无法使用的，因为服务端的性能比不上专业 Web 服务器（Apache 或 Nginx）。

　　三级架构是将服务端作为中间件，实现 Web 服务器和 Web 应用架构的通信，这种架构模式用于上线阶段。

1.6　HTML、CSS 和 JavaScript

　　网站开发可以分为前端开发和后端开发。前端开发是指网页设计，我们在浏览器看到网站的图片、文字、音乐视频等内容排版都是由前端开发人员实现的；后端开发是为前端开发提供实际的数据内容和业务逻辑，比如提供文字内容、图片和音乐视频的路径地址等信息。

　　前端开发人员必须掌握 HTML、CSS 和 JavaScript 的基础语言，基于这些基础语言延伸了许多前端框架，比如 jQuery、Bootstrap、Vue、React 和 AngularJS 等。后端开发人员必须掌握一种或多种后端开发语言、数据库应用原理、Web 服务器应用原理和基础运维技术，目前较为热门的后端开发语言有 Java、PHP、Python 和 GO 语言，数据库有 MySQL、MSSQL、Oracle 和 Redis 等。尽管明确划分了网站开发的职责，在实际工作中，特别是一些中小企业，虽然不要求后端开发人员必须精通前端开发，但必须掌握基本的应用开发，比如调整网站布局或编写简单的 JavaScript 脚本。

　　我们除了学习使用 Django 开发网站外，还需要掌握前端的基础知识，本节将简单讲述 HTML、CSS 和 JavaScript 的基础知识。

1.6.1　HTML

　　HTML 是超文本标记语言，标准通用标记语言下的一个应用。"超文本"就是指页面内可以包含图片、链接，甚至音乐、程序等非文字元素。超文本标记语言的结构包括"头"（Head）部分和"主体"（Body）部分，其中"头"部分提供关于网页的信息，"主体"部分提供网页的具体内容。下面来看一个简单的 HTML 文档的结构：

```
<!DOCTYPE html> # 声明为 HTML5 文档
# HTML 元素是网页的根元素
<html>
# head 元素包含文档的元（meta）数据
<head>
# meta 元素可提供有关页面的元信息（meta-information），主要是描述和关键词
<meta charset="utf-8">
# title 元素描述了文档的标题
<title>Python</title>
```

```
</head>
# body 元素包含可见的页面内容
<body>
<h1> 我的第一个标题 </h1>    # 定义一个标题
<p> 我的第一个段落。</p>      # 元素定义一个段落
</body>
</html>
```

一个完整的网页必定以 <html></html> 开头和结尾，整个 HTML 可分为两部分：

（1）<head></head>，主要是对网页的描述、图片和 JavaScript 的引用。<head> 元素包含所有的头部标签元素。在 <head> 元素中可以插入脚本（scripts）、样式文件（CSS）及各种 meta 信息。该区域可添加的元素标签有 <title>、<style>、<meta>、<link>、<script>、<noscript> 和 <base>。

（2）<body></body> 是网页信息的主要载体。该标签下还可以包含很多类别的标签，不同的标签有不同的作用，标签以 <> 开头，以 </> 结尾，<> 和 </> 之间的内容是标签的值和属性，每个标签之间可以是相互独立的，也可以是嵌套的、层层递进的。

根据这两个组成部分，很容易分析整个网页的布局。其中，<body></body> 是整个 HTML 的重点部分，下面通过示例讲述如何分析 <body></body>：

```
<body>
<h1> 我的第一个标题 </h1>
<div>
<p> Python</p>
</div>
<h2>
<p>
<a> Python</a>
</p>
</h2>
</body>
```

上述例子分析如下：

（1）<h1> 和 <div> 是两个不相关的标签，两个标签是相互独立的。

（2）<div> 和 <p> 是嵌套关系，<p> 的上一级标签是 <div>。

（3）<h1> 和 <p> 这两个标签是毫无关系的。

（4）<h2> 标签包含一个 <p> 标签，<p> 标签再包含一个 <a> 标签，一个标签可以包含多个标签在其中。

除上述示例的标签之外，大部分标签都可以在 <body></body> 中添加，常用的标签如表 1-1 所示。

表1-1　HTML常用的标签

HTML标签	中文释义
img	图片
a	锚
strong	加重（文本）
em	强调（文本）
i	斜体字
b	粗体（文本）
br	换行
div	分隔
span	范围
ol	排序列表
ul	不排序列表
li	列表项目
dl	定义列表
h1~h6	标题1～标题6
p	段落
tr	表格中的一行
th	表格中的表头
td	表格中的一个单元格

1.6.2　CSS

　　HTML 代码保存在后缀名为 .html 的文件中，而 CSS 样式保存在后缀名为 .css 的文件中，然后在 HTML 代码中调用 CSS 样式文件。由于 HTML 代码中存在多个不同的元素，并且每个元素的网页布局各不相同，因此需要使用 CSS 选择器定位每个 HTML 元素，然后编写相应的 CSS 样式。

　　CSS 选择器划分了多种类型，同一个 HTML 元素可以使用不同的 CSS 选择器进行定位，在实际开发中常用的 CSS 选择器有类别选择器、标签选择器、ID 选择器、通用选择器和群组选择器，我们将简单讲述如何使用这些 CSS 选择器实现 HTML 元素的网页布局。

　　为了更好地理解 CSS 样式的编写规则，我们将重新定义 HTML 代码，首先在 D 盘中创建文件夹 qd，然后在 qd 文件夹中分别创建 index.html 和 index.css 文件，如图 1-3 所示。

名称	修改日期	类型	大小
index.css	2020/01/27 0:06	层叠样式表文档	0 KB
index.html	2020/01/27 0:06	Chrome HTML Doc...	0 KB

图 1-3　目录结构

打开 index.html 文件，在该文件中定义网页元素，详细代码如下：

```html
<html>
<head>
<link rel="stylesheet" type="text/css" href="index.css">
</head>
<body>
<h3> 这是标题 </h3>
<div class="content">
<p> 这是正文 </P>
<input id="message" placeholder=" 输入你的留言 ">
<br>
<button id="submit" > 提交 </button>
</div>
</body>
</html>
```

上述代码使用 link 标签引入了同一路径的 index.
css 文件，link 标签是在 HTML 代码中引入 CSS 文
件，使 CSS 文件的样式代码能在 HTML 代码中生
效。然后设置了 5 个不同类型的 HTML 标签，分别为
<h3>、<div>、<p>、<input> 和 <button>，其中 <div>
设置了 class 属性，<input> 和 <button> 设置了 id 属性。
在设置样式之前，我们使用浏览器查看没有样式效果
的 index.html 文件，如图 1-4 所示。

图 1-4　网页效果

下一步将使用类别选择器、标签选择器、ID 选择器、通用选择器和群组选择器分别对这
些 HTML 标签的样式进行设置。打开 qd 文件夹的 index.css 文件，然后在此文件中分别编写
<h3>、<div>、<p>、<input> 和 <button> 的样式代码，代码如下：

```css
/* 通用选择器 */
* {
font-size:30px
}
 /* 标签选择器 */
h3 {
color:blue;
}
 /* 类别选择器 */
.content {
text-align:center;
}
 /*ID 选择器 */
#message {
width:500px;
}
 /* 群组选择器 */
```

```
#submit, p {
color:red;
}
```

上述代码中，我们依次使用通用选择器、标签选择器、类别选择器、ID 选择器和群组选择器设置了 index.html 的网页布局，从代码中可以归纳总结 CSS 选择器的语法格式，如下所示：

```
XXX {
attribute:value;
attribute:value;
}
```

CSS 选择器的语法说明如下：

（1）XXX 代表 CSS 选择器的类型。

（2）在 CSS 选择器后面使用空格并添加大括号 {}，在大括号 {} 里面编写具体的样式设置。

（3）样式设置以 attribute:value 表示，attribute 代表样式名称，value 代表该样式设置的数值。多个样式之间使用分号 ";" 隔开。

（4）如果要对样式添加注释，那么可以使用 "/**/" 添加说明。

我们回看 index.css 文件，该文件的样式代码说明如下。

（1）通用选择器：它以符号 "*" 表示，这是设置整个网页所有元素的样式，用于网页的整体布局。上述代码是将整个网页的字体大小设为 30px。

（2）标签选择器：它以标签名表示，如果网页中有多个相同的标签，那么标签选择器的样式设置都会作用在这些标签上。上述代码是将所有 h3 标签的字体颜色设为蓝色。

（3）类别选择器：它以 .xxx 表示，其中 xxx 代表标签属性 class 的属性值，这是开发中常用的样式设置。使用类别选择器，在 HTML 的标签中设置 class 属性，在 class 属性的属性值前面加上实心点 "."，即可作为类别选择器。上述代码是将 class="content" 的标签放置在网页居中位置。

（4）ID 选择器：它以 #xxx 表示，其中 xxx 代表标签属性 id 的属性值，这也是开发中常用的样式设置。使用 ID 选择器，在 HTML 的标签中设置 id 属性，在 id 属性的属性值前面加上 "#"，即可作为 ID 选择器。上述代码是将 id="message" 的标签宽度设置为 500px。

（5）群组选择器：它是将多个 CSS 选择器组合成一个群组，并由这个群组对这些标签进行统一的样式设置，每个 CSS 选择器之间使用逗号隔开。上述代码是分别将 id="submit" 的标签和 p 标签的字体颜色设为红色。

最后保存 index.css 文件的样式代码，在浏览器再次查看 index.html 文件的网页效果，如图 1-5 所示。

图 1-5　网页效果

CSS 样式也可以直接在 HTML 文件中编写，但在企业开发中，一般采用 HTML 和 CSS 代码分离，这样便于维护和管理，而且利于开发者阅读。

1.6.3　JavaScript

JavaScript（简称 JS）是一种具有函数优先的轻量级、解释型的编程语言。它是因为开发 Web 页面的脚本语言而出名的，但是也被用到了很多非浏览器环境中，JavaScript 是基于原型编程、多范式的动态脚本语言，并且支持面向对象、命令式和声明式的编程风格。简单来说，JavaScript 是能被浏览器解释并执行的一种编程语言。

JavaScript 可以在 HTML 文件中编写，但在企业开发中也是采用 HTML 和 JavaScript 代码分离。为了更好地理解 JavaScript 的代码编写方式，我们在 qd 文件夹中新建 index.js 文件，qd 文件夹的目录结构如图 1-6 所示。

图 1-6　qd 文件夹的目录结构

首先打开 index.html 文件，在 HTML 代码中引入 JS 文件，并为 button 标签添加事件触发，详细代码如下：

```html
<html>
<head>
<link rel="stylesheet" type="text/css" href="index.css">
<script type="text/javascript" src="index.js"></script>
</head>
<body>
<h3> 这是标题 </h3>
<div class="content">
<p> 这是正文 </P>
<input id="message" placeholder=" 输入你的留言 ">
<br>
<button id="submit" onclick="getInfo()"> 提交 </button>
</div>
</body>
</html>
```

从上述代码看到，script 标签是在 HTML 代码中引入 JS 文件，使得 JS 文件的 JavaScript 代码能在 HTML 代码中生效。button 标签添加了 onclick 属性，该属性是 JS 的事件触发的，当用户单击"提交"按钮的时候，浏览器将会触发事件 onclick 所绑定的 getInfo() 函数。

JavaScript 除了事件触发 onclick 之外，还提供了其他的事件触发，如表 1-2 所示。

表1-2　JavaScript的事件触发

事件触发	说　明
onabort	图像加载被中断时触发
onblur	元素失去焦点时触发
onchange	用户改变文本内容时触发

（续表）

事件触发	说　明
onclick	单击某个标签时触发
ondblclick	双击某个标签时触发
onerror	加载文档或图像发生某个错误时触发
onfocus	元素获得焦点时触发
onkeydown	键盘上的某个键被按下时触发
onkeypress	键盘上的某个键被按下或按住时触发
onkeyup	键盘上的某个键被松开时触发
onload	某个页面或图像完成加载时触发
onmousedown	某个鼠标按键被按下时触发
onmousemove	鼠标移动时触发
onmouseout	鼠标从某元素移开时触发
onmouseover	鼠标被移到某元素上时触发
onmouseup	某个鼠标按键被松开时触发
onreset	重置按钮被单击时触发
onresize	窗口或框架被调整尺寸时触发
onselect	文本被选定时触发
onsubmit	提交按钮被单击时触发
onunload	用户退出页面时触发

　　我们回看 index.html 的 button 标签，由于该标签的事件触发 onclick 绑定了 getInfo() 函数，因此下一步在 index.js 中定义 getInfo() 函数，该函数的代码如下：

```
function getInfo(){
var txt = document.getElementById("message").value
if (txt){
    alert(" 你的留言: " + txt + ", 已提交成功 ")
} else {
    alert(" 请输入你的留言 ");
}
}
```

　　上述代码的 document.getElementById 是获取 id="message" 的标签（input 标签）的属性 value 的属性值，JavaScript 的 document 对象简称为 DOM 对象，它可以定位某个 HTML 标签并进行操作，从而实现网页的动态效果。document 对象定义了 7 个对象方法，每个对象方法的详细说明如表 1-3 所示。

表1-3　document对象方法

document对象方法	说　明
close()	关闭document.open()方法打开的输出流，并显示选定的数据
getElementById("xxx")	获取id=xxx的第一个HTML标签对象
getElementsByName("xxx")	获取所有name=xxx的标签对象，并以数组表示
getElementsByTagName("xxx")	获取所有xxx标签对象，并以数组表示

（续表）

document对象方法	说　明
open()	收集document.write()或document.writeln()的数据
write()	编写HTML或JavaScript代码
writeln()	等同于write()方法，但在每个表达式后面自动添加换行符

　　在实际开发中，我们经常使用 getElementById、getElementsByName 和 getElementsByTagName 方法来定位 HTML 标签，然后对已定位的 HTML 标签进行操作，由于标签的操作方法较多，本书便不再详细讲述了，有兴趣的读者可自行搜索相关资料。

　　最后保存 index.js 文件的 JavaScript 代码，在浏览器中打开 index.html 文件，在网页的文本框输入内容并单击"提交"按钮，如图 1-7 所示。

图 1-7　网页效果

1.7　搭建开发环境

　　若想使用 Django 开发网站，则需要在计算机上安装 Django 的开发环境。首先安装 Python 的开发环境，不同的操作系统有不同的安装方法，关于 Python 的安装就不再详细阐述了，本书的开发环境以 Windows 10 操作系统、Python 3.9 版本为例。除了安装 Python 之外，还需要安装 Django 和 PyCharm，本节将会讲述如何安装 Django（本书使用 Django 4.1.7 版本）和 PyCharm。

1.7.1　安装 Django

　　安装 Django 可以使用 pip 指令完成，pip 是 Python 的软件包管理工具，它可以帮助我们安装和卸载 Python 的软件包。在 Windows 中安装 Django，首先按 Windows+R 快捷键打开"运行"对话框，然后在对话框中输入"CMD"并按回车键，进入命令提示符窗口（也称为终端）。在命令提示符窗口输入以下安装指令：

```
pip install Django
```

　　输入上述指令后按回车键，就会自动下载 Django 新版本并安装，等待安装完成即可。

　　除了使用 pip 安装之外，还可以从网上下载 Django 的压缩包自行安装。在浏览器上输入网址（https://pypi.org/project/Django/#files）并找到 Django 的下载链接，如图 1-8 所示。

　　然后将下载的 .whl 文件放到 D 盘，打开命令提示符窗口，输入以下安装指令：

```
pip install D:\Django-4.1.7-py3-none-any.whl
```

图 1-8 Django 安装包

　　输入指令后按回车键，等待安装完成的提示即可。完成 Django 的安装后，需要进一步校验安装是否成功，再次进入命令提示符窗口，输入"python"并按回车键，此时进入 Python 交互解释器，在交互解释器下输入校验代码：

```
>>> import django
>>> django.__version__
'4.1.7'
```

　　从上面返回的结果可以看到，当前安装的 Django 版本为 4.1.7，说明 Django 安装成功。

1.7.2　安装 PyCharm

　　PyCharm 是一种 Python IDE，它带有一整套可以帮助用户在使用 Python 语言开发时提高效率的工具，比如调试、语法高亮、项目管理、代码跳转、智能提示、自动完成、单元测试、版本控制等。此外，该 IDE 提供了一些高级功能，例如支持 Django 框架下的专业 Web 开发。

　　PyCharm 分为专业版和社区版，专业版是收费的，但功能齐全，如果在 PyCharm 中使用 Django 开发网站，那么建议使用专业版。社区版是免费使用的，但功能十分有限。

　　在浏览器中输入下载地址 http://www.jetbrains.com/pycharm/download，可以看到 PyCharm 分别支持 Windows、Linux 和 macOS 三大系统的使用，版本分为专业版和社区版。本书以在 Windows 下安装 PyCharm 专业版为例，在官网下载 Windows 的 PyCharm 专业版安装包，双击打开安装包，并根据安装提示完成安装过程即可。

　　完成 PyCharm 安装后，在桌面上双击 PyCharm 的图标，将其运行启动。初次运行 PyCharm，用户进行简单的设置后会进入软件激活界面，激活方式有 3 种：Jetbrains 用户激活、激活码和许可服务器，如图 1-9 所示。

图 1-9 PyCharm 激活界面

1.8　创建 Django 项目

创建 Django 项目可以在终端输入指令完成，也可以在 PyCharm 中创建项目，前者是通过 Django 内置的指令实现的，后者是在 PyCharm 的可视化界面完成的。

1.8.1　使用内置指令创建项目

一个项目可以理解为一个网站，创建 Django 项目可以在命令提示符窗口输入创建指令完成。打开命令提示符窗口，将当前路径切换到 D 盘并输入项目创建指令：

```
C:\Users\000>d:
D:\>django-admin startproject MyDjango
```

第一行指令是将当前路径切换到 D 盘；第二行指令是在 D 盘的路径下创建 Django 项目，指令中的 MyDjango 是项目名称，读者可自行命名。项目创建后，可以在 D 盘下看到新创建的文件夹 MyDjango，在 PyCharm 下查看该项目的结构，如图 1-10 所示。

图 1-10　项目目录结构

MyDjango 项目中包含 MyDjango 文件夹和 manage.py 文件，而 MyDjango 文件夹又包含 5 个 .py 文件。项目的每个文件说明如下。

- manage.py：命令行工具，内置多种方式与项目进行交互。在命令提示符窗口下，将路径切换到 MyDjango 项目并输入 python manage.py help，可以查看该工具的指令信息。
- __init__.py：初始化文件，一般情况下无须修改。
- asgi.py：用于启动异步通信服务，比如实现在线聊天等异步通信功能。
- settings.py：项目的配置文件，项目的所有功能都需要在该文件中进行配置，配置说明会在第 2 章详细讲述。
- urls.py：项目的路由设置，设置网站的具体网址内容。
- wsgi.py：全称为 Python Web Server Gateway Interface，即 Python 服务器网关接口，是 Python 应用与 Web 服务器之间的接口，用于 Django 项目在服务器上的部署和上线，一般不需要修改。

从 Django 3.0 开始，新建的项目都会创建 asgi.py 文件，这是将异步通信服务纳入 Django 的内置功能。ASGI 是异步网关协议接口，一个介于网络协议服务和 Python 应用之间的标准接口，能够处理多种通用的协议类型，包括 HTTP、HTTP2 和 WebSocket。

WSGI 基于 HTTP 的模式，但它不支持 WebSocket，而 ASGI 则是为了解决 WSGI 不支持当前 Web 开发的一些新的协议标准（比如 WebSocket）。同时，ASGI 不仅支持 WSGI 原有的模式，还支持使用 WebSocket，简单来说，ASGI 是 WSGI 的功能扩展。

完成项目的创建后，接着创建项目应用，项目应用简称为 App，相当于网站功能，每个 App 代表网站的一个功能。App 的创建由 manage.py 文件实现，创建指令如下：

```
D:\>cd MyDjango
D:\MyDjango>python manage.py startapp index
```

从 D 盘进入 MyDjango 项目，然后使用 python manage.py startapp XXX 创建，其中 XXX 是应用的名称，读者可以自行命名。上述指令创建了网站首页，再次查看 MyDjango 项目的目录结构，如图 1-11 所示。

从图 1-11 可以看到，项目新建了 index 文件夹，它可作为网站首页。在 index 文件夹中可以看到有多个 .py 文件和 migrations 文件夹，说明如下：

图 1-11　新建的 index 文件夹

- migrations：用于生成数据迁移文件，通过数据迁移文件可自动在数据库中生成相应的数据表。
- __init__.py：index 文件夹的初始化文件。
- admin.py：用于设置当前 App 的后台管理功能。
- apps.py：当前 App 的配置信息，在 Django 1.9 版本后自动生成，一般情况下无须修改。
- models.py：定义数据库的映射类，每个类可以关联一张数据表，实现数据的持久化，即 MTV 中的模型（Model）。
- tests.py：自动化测试的模块，用于实现单元测试。
- views.py：视图文件，处理功能的业务逻辑，即 MTV 中的视图（View）。

完成项目和 App 的创建后，最后在命令提示符窗口输入以下指令启动项目：

```
C:\Users\000>d:
D:\>cd MyDjango
D:\MyDjango>python manage.py runserver 8001
```

将命令提示符窗口的路径切换到项目的路径，输入运行指令 python manage.py runserver 8001，如图 1-12 所示。其中 8001 是端口号，如果在指令中没有设置端口，端口就默认为 8000。最后在浏览器中输入 http://127.0.0.1:8001/，可以看到项目的运行情况，如图 1-13 所示。

```
D:\MyDjango>python manage.py runserver 8001
Watching for file changes with StatReloader
Performing system checks...

System check identified no issues (0 silenced).

You have 17 unapplied migration(s). Your project may not
 auth, contenttypes, sessions.
Run 'python manage.py migrate' to apply them.
February 11, 2020 - 12:04:15
Django version 3.0.2, using settings 'MyDjango.settings'
Starting development server at http://127.0.0.1:8001/
Quit the server with CTRL-BREAK.
```

图 1-12　输入运行指令

The install worked successfully! Congratulations!

You are seeing this page because DEBUG=True is in your settings file and you have not configured any URLs.

图 1-13　项目运行结果

1.8.2　使用 PyCharm 创建项目

　　除了在命令提示符窗口创建项目之外，还可以在 PyCharm 中创建项目。PyCharm 必须为专业版才能创建与调试 Django 项目，社区版是不支持此功能的。打开 PyCharm 并单击 File → New Project，创建新项目，如图 1-14 所示。

图 1-14　创建 Django 项目

　　项目创建后，可以看到目录结构多出了 templates 文件夹，该文件夹用于存放 HTML 模板文件，如图 1-15 所示。

　　接着创建 App，可以在 PyCharm 的 Terminal 中输入创建指令，创建指令与命令提示符窗口中输入的指令是相同的，如图 1-16 所示。

图 1-15　新建的 templates 文件夹

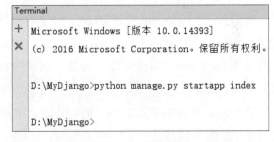

图 1-16　创建 App

　　完成项目和 App 的创建后，启动项目。如果项目是由 PyCharm 创建的，那么直接单击"运行"按钮启动项目，如图 1-17 所示。

　　如果项目是在命令提示符窗口创建的，想要在 PyCharm 中启动项目，而 PyCharm 没有运行脚本，就需要对该项目创建运行脚本，如图 1-18 所示。

图 1-17　启动 Django 项目

图 1-18　创建运行脚本

然后单击图 1-18 中的 Edit Configurations...，出现 Run/Debug Configurations 界面后，单击该界面左上方的➕并选择 Django server，最后输入脚本名字，单击 OK 按钮即可创建运行脚本，如图 1-19 所示。

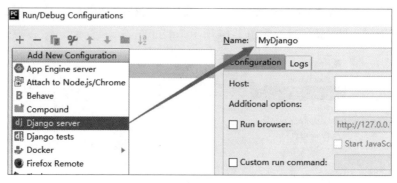

图 1-19 运行脚本

1.9 程序调试技巧

在开发网站的过程中，为了确保功能可以正常运行及验证是否实现了开发需求，开发人员需要对已实现的功能进行调试。Django 的调试方式分为 PyCharm 断点调试和调试异常。

1.9.1 PyCharm 的 Debug 模式

我们知道，PyCharm 调试 Django 开发的项目，PyCharm 的版本必须为专业版，社区版是不具备 Web 开发功能的。使用 PyCharm 启动 Django 的时候，可以发现 PyCharm 上有带爬虫的按钮（调试按钮），该按钮用于开启 Django 的 Debug 调试模式，如图 1-20 所示。

图 1-20 调试按钮

单击图 1-20 中的调试按钮，即可开启调试模式，在 PyCharm 的正下方可以看到相关的调试信息，如图 1-21 所示。

图 1-21 调试信息

从图 1-21 的调试界面可以看到有多个操作按钮，常用的调试按钮的功能说明，如表 1-4 所示。

表1-4　常用的调试按钮的功能说明

按　钮	说　明
Console →*	显示项目的运行信息
Debugger	显示程序的对象信息
G	重新运行项目
▶	继续往下执行程序，直到下一个断点才暂停程序
❙❙	暂停当前运行的程序
■	停止程序的运行
⛒	查看所有断点信息
🗑	清空Console的信息
⬓	程序断点后，执行下一行的代码
🖿	显示当前断点的位置

我们通过简单的示例来讲述如何使用 PyCharm 的调试模式。以 MyDjango 项目为例，在 index 文件夹的 views.py 文件中，视图函数 index 添加变量 value，并且在返回值 return 处设置断点，如图 1-22 所示。

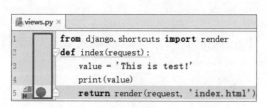

图 1-22　设置断点

设置断点时，在图 1-22 的方框中单击一下即可出现红色的圆点，该圆点就代表断点，当项目开启调试模式并运行到断点所在的代码位置时，程序就会暂停运行。

开启 MyDjango 项目的调试模式并在浏览器上访问 127.0.0.1:8000，在 PyCharm 正下方的调试界面可以看到相关的代码信息，如图 1-23 所示。

图 1-23　代码信息

调试界面 Debugger 的 Frames 是当前断点的程序所依赖的程序文件，单击某个文件，Variables 就会显示当前文件的程序所生成的对象信息。

单击 ▶ 按钮，PyCharm 就会自动往下执行程序，直到下一个断点才暂停程序；单击 ⬓ 按钮，PyCharm 只会执行当前暂停位置的下一步代码，这样可以清晰地看到每行代码的执行情况。这两个按钮是断点调试最为常用的，它们能让开发者清晰地了解代码的执行情况和运行逻辑。

如果程序在运行过程中出现异常或者代码中设有输出功能（如 print），这些信息就可以在 PyCharm 正下方的调试界面的 Console 中查看，如图 1-24 所示。

```
System check identified no issues (0 silenced).

You have 18 unapplied migration(s). Your project may not wo
Run 'python manage.py migrate' to apply them.
May 10, 2023 - 17:45:53
Django version 4.2, using settings 'MyDjango.settings'
Starting development server at http://127.0.0.1:8000/
Quit the server with CTRL-BREAK.

This is test!
[10/May/2023 17:45:59] "GET / HTTP/1.1" 200 179
```

图 1-24 输出信息

启动项目的时候，从图 1-24 的运行窗口可看到 System check identified no issues (0 silenced) 信息，该信息表示 Django 对项目中所有的代码语法进行检测，如果代码语法存在错误，在启动的过程中就会报出相关的异常信息。

图 1-24 中的"This is test!"是视图函数 index 的"print(value)"代码的输出结果；"GET / HTTP/1.1" 200 代表浏览器成功访问 127.0.0.1:8000，其中 200 代表 HTTP 的状态码。

注意：断点调试无法在模板文件（templates的index.html）设置断点，因此无法对模板文件进行调试，只能通过PyCharm的调试界面Console或浏览器开发者工具进行调试。

1.9.2　根据异常提示进行调试

PyCharm 的调试模式无法调试模板文件，而模板文件需要使用 Django 的模板语法，想要调试模板文件，最有效的方法是查看 PyCharm 或浏览器提示的异常信息。

调试异常需要根据项目运行时所产生的异常信息进行分析，使用浏览器访问路由地址的时候，如果出现异常信息，就可以直接查看异常信息找出错误位置。比如在 templates 的模板文件 index.html 中添加错误的代码，如下所示：

```
<!DOCTYPE html>
<html lang="en">
<head>
    <meta charset="UTF-8">
    <title>Hello World</title>
</head>
<body>
    {# 添加错误代码 static#}
    {% static %}
    <span>Hello World!!</span>
</body>
</html>
```

当运行 MyDjango 项目并在浏览器访问 127.0.0.1:8000 的时候，PyCharm 正下方的调试界面 Console 就会出现异常信息，从异常信息中可以找到具体的异常位置，如图 1-25 所示。

```
Traceback (most recent call last):
  File "E:\Python\lib\site-packages\django\core\handlers
    response = get_response(request)
  File "E:\Python\lib\site-packages\django\core\handlers
    response = self.process_exception_by_middleware(e, r
  File "E:\Python\lib\site-packages\django\core\handlers
    response = wrapped_callback(request, *callback_args,
  File "D:\MyDjango\index\views.py", line 5, in index
    return render(request,'index.html', locals())
```

图 1-25 异常信息

除了在 PyCharm 正下方的调试界面 Console 中查看异常信息外，还可以在浏览器上分析异常信息，比如模板文件 index.html 的错误语法，Django 还能标记出错位置，以便开发者调试和跟踪，如图 1-26 所示。

Invalid block tag on line 9: 'static'. Did you forget to register or

```
1   <!DOCTYPE html>
2   <html lang="en">
3   <head>
4       <meta charset="UTF-8">
5       <title>Hello World</title>
6   </head>
7   <body>
8       {# 添加错误代码static#}
9       {% static %}
10      <span>Hello World!!</span>
```

图 1-26 异常信息

还有一种常见的情况是网页能正常显示，但网页内容出现部分缺失，对于这种情况，只能使用浏览器的开发者工具对网页进行分析处理。以 templates 的模板文件 index.html 为例，对其添加正确的代码，但在网页中出现内容缺失，代码如下：

```
<!DOCTYPE html>
<html lang="en">
<head>
    <meta charset="UTF-8">
    <title>Hello World</title>
</head>
<body>
    {# 添加正确的代码，但不出现在网页中 #}
    <div>Hi,{{ value }}</div>
    <span>Hello World!!</span>
</body>
</html>
```

再次启动 MyDjango 项目并在浏览器访问 127.0.0.1:8000 的时候，浏览器能正常访问网页，但无法显示 {{ value }} 的内容，打开浏览器的开发者工具可以看到，{{ value }} 的内容是不存在的，如图 1-27 所示。

图 1-27 开发者工具

此外，浏览器的开发者工具对于调试 Ajax 和 CSS 样式非常有用。通过生成的网页内容进行分析来反向检测代码的合理性是常见的手段之一，这是通过校验结果与开发需求是否一致的方法来调试项目功能的。

1.10 本章小结

网站（Website）是指在互联网上根据一定的规则，使用 HTML（Hyper Text Mark-up Language，超文本标记语言）等工具制作并用于展示特定内容相关网页的集合。在早期，域名、空间服务器与程序是网站的基本组成部分，随着科技的不断进步，网站的组成日趋复杂，目前多数网站由域名、空间服务器、DNS 域名解析、网站程序和数据库等组成。

网站开发流程如下。

（1）需求分析：当拿到一个项目时，必须进行需求分析，清楚地知道网站的类型、具体功能、业务逻辑以及网站的风格，此外还要确定域名、网站空间或者服务器以及网站备案等。

（2）规划静态内容：重新确定需求分析，并根据用户需求规划出网站的内容版块草图。

（3）设计阶段：根据网站草图，由美工制作成效果图。就好比建房子一样，首先画出效果图，然后才开始建房子，网站开发也是如此。

（4）程序开发阶段：根据草图划分页面结构和设计，前端和后台可以同时进行。前端根据美工效果负责制作静态页面；后台根据页面结构和设计，设计数据库数据结构和开发网站后台。

（5）测试和上线：在本地搭建服务器，测试网站是否存在 Bug。若无问题，则可将网站打包，使用 FTP 上传至网站空间或者服务器。

（6）维护推广：在网站上线之后，根据实际情况完善网站的不足，定期修复和升级，保障网站运营顺畅，然后对网站进行推广宣传等。

Django 是一个开放源代码的 Web 应用框架，由 Python 写成，最初用于管理劳伦斯出版集团旗下的一些以新闻内容为主的网站，即 CMS（Content Management System，内容管理系统）软件，于 2005 年 7 月在 BSD（Berkeley Software Distribution，伯克利软件套件）许可证下发布，这套框架是以比利时的吉卜赛爵士吉他手 Django Reinhardt 来命名的。Django 采用了 MTV 的框架模式，即模型（Model）、模板（Template）和视图（View），三者之间各自负责不同的职责。

- 模型：数据存取层，处理与数据相关的所有事务，例如如何存取、如何验证有效性、包含哪些行为以及数据之间的关系等。
- 模板：表现层，处理与表现相关的决定，例如如何在页面或其他类型的文档中进行显示。
- 视图：业务逻辑层，存取模型及调取恰当模板的相关逻辑，模型与模板的桥梁。

Django 是一个 Web 应用框架，WSGI 是定义 Web 应用框架和 Web 服务器（Apache 或 Nginx）的通信协议。一个完整的网站必须包含 Web 服务器、Web 应用框架和数据库。用户通过浏览器访问网址的时候，这个访问操作相当于向网站发送一个 HTTP 请求，网站首先由 Web 服务器接受用户的 HTTP 请求，然后 Web 服务器通过 WSGI 接口将请求转发到 Web 应用框架进行处理，并得出处理结果，Web 应用框架通过 WSGI 接口将处理结果返回给 Web 服务器，最后由 Web 服务器将处理结果返回到用户的浏览器，用户即可看到相应的网页内容。

网站开发可以分为前端开发和后端开发。前端开发是指网页设计，我们在浏览器看到网站的图片、文字、音乐、视频等内容排版都是由前端开发人员实现的；后端开发是为前端开发提供实际的数据内容，比如提供文字内容、图片和音乐及视频的路径地址等信息。

前端开发人员必须掌握 HTML、CSS 和 JavaScript 的基础语言，基于这些基础语言延伸了许多前端框架，比如 jQuery、Bootstrap、Vue、React 和 AngularJS 等。后端开发人员必须掌握后端开发语言、数据库应用原理、Web 服务器应用原理和基础运维技术，目前较为热门的后端开发语言有 Java、PHP、Python 和 GO 语言，数据库有 MySQL、MSSQL、Oracle 和 Redis 等。尽管明确划分了网站开发的职责，在实际工作中，特别是一些中小企业，虽然不要求后端开发人员必须精通前端开发技术，但必须掌握基本的应用开发，比如调整网站布局或编写简单的 JavaScript 脚本。

安装 Django 建议使用 pip 指令完成，指令如下：

```
# 方法一
pip install Django
# 方法二
pip install xxx.whl
```

两种不同的安装方法都是使用 pip 执行的，唯一的不同之处在于前者在安装过程中会从互联网下载安装包，而后者直接对本地已下载的安装包进行解压安装。Django 安装完成后，在 Python 交互解释器模式下校验安装是否成功：

```
>>> import django
>>> django.__version__
```

Django 的目录结构以及含义如下：

- manage.py：命令行工具，内置多种方式与项目进行交互。在命令提示符窗口下，将路径切换到 MyDjango 项目并输入 python manage.py help，可以查看该工具的指令信息。
- __init__.py：初始化文件，一般情况下无须修改。

- asgi.py：用于启动异步通信服务，比如实现在线聊天等异步通信功能。
- settings.py：项目的配置文件，项目的所有功能都需要在该文件中进行配置，配置说明会在第 2 章详细讲述。
- urls.py：项目的路由设置，设置网站的具体网址内容。
- wsgi.py：全称为 Python Web Server Gateway Interface，即 Python 服务器网关接口，是 Python 应用与 Web 服务器之间的接口，用于 Django 项目在服务器上的部署和上线，一般不需要修改。
- migrations：用于生成数据迁移文件，通过数据迁移文件可自动在数据库中生成相应的数据表。
- __init__.py：index 文件夹的初始化文件。
- admin.py：用于设置当前 App 的后台管理功能。
- apps.py：当前 App 的配置信息，在 Django 1.9 版本后自动生成，一般情况下无须修改。
- models.py：定义数据库的映射类，每个类可以关联一张数据表，实现数据的持久化，即 MTV 中的模型（Model）。
- tests.py：自动化测试的模块，用于实现单元测试。
- views.py：视图文件，处理功能的业务逻辑，即 MTV 中的视图（View）。

此外，作为 Web 开发者必须掌握 Django 的功能调试方法，学会如何使用 PyCharm 调试项目以及分析项目在运行过程中出现的异常信息。

1.11 动手练习

（1）在一个已知的数组中，使用 JavaScript 删除数组的重复项，并且输出在静态网页上。

（2）在 PyCharm 中新建 .py 文件，通过 Debug 模式调试并修复排序算法，算法代码如下：

```
def selectionSort(arr):
    for i in range(len(arr) - 1):
        minIndex = i
        for j in range(i + 1, len(arr)):
            if arr[i] > arr[minIndex]:
                minIndex = j
        if i == minIndex:
            arr[i], arr[minIndex] = arr[minIndex], arr[i]
    return arr
```

第 2 章　Chapter 2

项目需求与设计

网站开发隶属于软件工程，开发流程为：需求分析→设计说明（细分为概要设计和详细设计）→代码编写→程序测试→软件交付→客户验收→后期维护。本章分别从需求分析、设计说明的角度研究如何分析客户需求，并根据客户需求设计一个商城网站的架构。

2.1　需求分析

假设有一家软件开发公司，公司员工分别有需求工程师、网页设计师、前端工程师、后端工程师和测试工程师，现有一名客户想开发自家的购物平台，该客户拥有实体门店，专售母婴产品。大多数情况下，客户对网站平台的开发流程只有表面的认知，他们不会提出详细的需求，只会说出他们的目的，比如"我只想有一个自家的购物平台，能让我的客户在线购买产品，好像淘宝那样就行了。"在实际开发中，我们肯定不能直接仿造淘宝交付给客户，毕竟客户有自己的实体门店，应结合门店现有的业务流程定制购物平台。

对于客户的精简需求，需求工程师需要深入了解客户的具体需求，比如了解客户现有的顾客量、产品类型、实体店的进销存管理方式等因素，这些都会影响网站设计模式，例如现有的顾客数量需要考虑网站的并发量，产品类型影响网站页面设计（如商品详细页的布局设计），实体店的进销存管理方式影响商品库存管理，是否考虑缺货提醒、预售功能等。

需求工程师根据客户的实际情况，梳理并归纳以下需求要点：

（1）网站需要提供搜索功能，便于用户搜索商品。

（2）搜索结果需要根据销量、价格、上架时间和收藏数量进行排序。

（3）商品详情应有尺寸、原价、活动价、图片展示、收藏功能和购买功能。

（4）用户购买后应看到订单信息，订单信息包括支付金额、购买时间和订单状态。

（5）商品购买应支持在线支付，如支付宝或微信支付等功能。

（6）目前顾客数量约有 3000 人，实体店暂无进销存系统。

在需求分析阶段，需求工程师要与客户反复交流，并将交流结果以 Demo 的方式展示给客户，直到客户确认无误为止。在此阶段，需求工程师需要使用简单的绘图软件完成 Demo 设计，比如 Axure 或 Visio 等软件。除此之外，需求工程师还要将收集的需求信息编写成需求规格说明书。

2.2　设计说明

当我们完成客户的需求分析之后，下一步是执行系统的设计说明，包括概要设计和详细设计。概要设计划分为系统总体结构设计、数据结构及数据库设计、概要设计文档说明；详细设计是对系统每个功能模块进行算法设计、业务逻辑处理、网页界面设计、代码设计等具体的实现过程。

在概要设计阶段，系统总体结构设计需要由需求工程师和开发人员共同商议，针对用户需求来商量如何设计系统各个功能模块以及各个模块的数据结构。我们根据用户需求，商城网站的概要设计说明如下：

（1）网站首页应设有导航栏，并且所有功能展示在导航栏，在导航栏的下面展示各类热销商品，单击商品图片时即可进入商品详细页面，导航栏上方设有搜索框，便于用户搜索相关商品。

（2）商品列表页将所有商品以一定规则排序展示，用户可以从销量、价格、上架时间和收藏数量设置商品的排序方式，并且在页面的左侧设置分类列表，选择某一分类可以筛选出相应的商品信息。

（3）商品详细页展示某一商品的主图、名称、规格、数量、详细介绍、购买按钮和收藏按钮，并在商品详细介绍的左侧设置热销商品列表。

（4）购物车页面只能在用户已登录的情况下才能访问，它是将用户选购的商品以列表形式展示，列表的每行数据包含商品图片、名称、单价、数量、合计和删除操作，用户可以增减商品的购买数量，并且能自动计算费用。

（5）个人中心页面用于展示用户的基本信息及订单信息，只能在用户已登录的情况下访问。

（6）用户登录注册页面是登录和注册共用一个页面，如果用户账号已存在，则对用户账号和密码进行验证并登录，如果用户账号不存在，则对当前的账号和密码进行注册处理。

（7）数据库使用 MySQL 5.7 以上版本，数据表除了 Django 内置的数据表之外，还需定义商品信息表、商品类别表、购物车信息表和订单信息表。

从概要设计可以看到，我们大概搭建了网站的整体架构，下一步是在整体架构的基础上完善各个功能模块的细节内容。在详细设计中，网站开发最主要的是完成网页设计和数据库的数据结构，如果某些功能涉及复杂的逻辑业务，还需编写相应的算法。

根据概要设计说明，分
别对网站的网页设计和数据
库的数据结构进行具体设计
说明。一共设计了 6 个网页
界面，每个网页界面的设计
说明如下。

网站首页一共划分了 5
个不同的功能区域：商品搜
索功能、网站导航、广告轮播、
商品分类热销、网站尾部，
如图 2-1 所示，每个功能的
设计说明如下：

图 2-1　网站首页

（1）商品搜索功能：用户输入关键字并单击"搜索"按钮，网站将进行数据查询处理，
将符合条件的商品在商品列表页展示；如果在没有输入关键字的情况下单击"搜索"按钮，那
么网站将直接访问商品列表页并展示所有的商品信息。

（2）网站导航：设有首页、所有商品、购物车和个人中心的地址链接，每个链接分别对
应网站首页、商品列表页、购物车页面和个人中心页面。

（3）广告轮播：以图片形式展示，用于商品的广告宣传。

（4）商品分类热销：分为今日必抢和分类商品。今日必抢是在所有商品中获取销量前 10
名的商品进行排序；分类商品是在某分类的商品中获取销量前 5 名的商品进行排序。

（5）网站尾部：这是每个网站的基本架构，用于说明网站的基本信息，如备案信息、售
后服务、联系我们等。

商品列表页分为 4 个功能区域：商品搜索功能、网站导航、商品分类和商品列表信息，如
图 2-2 所示，对于不同于网站首页的功能设计说明如下。

图 2-2　商品列表页

（1）商品分类：当用户选择某一分类的时候，网站会筛选出对应的商品信息并在右侧的商品列表信息展示。

（2）商品列表信息：提供了销量、价格、上架时间和收藏数量的排序方式，商品默认以销量排序，并设置分页功能，每一页只显示6条商品信息。

商品详细页分为5个功能区：商品搜索功能、网站导航、商品基本信息、商品详细介绍和热销推荐，如图2-3所示，对于不同于网站首页的功能设计说明如下：

图 2-3　商品详细页

（1）商品基本信息：包含商品的规格、名称、价格、主图、购买数量、收藏按钮和购买按钮。收藏按钮使用 JavaScript 脚本完成收藏功能，购买按钮将商品信息和购买数量添加到购物车。

（2）商品详细介绍：以图片形式展示，用于描述商品的细节内容。

（3）热销推荐：在所有商品中（排除当前商品之外），获取并展示销量前5名的商品。

购物车页面分为3个功能区域：商品搜索功能、网站导航、商品的购买费用核算，如图2-4所示。商品的购买费用核算允许用户编辑商品的购买数量、选择购买的商品和删除商品，结算按钮根据购买信息自动跳转到支付页面。

图 2-4　购物车页面

个人中心页面分为4个功能区域：商品搜索功能、网站导航、用户基本信息和订单信息，如图2-5所示，用户基本信息和订单信息的设计说明如下：

图 2-5 个人中心页面

（1）用户基本信息：在网页的左侧位置展示了用户的头像、名称和登录时间，按钮功能分别有购物车页面链接和退出登录。

（2）订单信息：以数据列表展示，每行数据包含订单编号、订单价格、购买时间和订单状态，并设置分页功能，每一页显示 7 条订单信息。

用户登录注册页面分为 3 个功能区域：商品搜索功能、网站导航、登录注册表单，如图 2-6 所示。登录注册表单是登录和注册共用一个网页表单，如果用户账号已存在，则对用户账号和密码进行验证并登录，如果用户账号不存在，则对当前的账号和密码进行注册处理。

图 2-6 用户登录注册页面

从网站的 6 个页面看到，每个页面的设计和布局都需要数据支持，比如商品的规格、名称、价格、主图等数据信息。由于 Django 内置了用户管理功能，已为我们提供了用户信息表，因此只需定义商品信息表、商品类别表、购物车信息表和订单信息表。商品信息表的数据结构如表 2-1 所示。

表2-1 商品信息表的数据结构

表 字 段	字段类型	含 义
id	Int类型，长度为11	主键
name	Varchar类型，长度为100	商品名称
sizes	Varchar类型，长度为100	商品规格
types	Varchar类型，长度为100	商品类型
price	Float类型	商品价格
discount	Float类型	折后价格
stock	Int类型	存货数量
sold	Int类型	已售数量
likes	Int类型	收藏数量
created	Date类型	上架日期
img	Varchar类型，长度为100	商品主图
details	Varchar类型，长度为100	商品描述

从表 2-1 看到，商品信息表负责记录商品的基本信息，其中商品主图和商品描述是以文件路径的形式记录在数据库中的。一般来说，如果网站中涉及文件的存储和使用，那么数据库最好记录文件的路径地址。若将文件内容以二进制的数据格式写入数据库，则会对数据库造成一定的压力，从而降低网站的响应速度。

商品信息表的字段 types 代表商品类型，每一个商品类型都记录在商品类别表中，因此商品类别表的数据结构如表 2-2 所示。

表2-2 商品类别表的数据结构

表 字 段	字段类型	含 义
id	Int类型，长度为11	主键
firsts	Varchar类型，长度为100	一级分类
seconds	Varchar类型，长度为100	二级分类

商品类别表分为一级分类和二级分类，它的设计是由商品列表页的商品分类决定的，如图 2-2 所示，比如图 2-2 的"奶粉辅食"作为一级分类，该分类下设置了二级分类（进口奶粉、宝宝辅食、营养品），而商品信息表的字段 types 来自商品类别表的二级分类字段 seconds。

虽然商品信息表的字段 types 来自商品类别表的二级分类字段 seconds，但两张数据表之间并没有设置外键关系，这样的设计方式能够降低两张数据表之间的耦合性。如果网站需要改造成微服务架构或分布式架构，这种设计方式符合微服务或分布式的拆分要求。

购物车信息表的数据来自商品信息表，为了简化表字段数量，我们在购物车信息表中设置字段 commodityInfos_id，该字段是商品信息表的主键 id，从而使商品信息表和购物车信息表构成数据关联，这种方式不仅能简化字段数量，当商品信息发生改动时，购物车的商品信息也能及时更新。此外，购物车信息表还需要设置字段 user_id，该字段是 Django 内置用户表的主键 id，用于区分不同用户的购物车信息，因此购物车信息表的数据结构如表 2-3 所示。

表2-3 购物车信息表的数据结构

表 字 段	字段类型	含 义
id	Int类型，长度为11	主键
quantity	Int类型，长度为11	购买数量
commodityInfos_id	Int类型，长度为11	商品信息表的主键id
user_id	Int类型，长度为11	Django内置用户表的主键id

当购物车信息表的商品执行结算操作的时候，结算费用将写入订单信息表的字段 price，并且需要根据不同的用户区分相应的订单信息，因此订单信息表的数据结构如表 2-4 所示。

表2-4 订单信息表的数据结构

表 字 段	字段类型	含 义
Id	Int类型，长度为11	主键
price	Float类型，长度为11	订单总价
created	Int类型，长度为11	订单创建时间
user_id	Date类型	Django内置用户表的主键id
state	Varchar类型，长度为20	订单状态

综上所述，我们将商品信息表、商品类别表、购物车信息表、订单信息表和 Django 内置用户表的数据关系整理如图 2-7 所示。

图 2-7 数据表的数据关系

⚙ 2.3 搭建项目开发环境 ◀◀◀

了解了整个项目的开发设计之后，本节根据设计内容编写相应的功能代码。开始搭建网站之前，还需要确认使用哪种开发技术完成项目开发，比如网站的前后端是否分离，前后端分别采用哪些框架实现等。本项目采用前后端不分离模式开发，后端使用 Django 4 + MySQL 8 实现，前端使用 Layui 框架 + jQuery 实现网页设计。

前后端不分离模式要求前端开发人员提供静态的 HTML 模板，并且 HTML 模板实现简单的 JavaScript 脚本功能，如果涉及 Ajax 异步数据传输，则需要在开发阶段与后端人员相互调试 API 的数据结构。

我们将项目命名为 babys，在 Windows 的 CMD 窗口输入 Django 的项目创建指令，然后在新建的项目中创建项目应用（App）index、commodity 和 shopper，具体操作如下：

```
# 将 CMD 当前路径切换到 F 盘
C:\WINDOWS\system32>f:
# 在 F 盘创建项目 babys
F:\>django-admin startproject babys
# 将路径切换到项目 babys
F:\>cd babys
# 分别创建项目应用（App）index、commodity 和 shopper
F:\babys>python manage.py startapp index
F:\babys>python manage.py startapp commodity
F:\babys>python manage.py startapp shopper
```

图 2-8 目录结构

打开项目 babys，分别创建文件夹 media、pstatic 和 templates，整个项目的目录结构如图 2-8 所示。

整个项目共有 7 个文件夹和 1 个文件，每个文件夹和文件的功能说明如下：

（1）babys 文件夹与项目名相同，该文件夹含有 __init__.py、asgi.py、settings.py、urls.py 和 wsgi.py 文件。

（2）commodity 是 Django 创建的项目应用（App），该文件夹含有 __init__.py、admin.py、apps.py、models.py、tests.py 和 views.py 文件，它主要实现网站的商品列表页和商品详细页。

（3）index 是 Django 创建的项目应用（App），该文件夹含有的文件与项目应用（App）commodity 相同，它主要实现网站首页。

（4）media 是网站的媒体资源，用于存放商品的主图和详细介绍图。

（5）pstatic 是网站的静态资源，用于存放网站的静态资源文件，如 CSS、JavaScript 和网站界面图片。

（6）shopper 是 Django 创建的项目应用（App），它主要实现网站的购物车页面、个人中心页面、用户登录注册页面、在线支付功能等。

（7）templates 用于存放 HTML 模板文件，即网站的网页文件。

（8）manage.py 是项目的命令行工具，内置多种方法与项目进行交互。在命令提示符窗口下，将路径切换到项目 babys 并输入 python manage.py help，可以查看该工具的指令信息。

由于文件夹 media、pstatic 和 templates 是我们自行创建的，因此还需要在这些文件夹中添加前端提供的 HTML 静态模板，详细的添加说明如下：

```
# media 文件夹分别创建文件夹 details 和 imgs
media
   |—details
   |—imgs
# pstatic 文件夹分别创建文件夹 css、img、js 和 layui
# css、img、js 和 layui 文件夹含有多个文件
pstatic
   |—css
      |—main.css
   |—img
      |—多幅网站页面的设计图
   |—js
      |—car.js
      |—mm.js
   |—layui
      |—layui 框架的源码文件
# templates 文件夹存放 6 个 HTML 文件
templates
   |—index.html（网站首页）
   |—login.html（用户注册登录页面）
   |—commodity.html（商品列表页面）
   |—details.html（商品详细页面）
   |—shopcart.html（购物车页面）
   |—shopper.html（个人中心页面）
```

至此,我们已完成项目babys的整体架构搭建,整个搭建过程可以分为两个步骤,说明如下:

（1）使用指令创建 Django 项目,并在新建的项目下创建相应的项目应用（App）。

（2）根据前端提供的 HTML 静态模板,分别创建文件夹 media、pstatic 和 templates,并将 HTML 静态模板的 CSS、JavaScript 和 HTML 文件分别放置在文件夹 pstatic 和 templates 中。

2.4 项目的功能配置

由于文件夹 media、pstatic 和 templates 是我们自行创建的, Django 在运行中无法识别这些文件夹的具体作用,因此,还需要在 Django 的配置文件 settings.py 中添加这些文件夹,使 Django 在运行中能识别这些文件夹的作用。

使用 PyCharm 打开项目 babys,然后打开 babys 文件夹的 settings.py 文件,如图 2-9 所示。

图 2-9 打开 settings.py 文件

Django 已为我们设置了一些默认的配置信息，比如项目路径、密钥配置、域名访问权限、App 列表和中间件等。以项目 babys 为例，settings.py 文件的默认配置如下：

```python
from pathlib import Path
# 项目路径
BASE_DIR = Path(__file__).resolve().parent.parent
# 密钥配置
SECRET_KEY = 'tq%piy+c3pntex*%)7m&1xoo1&1hb6cp2v42eyqaj)%f%jxc&5'
# 调试模式
DEBUG = True
# 域名访问权限
ALLOWED_HOSTS = ['*']
# App 列表
INSTALLED_APPS = [
    'django.contrib.admin',
    'django.contrib.auth',
    'django.contrib.contenttypes',
    'django.contrib.sessions',
    'django.contrib.messages',
    'django.contrib.staticfiles',
]
# 中间件
MIDDLEWARE = [
    'django.middleware.security.SecurityMiddleware',
    'django.contrib.sessions.middleware.SessionMiddleware',
    'django.middleware.common.CommonMiddleware',
    'django.middleware.csrf.CsrfViewMiddleware',
    'django.contrib.auth.middleware.AuthenticationMiddleware',
    'django.contrib.messages.middleware.MessageMiddleware',
    'django.middleware.clickjacking.XFrameOptionsMiddleware',
]
# 路由入口设置
ROOT_URLCONF = 'babys.urls'
# 模板配置
TEMPLATES = [
    {
        'BACKEND': 'django.template.backends.django.DjangoTemplates',
        'DIRS': [],
        'APP_DIRS': True,
        'OPTIONS': {
            'context_processors': [
                'django.template.context_processors.debug',
                'django.template.context_processors.request',
                'django.contrib.auth.context_processors.auth',
                'django.contrib.messages.context_processors.messages',
            ],
        },
    },
]
# WSGI 配置
WSGI_APPLICATION = 'babys.wsgi.application'
```

```
# 数据库配置
DATABASES = {
    'default': {
        'ENGINE': 'django.db.backends.sqlite3',
        'NAME': BASE_DIR / 'db.sqlite3',
    }
}
# 内置 Auth 认证的功能配置
AUTH_PASSWORD_VALIDATORS = [
    {
    'NAME':
    'django.contrib.auth.password_validation.
UserAttributeSimilarityValidator',
    },
    {
    'NAME':'django.contrib.auth.password_validation.
MinimumLengthValidator',
    },
    {
    'NAME':'django.contrib.auth.password_validation.
CommonPasswordValidator',
    },
    {
    'NAME':'django.contrib.auth.password_validation.
NumericPasswordValidator',
    },
]
# 国际化与本地化配置
LANGUAGE_CODE = 'en-us'
TIME_ZONE = 'UTC'
USE_I18N = True
USE_TZ = True
# 静态资源配置
STATIC_URL = '/static/'
```

上述代码列出了 13 项配置信息，每项配置信息说明如下：

（1）项目路径 BASE_DIR：主要通过 os 模块读取当前项目在计算机系统的具体路径，该代码在创建项目时自动生成，一般情况下无须修改。

（2）密钥配置 SECRET_KEY：这是一个随机值，在项目创建的时候自动生成，一般情况下无须修改，主要用于重要数据的加密处理，提高项目的安全性，避免遭到攻击者恶意破坏。密钥主要用于用户密码、CSRF 机制和会话 Session 等数据加密。

- 用户密码：Django 内置一套 Auth 认证系统，该系统具有用户认证和存储用户信息等功能，在创建用户的时候，将用户密码通过密钥进行加密处理，以保证用户的安全性。
- CSRF 机制：该机制主要用于表单提交，防止窃取网站的用户信息来制造恶意请求。
- 会话 Session：Session 的信息存放在 Cookie 中，以一串随机的字符串表示，用于标识当前访问网站的用户身份，记录相关用户信息。

（3）调试模式 DEBUG：该值为布尔类型。如果在开发调试阶段，那么应设置为 True，在开发调试过程中会自动检测代码是否发生更改，根据检测结果执行是否刷新重启系统。如果项目部署上线，那么应将其改为 False，否则会泄漏项目的相关信息。

（4）域名访问权限 ALLOWED_HOSTS：设置可访问的域名，默认值为空列表。当 DEBUG 为 True 并且 ALLOWED_HOSTS 为空列表时，项目只允许以 localhost 或 127.0.0.1 在浏览器上访问。当 DEBUG 为 False 时，ALLOWED_HOSTS 为必填项，否则程序无法启动，如果想允许访问所有域名，那么可设置 ALLOW_HOSTS = ['*']。

（5）App 列表 INSTALLED_APPS：告诉 Django 有哪些 App。在项目创建时已有 admin、auth 和 sessions 等配置信息，这些都是 Django 内置的应用功能，各个功能说明如下。

- admin：内置的后台管理系统。
- auth：内置的用户认证系统。
- contenttypes：记录项目中所有 model 元数据（Django 的 ORM 框架）。
- sessions：Session 会话功能，用于标识当前访问网站的用户身份，记录相关用户信息。
- messages：消息提示功能。
- staticfiles：查找静态资源路径。

（6）中间件 MIDDLEWARE：这是一个用来处理 Django 的请求（Request）和响应（Response）的框架级别的钩子，它是一个轻量、低级别的插件系统，用于在全局范围内改变 Django 的输入和输出。

（7）路由入口设置 ROOT_URLCONF：告诉 Django 从哪个文件查找整个项目的路由信息（路由信息即我们定义的网址信息），默认值是与项目同名的文件夹的 urls.py 文件，即 babys 文件夹的 urls.py 文件。

（8）模板配置 TEMPLATES：主要配置模板的解析引擎、模板的存放路径地址以及 Django 内置功能的模板使用配置信息。

（9）WSGI 配置 WSGI_APPLICATION：告诉 Django 如何查找 WSGI 文件，并从 WSGI 文件启动并运行 Django 系统服务，默认值是与项目同名的文件夹的 wsgi.py 文件，即 babys 文件夹的 wsgi.py 文件。

（10）数据库配置 DATABASES：配置数据库的连接信息，如连接数据库的模块、数据库的名称、数据库的账号和密码等，默认连接 SQLite 数据库。

（11）内置 Auth 认证的功能配置 AUTH_PASSWORD_VALIDATORS：主要实现 Django 的 Auth 认证系统的内置功能。

（12）国际化与本地化配置：包含配置属性 LANGUAGE_CODE、TIME_ZONE、USE_I18N、USE_TZ，主要实现网站的语言设置、不同时区的时间设置等。

（13）静态资源配置 STATIC_URL：设置静态文件的路径信息。

在网站开发阶段，我们经常对配置文件 settings.py 的 INSTALLED_APPS、MIDDLEWARE、

TEMPLATES、DATABASES 和 STATIC_URL 进行配置，从而完成网站的开发过程，而配置属性 DEBUG 和 ALLOWED_HOSTS 则在网站上线阶段完成。

上述配置属性是 Django 默认的功能配置，在实际开发中，可根据实际情况适当添加或删除相应的功能配置。

2.4.1　添加项目应用

我们在项目 babys 中添加了项目应用（App）index、commodity 和 shopper，但 Django 在运行过程中依然无法识别新增的项目应用（App），因此还需在 Django 的配置文件 settings.py 中添加新增的项目应用（App）。在 App 列表 INSTALLED_APPS 中分别添加 index、commodity 和 shopper，添加信息如下：

```
INSTALLED_APPS = [
    'django.contrib.admin',
    'django.contrib.auth',
    'django.contrib.contenttypes',
    'django.contrib.sessions',
    'django.contrib.messages',
    'django.contrib.staticfiles',
    'index',
    'commodity',
    'shopper'
]
```

在 App 列表 INSTALLED_APPS 中添加项目应用（App）不用考虑添加顺序，一般情况下，新增的项目应用写在 App 列表 INSTALLED_APPS 的末端，并且以字符串格式表示。

2.4.2　设置模板信息

在 Web 开发中，模板是一种较为特殊的 HTML 文档。这个 HTML 文档嵌入了一些能够让 Django 识别的变量和指令，然后由 Django 的模板引擎解析这些变量和指令，生成完整的 HTML 网页并返回给用户浏览。模板是 Django 的 MTV 框架模式的 T 部分，配置模板路径是为了告诉 Django 在解析模板时如何找到模板所在的位置。

一般情况下，项目的根目录文件夹 templates 通常用于存放共用的模板文件，能被各个 App 的模板文件调用，这个模式符合代码重复使用的原则。我们已在项目 babys 中创建了文件夹 templates，它是用来存放 Django 模板文件的，在配置文件 settings.py 的配置属性 TEMPLATES 中添加文件夹 templates，配置信息如下：

```
TEMPLATES = [
    {
        'BACKEND': 'django.template.backends.django.DjangoTemplates',
        'DIRS': [BASE_DIR / 'templates'],
        'APP_DIRS': True,
        'OPTIONS': {
            'context_processors': [
```

```
            'django.template.context_processors.debug',
            'django.template.context_processors.request',
            'django.contrib.auth.context_processors.auth',
            'django.contrib.messages.context_processors.messages',
        ],
    },
  },
]
```

模板配置以列表格式表示，每个元素具有不同的含义，其含义说明如下。

- BACKEND：定义模板引擎，用于识别模板中的变量和指令。内置的模板引擎有 Django Templates 和 jinja2.Jinja2，每个模板引擎都有自己的变量和指令语法。
- DIRS：设置模板所在的路径，告诉 Django 在哪个地方查找模板的位置，默认为空列表。
- APP_DIRS：是否在 App 中查找模板文件。
- OPTIONS：用于填充 RequestContext 的上下文（模板中的变量和指令），一般情况下不做任何修改。

模板文件夹也可以在项目应用（App）中创建，比如在项目应用 index 中创建模板文件夹 temps，在 TEMPLATES 的配置属性 DIRS 中添加 BASE_DIR / 'index/temp'，其中 index/temp 代表项目应用 index 的模板文件夹 temps，并且配置属性 APP_DIRS 必须设置为 True，否则 Django 无法从项目应用中查找模板文件。

2.4.3 添加中间件

当用户在网站中进行某个操作时，这个过程是用户向网站发送 HTTP 请求（Request），而网站会根据用户的操作返回相关的网页内容，这个过程称为响应处理（Response）。从请求到响应的过程中，当 Django 接收到用户的请求时，首先经过中间件处理请求信息，执行相关的处理，然后将处理结果返回给用户。中间件的执行流程如图 2-10 所示。

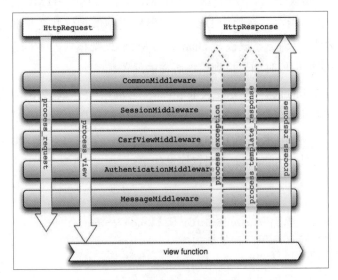

图 2-10 中间件的执行流程

从图 2-10 中能清晰地看到，中间件的作用是处理用户请求信息和返回响应内容。开发者可以根据自己的开发需求自定义中间件，只要将自定义的中间件添加到配置属性 MIDDLEWARE 中即可激活。

一般情况下，Django 默认的中间件配置均可满足大部分的开发需求。我们在项目的 MIDDLEWARE 中添加 LocaleMiddleware 中间件，使得 Django 内置的功能支持中文显示，代码如下：

```
MIDDLEWARE = [
    'django.middleware.security.SecurityMiddleware',
    'django.contrib.sessions.middleware.SessionMiddleware',
    # 添加中间件 LocaleMiddleware
    'django.middleware.locale.LocaleMiddleware',
    'django.middleware.common.CommonMiddleware',
    'django.middleware.csrf.CsrfViewMiddleware',
    'django.contrib.auth.middleware.AuthenticationMiddleware',
    'django.contrib.messages.middleware.MessageMiddleware',
    'django.middleware.clickjacking.XFrameOptionsMiddleware',
]
```

配置属性 MIDDLEWARE 的数据格式为列表类型，每个中间件的设置顺序是固定的，随意变更中间件很容易导致程序异常。每个中间件的说明如下。

- SecurityMiddleware：内置的安全机制，保护用户与网站的通信安全。
- SessionMiddleware：会话 Session 功能。
- LocaleMiddleware：国际化和本地化功能。
- CommonMiddleware：处理请求信息，规范化请求内容。
- CsrfViewMiddleware：开启 CSRF 防护功能。
- AuthenticationMiddleware：开启内置的用户认证系统。
- MessageMiddleware：开启内置的信息提示功能。
- XFrameOptionsMiddleware：防止恶意程序单击劫持。

2.4.4 配置数据库

默认情况下，Django 支持使用 PostgreSQL、MySQL、SQLite3 和 Oracle 数据库，如果要使用其他的数据库，如 MSSQL 或 Redis 等，那么需要自行安装第三方插件。配置属性 DATABASES，设置项目所使用的数据库信息，不同的数据库需要设置不同的数据库引擎，数据库引擎用于实现项目与数据库的连接，Django 提供了 4 种数据库引擎：

- 'django.db.backends.postgresql'
- 'django.db.backends.mysql'
- 'django.db.backends.sqlite3'
- 'django.db.backends.oracle'

在创建项目的时候，Django 已默认使用 SQLite3 数据库，配置文件 settings.py 的配置信息如下：

```
DATABASES = {
    'default': {
        'ENGINE': 'django.db.backends.sqlite3',
        'NAME': BASE_DIR / 'db.sqlite3',
    }
}
```

项目创建之后，如果没有修改配置属性 DATABASES，当启动并运行 Django 时，Django 会自动在项目的目录下创建数据库文件 db.sqlite3，如图 2-11 所示。

图 2-11　目录结构

由于项目 babys 需要使用 MySQL 数据库，因此在配置属性 DATABASES 中设置 MySQL 的连接信息。在配置数据库信息之前，首先确保本地计算机已安装 MySQL 数据库系统，然后安装 MySQL 的连接模块，Django 可以使用 mysqlclient 和 pymysql 模块实现 MySQL 连接。

mysqlclient 模块可以使用 pip 指令安装，打开命令提示符窗口并输入安装指令 pip install mysqlclient，然后等待模板安装完成即可。

如果使用 pip 在线安装 mysqlclient 的过程中出现错误，还可以选择 .whl 文件安装。在浏览器中访问 www.lfd.uci.edu/~gohlke/pythonlibs/#mysqlclient 并下载与 Python 版本相匹配的 mysqlclient 文件。我们将 mysqlclient 文件下载并保存在 D 盘，然后打开命令提示符窗口，使用 pip 完成 .whl 文件的安装，如下所示：

```
pip install D:\mysqlclient-1.4.6-cp38-cp38-win_amd64.whl
```

完成 mysqlclient 模块的安装后，在项目的配置文件 settings.py 中配置 MySQL 数据库连接信息，代码如下：

```
DATABASES = {
    'default': {
        'ENGINE': 'django.db.backends.mysql',
        'NAME': 'babys',
        'USER':'root',
        'PASSWORD':'1234',
        'HOST':'127.0.0.1',
        'PORT':'3306',
    }
}
```

为了验证数据库连接信息是否正确，我们使用数据库可视化工具 Navicat Premium 打开本地的 MySQL 数据库。在本地的 MySQL 数据库创建数据库 babys，如图 2-12 所示。

图 2-12　数据库 babys

刚创建的数据库 babys 是一个空白的数据库，接着在 PyCharm 的 Terminal 界面下输入 Django 操作指令 python manage.py migrate 来创建 Django 内置功能的数据表。

因为 Django 自带了内置功能，如 Admin 后台系统、Auth 用户系统和会话机制等功能，这些功能都需要借助数据表实现，所以该操作指令可以将内置的迁移文件生成数据表，如图 2-13 所示。

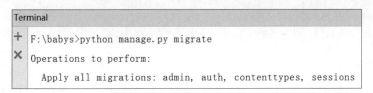

图 2-13 创建数据表

最后在数据库可视化工具 Navicat Premium 中查看数据库 babys 是否生成相应的数据表，如图 2-14 所示。

使用 mysqlclient 连接 MySQL 数据库时，Django 对 mysqlclient 版本有要求，打开 Django 的源码查看 mysqlclient 的版本要求，如图 2-15 所示。

图 2-14 查看数据表

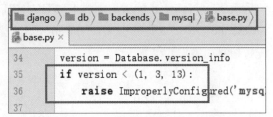

图 2-15 mysqlclient 的版本要求

一般情况下，使用 pip 安装 mysqlclient 模块都能符合 Django 的使用要求。如果在开发过程中发现 Django 提示 mysqlclient 过低，那么可以对 Django 的源码进行修改，将图 2-15 的 if 条件判断注释掉即可。

除了使用 mysqlclient 模块连接 MySQL 之外，还可以使用 pymysql 模块连接 MySQL 数据库。pymysql 模块的安装使用 pip 在线安装即可，在命令提示符窗口下输入 pip install pymysql 指令并等待安装完成即可。

pymysql 模块安装成功后，项目配置文件 settings.py 的数据库配置信息无须修改，只要在 babys 文件夹的 __init__.py 中设置数据库连接模块即可，代码如下：

```
# babys 文件夹的 __init__.py
import pymysql
pymysql.install_as_MySQLdb()
```

若要验证 pymysql 模块连接 MySQL 数据库的功能，建议读者先将 mysqlclient 模块卸载，这样能排除干扰因素，而验证方式与 mysqlclient 模块连接 MySQL 的验证方式一致。记得在验证之前，务必将数据库 babys 的数据表删除，具体的验证过程不再重复讲述。

值得注意的是，如果读者使用的 MySQL 是 8.0 以上版本，在 Django 连接 MySQL 数据库时会提示 django.db.utils.OperationalError 的错误信息，这是因为 MySQL 8.0 版本的密码加密方式发生了改变，MySQL 8.0 版本的用户密码采用的是 CHA2 加密方式。

为了解决这个问题，我们通过 SQL 语句将 MySQL 8.0 版本的加密方式改回原来的加密方式，这样可以解决 Django 连接 MySQL 数据库错误的问题。在 MySQL 的可视化工具中运行以下 SQL 语句：

```
# newpassword 是已设置的用户密码
ALTER USER 'root'@'localhost' IDENTIFIED WITH mysql_native_password BY
'newpassword';
FLUSH PRIVILEGES;
```

Django 除了支持 PostgreSQL、SQLite3、MySQL 和 Oracle 之外，还支持 SQL Server 和 MongoDB 的连接。由于不同的数据库有不同的连接方式，因此此处不过多介绍，本书主要以 MySQL 连接为例，若需了解其他数据库的连接方式，则可自行搜索相关资料。

2.4.5　配置静态资源

静态资源的配置分别配置属性 STATIC_URL、STATICFILES_DIRS 和 STATIC_ROOT，默认情况下，Django 只配置了属性 STATIC_URL。一个项目在开发过程中肯定需要使用 CSS 和 JavaScript 文件，这些静态文件的存放路径主要在配置文件 settings.py 中设置，Django 默认的配置信息如下：

```
# Static files (CSS, JavaScript, Images)
STATIC_URL = '/static/'
```

上述配置是设置静态资源的路由地址，其作用是使浏览器能成功访问 Django 的静态资源。默认情况下，Django 只能识别项目应用（App）的 static 文件夹中的静态资源。当项目启动时，Django 会从项目应用（App）中查找相关的资源文件，查找功能主要由 App 列表 INSTALLED_APPS 的 staticfiles 实现。

Django 在调试模式（DEBUG=True）下只能识别项目应用（App）的 static 文件夹中的静态资源，并且项目应用（App）的 static 文件夹在创建项目应用的时候不会自动生成，开发者还需要自行在项目应用（App）中创建 static 文件夹，若该文件夹改为其他名字，则 Django 将无法识别；若将 static 文件夹放在 babys 项目目录下，则 Django 也无法识别。

由于 STATIC_URL 的特殊性，在开发过程中会造成诸多不便，比如将静态文件夹存放在项目的根目录或者定义多个静态文件夹等。以项目 babys 为例，若想在网页上正常访问静态资源文件，可以将文件夹 pstatic 写入资源集合 STATICFILES_DIRS，在配置文件 settings.py 中添加并设置配置属性 STATICFILES_DIRS，该属性以列表或元组的形式表示，设置方式如下：

```
# 添加并设置配置属性 STATICFILES_DIRS
STATICFILES_DIRS = (
    BASE_DIR / 'pstatic',
)
```

如果项目中有多个静态资源文件夹，并且这些文件夹不在项目应用（App）中，或者项目应用（App）的静态文件夹名称不是 static，那么我们只需在配置属性 STATICFILES_DIRS 中添加对应的文件夹即可。

静态资源配置还有 STATIC_ROOT，其作用是在服务器上部署项目，实现服务器和项目之间的映射。STATIC_ROOT 主要收集整个项目的静态资源并存放在一个新的文件夹，然后由该文件夹与服务器之间构建映射关系。STATIC_ROOT 的配置如下：

```
STATIC_ROOT = BASE_DIR / 'AllStatic'
```

当项目的配置属性 DEBUG 设为 True 的时候，Django 会自动提供静态文件代理服务，此时整个项目处于开发阶段，因此无须使用 STATIC_ROOT。当配置属性 DEBUG 设为 False 的时候，意味着项目进入生产环境，Django 不再提供静态文件代理服务，此时需要在项目的配置文件中设置 STATIC_ROOT。

设置 STATIC_ROOT 需要使用 Django 操作指令 collectstatic 来收集所有的静态资源，这些静态资源会保存在 STATIC_ROOT 所设置的文件夹中。关于 STATIC_ROOT 的使用会在后续的章节详细讲述。

2.4.6 配置媒体资源

一般情况下，STATIC_URL 用于设置静态文件的路由地址，如 CSS 样式文件、JavaScript 文件以及常用的图片等。对于一些经常变动的资源，通常将其存放在媒体资源文件夹，如用户头像、商品主图、商品详细介绍图等。

媒体资源和静态资源可以同时存在，而且两者可以独立运行，互不影响，而媒体资源只有配置属性 MEDIA_URL 和 MEDIA_ROOT。以项目 babys 为例，新建的文件夹 media 是用来存放媒体资源文件的，在配置文件 settings.py 中分别设置 MEDIA_URL 和 MEDIA_ROOT，使 Django 在运行的时候能够自动识别媒体资源文件夹 media，详细的设置方式如下：

```
MEDIA_URL = '/media/'
MEDIA_ROOT = BASE_DIR / 'media'
```

配置属性设置后，还需要将 media 文件夹注册到 Django 中，让 Django 知道如何找到媒体文件，否则无法在浏览器中访问该文件夹的文件信息。打开 babys 文件夹的 urls.py 文件，为媒体文件夹 media 添加相应的路由地址，代码如下：

```
# babys 文件夹的 urls.py
from django.contrib import admin
from django.urls import path, re_path
from django.views.static import serve
from django.conf import settings

urlpatterns = [
    path('admin/', admin.site.urls),
    # 配置媒体资源的路由信息
    re_path('media/(?P<path>.*)', serve,
    {'document_root':settings.MEDIA_ROOT}, name='media'),
]
```

最后，启动运行项目 babys，在浏览器中分别访问 http://127.0.0.1:8000/static/css/main.css 和 http://127.0.0.1:8000/media/imgs/p1.jpg，前者是访问项目 babys 的静态资源文件夹 pstatic 的文件夹 CSS 的样式文件 main.css，后者是访问媒体资源文件夹 media 的文件夹 imgs 的图片文件 p1.jpg，如图 2-16 所示。

图 2-16 静态资源和媒体资源

2.5 内置指令

　　我们已掌握了 Django 的项目创建、项目开发调试和基本的功能配置，本节将讲述 Django 内置指令的详细作用，只有了解了各个操作指令的功能，才能为我们的项目开发提供巨大的便利和帮助。

　　在 PyCharm 的 Terminal 或 者 Windows 的 CMD 窗口（CMD 窗口路径必须在项目路径下，如项目 babys 的路径）中输入指令 python manage.py help 并按回车键，即可看到相关的指令信息，以 PyCharm 的 Terminal 为例，如图 2-17 所示。

图 2-17 Django 指令信息

　　Django 的操作指令共有 30 条，每条指令的说明以表格形式展示如表 2-5 所示。

表2-5　Django操作指令说明

指　令	说　明
changepassword	修改内置用户表的用户密码
createsuperuser	为内置用户表创建超级管理员账号
remove_stale_contenttypes	删除数据库中已不使用的数据表
check	检测整个项目是否存在异常问题
compilemessages	编译语言文件，用于项目的区域语言设置
createcachetable	创建缓存数据表，为内置的缓存机制提供存储功能
dbshell	进入Django配置的数据库，可以执行数据库的SQL语句
diffsettings	显示当前settings.py文件的配置信息与默认配置的差异
dumpdata	导出数据表的数据并以JSON格式存储，如python manage.py dumpdata index > data.json，这是index的模型所对应的数据的导出，并保存在data.json文件中
flush	清空数据表的数据信息
inspectdb	获取项目所有模型的定义过程

（续表）

指　令	说　明
loaddata	将数据文件导入数据表，如python manage.py loaddatadata.json
makemessages	创建语言文件，用于项目的区域语言设置
makemigrations	从模型对象创建数据迁移文件并保存在App的migrations文件夹中
migrate	根据迁移文件的内容在数据库中生成相应的数据表
sendtestemail	向指定的收件人发送测试的电子邮件
shell	进入Django的Shell模式，用于调试项目功能
showmigrations	查看当前项目的所有迁移文件
sqlflush	查看清空数据库的SQL语句脚本
sqlmigrate	根据迁移文件内容输出相应的SQL语句
sqlsequencereset	重置数据表递增字段的索引值
squashmigrations	对迁移文件进行压缩处理
startapp	创建项目应用App
startproject	创建新的Django项目
test	运行App中的测试程序
testserver	新建测试数据库并使用该数据库运行项目
clearsessions	清除会话Session数据
collectstatic	收集所有的静态文件
findstatic	查找静态文件的路径信息
runserver	在本地计算机上启动Django项目

表 2-5 简单讲述了 Django 操作指令的作用，对于刚接触 Django 的读者来说，可能并不理解每个指令的具体作用，本节只对这些指令进行了概述，读者只需要大概了解，在后续的学习中会具体讲述这些指令的使用方法。此外，有兴趣的读者可以参考官方文档。

2.6　本章小结

系统总体结构设计需要由需求工程师和开发人员共同商议，针对用户需求来确定如何设计系统各个功能模块以及各个模块的数据结构。本章商城网站的概要设计如下：

（1）网站首页应设有导航栏，并且所有功能展示在导航栏，在导航栏的下面展示各类的热销商品，单击商品图片即可进入商品详细页面，导航栏上方设有搜索框，便于用户搜索相关商品。

（2）商品列表页将所有商品以一定的规则排序展示，用户可以从销量、价格、上架时间和收藏数量设置商品的排序方式，并且在页面的左侧设置分类列表，选择某一分类可以筛选出相应的商品信息。

（3）商品详细页展示某一商品的主图、名称、规格、数量、详细介绍、购买按钮和收藏按钮，并在商品详细介绍的左侧设置热销商品列表。

（4）购物车页面只能在用户已登录的情况下才能访问，它是将用户选购的商品以列表形式展示，列表的每行数据包含商品图片、名称、单价、数量、合计和删除操作，用户可以增减商品的购买数量，并且能自动计算费用。

（5）个人中心页面用于展示用户的基本信息及订单信息，只能在用户已登录的情况下访问。

（6）用户登录注册页面是登录和注册共用一个页面，如果用户账号已存在，则对用户账号和密码进行验证并登录，如果用户账号不存在，则对当前的账号和密码进行注册处理。

（7）数据库使用 MySQL 5.7 以上版本，数据表除了 Django 内置的数据表之外，还需定义商品信息表、商品类别表、购物车信息表和订单信息表。

整个项目共有 7 个文件夹和 1 个文件，每个文件夹和文件的功能说明如下：

（1）babys 文件夹与项目名相同，该文件夹含有 __init__.py、asgi.py、settings.py、urls.py 和 wsgi.py 文件。

（2）commodity 是 Django 创建的项目应用（App），该文件夹含有 __init__.py、admin.py、apps.py、models.py、tests.py 和 views.py 文件，它主要实现网站的商品列表页和商品详细页。

（3）index 是 Django 创建的项目应用（App），该文件夹含有的文件与项目应用（App）commodity 相同，它主要实现网站首页。

（4）shopper 是 Django 创建的项目应用（App），它主要实现网站的购物车页面、个人中心页面、用户登录注册页面、在线支付功能等。

（5）media 是网站的媒体资源，用于存放商品的主图和详细介绍图。

（6）pstatic 是网站的静态资源，用于存放网站的静态资源文件，如 CSS、JavaScript 和网站界面图片。

（7）templates 用于存放 HTML 模板文件，即网站的网页文件。

（8）manage.py 是项目的命令行工具，内置多种方法与项目进行交互。在命令提示符窗口下，将路径切换到项目 babys 并输入 python manage.py help，可以查看该工具的指令信息。

Django 已为我们设置了一些默认的配置信息，比如项目路径、密钥配置、域名访问权限、App 列表和中间件等，每个配置说明如下。

（1）项目路径 BASE_DIR：主要通过 os 模块读取当前项目在计算机系统的具体路径，该代码在创建项目时自动生成，一般情况下无须修改。

（2）密钥配置 SECRET_KEY：这是一个随机值，在项目创建的时候自动生成，一般情况下无须修改，主要用于重要数据的加密处理，提高项目的安全性，避免遭到攻击者恶意破坏。密钥主要用于用户密码、CSRF 机制和会话 Session 等数据加密。

（3）调试模式 DEBUG：该值为布尔类型。如果在开发调试阶段，那么应设置为 True，在开发调试过程中会自动检测代码是否发生更改，根据检测结果执行是否刷新重启系统。如果项目部署上线，那么应将其改为 False，否则会泄漏项目的相关信息。

（4）域名访问权限 ALLOWED_HOSTS：设置可访问的域名，默认值为空列表。当

DEBUG 为 True 并且 ALLOWED_HOSTS 为空列表时，项目只允许以 localhost 或 127.0.0.1 在浏览器上访问。当 DEBUG 为 False 时，ALLOWED_HOSTS 为必填项，否则程序无法启动，如果想允许访问所有域名，那么可设置 ALLOW_HOSTS = ['*']。

（5）App 列表 INSTALLED_APPS：告诉 Django 有哪些 App。在项目创建时已有 admin、auth 和 sessions 等配置信息，这些都是 Django 内置的应用功能。

（6）中间件 MIDDLEWARE：这是一个用来处理 Django 请求（Request）和响应（Response）的框架级别的钩子，它是一个轻量、低级别的插件系统，用于在全局范围内改变 Django 的输入和输出。

（7）路由入口设置 ROOT_URLCONF：告诉 Django 从哪个文件查找整个项目的路由信息，默认值是与项目同名的文件夹的 urls.py 文件，即 babys 文件夹的 urls.py 文件。

（8）模板配置 TEMPLATES：主要配置模板的解析引擎、模板的存放路径地址以及 Django 内置功能的模板使用配置信息。

（9）WSGI 配置 WSGI_APPLICATION：告诉 Django 如何查找 WSGI 文件，并从 WSGI 文件启动并运行 Django 系统服务，默认值是与项目同名的文件夹的 wsgi.py 文件，即 babys 文件夹的 wsgi.py 文件。

（10）数据库配置 DATABASES：配置数据的连接信息，如连接数据库的模块、数据库名称、数据库的账号和密码等，默认连接 SQLite 数据库。

（11）内置 Auth 认证的功能配置 AUTH_PASSWORD_VALIDATORS：主要实现 Django 的 Auth 认证系统的内置功能。

（12）国际化与本地化配置：包含配置属性 LANGUAGE_CODE、TIME_ZONE、USE_I18N、USE_L10N、USE_TZ，主要实现网站的语言设置、不同时区的时间设置等。

（13）静态资源配置 STATIC_URL：设置静态文件的路径信息。

在 PyCharm 的 Terminal 或者 Windows 的 CMD 窗口（CMD 窗口路径必须在项目路径下，如项目 babys 的路径）中输入指令 python manage.py help 并按回车键。Django 的操作指令共有 30 条，读者必须了解每条指令的具体作用。

2.7　动手练习

（1）根据项目需求编写思维导图。

（2）尝试使用 Django 分别连接 Oracle、PostgreSQL、SQL Server 数据库。

（3）查看中间件源码，参照源码编写自定义中间件，实现功能可以自行选择：

① 输出当前请求的请求头信息。

② 验证用户是否已登录。

③ 输出当前请求的 IP 地址。

路由规划与设计

路由称为 URL（Uniform Resource Locator，统一资源定位符），也可以称为 URLconf，是对可以从互联网上得到的资源位置和访问方法的一种简洁的表示，是互联网上标准资源的地址。互联网上的每个文件都有一个唯一的路由，用于指出网站文件的路径位置。简单地说，路由可视为我们常说的网址，每个网址代表不同的网页。

3.1 设置路由分发规则

一个完整的路由包含路由地址、视图函数（或者视图类）、路由变量和路由命名，分别说明如下：

- 路由地址即我们常说的网址。
- 视图函数（或者视图类）即项目应用（App）的 views.py 文件所定义的函数或类。
- 路由变量和路由命名是路由的变量和命名设置，使路由具有动态变化和命名引用功能。动态变化是指一个路由地址按照某个规律演变多种不同的路由地址；命名引用是指在视图、模型等其他项目文件中使用路由命名生成相应的路由地址。

在默认情况下，设置路由地址是在项目同名的文件夹的 urls.py 文件中实现的，这也是由配置文件 settings.py 的 ROOT_URLCONF 决定的，以项目 babys 为例，配置属性 ROOT_URLCONF 指向 babys 文件夹的 urls.py，如图 3-1 所示。

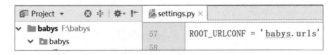

图 3-1 配置属性 ROOT_URLCONF

一个项目中可能设有多个项目应用（App），而 babys 文件夹的 urls.py 文件是定义项目所有路由地址的总入口，如果项目中所有路由地址都在 babys 文件夹的 urls.py 文件中定义，当项目功能规模越来越大的时候，babys 文件夹的 urls.py 文件定义的路由地址就会越来越多，从而造成难以管理的问题。

为了更好地区分各个项目应用（App）的路由地址，我们在 babys 文件夹的 urls.py 文件中分别为每个项目应用（App）定义一个路由入口。首先在每个项目应用（App）的文件夹中创建 urls.py 文件，以项目 babys 的项目应用 index 为例，其目录结构如图 3-2 所示。

除了项目应用 index 之外，我们还要在项目应用 shopper 和 commodity 中分别创建新的 urls.py 文件。然后在 PyCharm 中打开 babys 文件夹的 urls.py 文件，将项目应用 index、shopper 和 commodity 新建的 urls.py 文件添加到 babys 文件夹的 urls.py 文件，这个过程由 Django 内置函数 path 和 include 实现，详细代码如下：

图 3-2　目录结构

```python
# babys 文件夹的 urls.py
from django.contrib import admin
from django.urls import path, include, re_path
from django.views.static import serve
from django.conf import settings


urlpatterns = [
    path('admin/', admin.site.urls),
    # 添加项目应用 index、commodity 和 shopper 的 urls.py
    path('', include(('index.urls', 'index'), namespace='index')),
    path('commodity', include(('commodity.urls', 'commodity'),
    namespace='commodity')),
    path('shopper',include(('shopper.urls', 'shopper'),
            namespace='shopper')),
    # 配置媒体资源的路由信息
    re_path('media/(?P<path>.*)', serve,
{'document_root':settings.MEDIA_ROOT}, name='media'),
]
```

babys 文件夹的 urls.py 文件定义了 5 条路由信息，分别是 Admin 站点管理、首页地址（项目应用 index 的 urls.py 文件）、商品信息（项目应用 commodity 的 urls.py 文件）、购物车信息（项目应用 shopper 的 urls.py 文件）和媒体资料。其中，Admin 站点管理在创建项目时已自动生成，一般情况下无须更改；媒体资料的路由地址是在 2.4.6 节配置的。整个 babys 文件夹的 urls.py 文件的代码说明如下。

- from django.contrib import admin：导入内置 Admin 功能模块。
- from django.urls import path,include：导入 Django 的路由函数模块。
- urlpatterns：代表整个项目的路由集合，以列表格式表示，每个元素代表一条路由信息。
- path('admin/', admin.site.urls)：设定 Admin 管理系统的路由信息。'admin/' 代表 127.0.0.1:8000/admin 的路由地址，admin 后面的斜杠是路径分隔符，其作用等同于计算机中文件目录的斜杠符号；admin.site.urls 指向内置 Admin 功能自定义的路由信息，可以在 Python 目录 Lib\site-packages\django\contrib\admin\sites.py 中找到具体的定义过程。

- path('', include(('index.urls', 'index'), namespace='index'))：路由地址为"/"，即 127.0.0.1:8000，通常是网站的首页；路由函数 include 是将该路由地址分发给项目应用 index 的 urls.py 文件处理。
- path('commodity', include(('commodity.urls', 'commodity'), namespace='commodity'))：路由地址为"/commodity"，即 127.0.0.1:8000/commodity，这是商品详细页面和商品列表页面；路由函数 include 是将该路由地址分发给项目应用 commodity 的 urls.py 文件处理。
- path('shopper', include(('shopper.urls', 'shopper'), namespace='shopper'))：路由地址为"/shopper"，即 127.0.0.1:8000/shopper，这是购物车、个人中心、用户注册等页面；路由函数 include 是将该路由地址分发给项目应用 shopper 的 urls.py 文件处理。
- re_path('media/(?P<path>.*)', serve, {'document_root':settings.MEDIA_ROOT}, name= 'media')：路由地址为"/media/xxx"，即 127.0.0.1:8000/media/xxx，这是媒体资源定义的路由地址，路由函数 re_path 表示允许在路由地址中设置正则表达式。

从 babys 文件夹的 urls.py 文件定义的路由信息可知，每个项目应用（App）的路由地址交给项目应用的 urls.py 文件自行管理，这是路由的分发规则，使路由按照一定的规则进行分类管理。整个路由设计模式的工作原理说明如下：

（1）当运行 babys 项目时，Django 从 babys 文件夹的 urls.py 文件找到各个项目应用（App）的 urls.py 文件，然后读取每个项目应用（App）的 urls.py 文件定义的路由信息，从而生成完整的路由列表。

（2）用户在浏览器上访问某个路由地址时，Django 就会收到该用户的请求信息。

（3）Django 从当前请求信息中获取路由地址，并在路由列表中匹配相应的路由信息，再执行路由信息所指向的视图函数（或视图类），从而完成整个请求响应过程。

3.2　路由分发详解

从 3.1 节看到，我们设置项目路由分发功能的时候，除了使用内置函数 path 和 include 之外，还在路由中设置了参数 namespace，该参数是可选参数，是 Django 设置的路由的命名空间。

路由函数 include 设有参数 arg 和 namespace，参数 arg 指向项目应用 App 的 urls.py 文件，其数据格式以元组或字符串表示；可选参数 namespace 是路由的命名空间。

若要对路由设置参数 namespace，则参数 arg 必须以元组格式表示，并且元组的长度必须为 2。以路由 path('', include(('index.urls', 'index'), namespace='index')) 为例，参数 arg 为 ('index.urls', 'index')，参数的每个元素说明如下：

- 第一个元素为项目应用的 urls.py 文件，比如 ('index.urls','index') 的 index.urls，这是代表项目应用 index 的 urls.py 文件。
- 第二个元素可以自行命名，但不能为空，一般情况下是以项目应用的名称进行命名的，如 ('index.urls','index') 的 index 是以项目应用 index 进行命名的。

如果路由设置参数 namespace 并且参数 arg 为字符串或元组长度不足 2，比如将首页的路由分发设为 path('', include(('index.urls'), namespace='index'))，当运行项目的时候，Django 就会提示错误信息，如图 3-3 所示。

```
File "F:\babys\babys\urls.py", line 23, in <module>
    path('', include(('index.urls'), namespace='index')),
File "E:\Python\lib\site-packages\django\urls\conf.py", line 38, in include
    raise ImproperlyConfigured(
django.core.exceptions.ImproperlyConfigured: Specifying a namespace in include()
```

图 3-3　运行结果

路由函数 include 的作用是将当前路由分配到某个项目应用的 urls.py 文件，而项目应用的 urls.py 文件可以设置多个路由，这种情况类似于计算机上的文件夹 A，并且该文件夹下包含多个子文件夹，而 Django 的命名空间 namespace 相当于对文件夹 A 进行命名。

假设项目路由设计为：在 babys 文件夹的 urls.py 文件中定义 3 个路由，每个路由都使用路由函数 include，分别命名为 A、B、C，每个路由对应某个项目应用的 urls.py 文件，并且在每个项目应用的 urls.py 文件中定义若干个路由。

根据上述路由设计模式，将 babys 文件夹的 urls.py 文件视为计算机上的 D 盘，在 D 盘下有 3 个文件夹，分别命名为 A、B、C，每个项目应用的 urls.py 文件所定义的若干个路由可视为这 3 个文件夹中的文件。在这种情况下，Django 的命名空间 namespace 等同于文件夹 A、B、C 的文件名。

Django 的命名空间 namespace 可以为我们快速定位某个项目应用的 urls.py 文件，再结合路由命名 name 就能快速地从项目应用的 urls.py 文件中找到某个路由的具体信息，这样就能有效管理整个项目的路由列表。有关路由函数 include 的定义过程，可以在 Python 安装目录下找到源码（Lib\site-packages\django\urls\conf.py）进行解读。

3.3　设置商城的路由地址

我们已在 babys 文件夹的 urls.py 文件中分别为项目应用 index、shopper 和 commodity 设置了路由分发功能，本节将会在项目应用 index、shopper 和 commodity 的 urls.py 文件中定义网站首页、商品列表页、商品详细页、购物车页面、个人中心页面和用户登录注册页面的路由地址。

首先打开项目应用 index 的 urls.py 文件，在该文件中定义网站首页的路由地址，定义方法如下：

```
# index 的 urls.py
from django.urls import path
from .views import *

urlpatterns = [
```

```
    path('', indexView, name='index'),
]
```

上述代码中，我们只在项目应用 index 的 urls.py 文件中定义了路由地址 index，路由地址由 Django 内置函数 path 完成定义过程，函数 path 设置了 3 个参数，每个参数说明如下：

（1）第一个参数为空字符串，用于设置具体的路由地址，由于 babys 文件夹的 urls.py 文件的路由分发为 path("', include(('index.urls', 'index'), namespace='index'))，即代表网址 127.0.0.1:8000，而 index 的 urls.py 文件定义的路由地址 index 设为空字符串，那么路由地址 index 的网址为 127.0.0.1:8000。

（2）第二个参数为 indexView，指向项目应用 index 的 views.py 文件的某个视图函数或视图类，当用户在浏览器访问 127.0.0.1:8000 的时候，Django 将接收到一个 HTTP 请求，从该请求中获取路由地址并与自身的路由列表进行匹配，如果路由地址匹配成功，那么 Django 将 HTTP 请求交给路由地址指向的某个视图函数或视图类进行业务处理。

（3）第三个参数为 name='index'，这是函数 path 的可选参数，该参数用于命名路由地址。在实际开发中必须为每个路由地址进行命名，可以在视图或模板中使用路由名称生成相应的路由地址。

下一步打开项目应用 commodity 的 urls.py 文件，在该文件中定义商品列表页和商品详细页的路由地址，详细的定义过程如下：

```
# 项目应用 commodity 的 urls.py
from django.urls import path
from .views import *

urlpatterns = [
    path('.html', commodityView, name='commodity'),
    path('/detail.<int:id>.html', detailView, name='detail'),
]
```

上述代码分别定义了商品列表页的路由地址 commodity 和商品详细页的路由地址 detail，路由地址的定义说明如下：

（1）项目应用 commodity 的 urls.py 文件的路由空间是 path('commodity', include(('commodity.urls', 'commodity'), namespace='commodity'))，因此路由 commodity 为 127.0.0.1:8000/commodity.html，路由 detail 为 127.0.0.1:8000/commodity/detail/id.html。

（2）路由 detail 设置了路由变量 id，该变量以整型表示，它可以代表 1、2、3 等整数，变量 id 对应商品信息表的主键 id，通过改变变量 id 的数值可以查看不同商品的详细介绍。

（3）路由地址的末端设置了".html"，这是一种伪静态 URL 技术，可将网址设置为静态网址，用于 SEO 搜索引擎的爬取，如百度、谷歌等。此外，在末端设置".html"是为变量 id 设置终止符，假如末端没有设置".html"，并且路由变量为字符串类型，在浏览器上输入无限长的字符串，路由也能正常访问。

（4）路由 commodity 和 detail 的业务逻辑处理分别指向项目应用 commodity 的 views.py 文件定义的视图函数 commodityView 和 detailView。

最后打开项目应用 shopper 的 urls.py 文件，在该文件中定义个人中心页、购物车信息页、用户登录注册页和用户注销的路由地址，详细代码如下：

```
# 项目应用 shopper 的 urls.py
from django.urls import path
from .views import *

urlpatterns = [
    path('.html', shopperView, name='shopper'),
    path('/login.html', loginView, name='login'),
    path('/logout.html', logoutView, name='logout'),
    path('/shopcart.html', shopcartView, name='shopcart'),
]
```

上述代码定义了 4 个路由地址，每个路由所对应的功能说明如下：

（1）路由 shopper 代表个人中心页，它的路由空间是 path('shopper', include(('shopper.urls', 'shopper'), namespace='shopper'))，因此路由地址为 127.0.0.1:8000/shopper.html，个人中心页的业务逻辑由项目应用 shopper 的 views.py 文件定义的视图函数 shopperView 实现。

（2）路由 login 代表用户登录注册页，路由地址为 127.0.0.1:8000/shopper/login.html，它的业务逻辑由项目应用 shopper 的 views.py 文件定义的视图函数 loginView 实现。

（3）路由 logout 实现个人中心的用户注销功能，路由地址为 127.0.0.1:8000/shopper/logout.html，它的业务逻辑由项目应用 shopper 的 views.py 文件定义的视图函数 logoutView 实现。

（4）路由 shopcart 代表购物车信息页，路由地址为 127.0.0.1:8000/shopper/shopcart.html，它的业务逻辑由项目应用 shopper 的 views.py 文件定义的视图函数 shopcartView 实现。

3.4 路由的定义规则

从 3.3 节看到，我们已在项目应用 index、shopper 和 commodity 的 urls.py 文件中定义了网站首页、商品列表页、商品详细页、购物车页面、个人中心页面、用户注销和用户登录注册页面的路由地址。综合分析得知，路由地址的定义规则如下：

（1）每个 urls.py 文件的路由地址必须在列表 urlpatterns 中定义，换句话说，每个 urls.py 文件必须设有一个 urlpatterns 列表，该列表用于定义路由信息。

（2）每个路由是由函数 path 定义的，函数 path 设置了 3 个参数：第一个参数用于设置具体的路由地址；第二个参数指向项目应用的 views.py 文件的某个视图函数或视图类，负责处理路由的业务逻辑；第三个参数为 name='index'，这是函数 path 的可选参数，该参数用于命名路由地址。

（3）如果函数 path 第二个参数使用内置函数 include，该路由实现路由分发功能。也就是说，如果函数 path 的第二个参数是函数 include，那么该路由为路由分发；如果函数 path 的第二个参数是项目应用的 views.py 文件的视图类或视图函数，那么该路由为网站的路由地址。

函数 path 是 Django 2.0 以上版本定义的内置函数，如果开发环境是 Django 1.X 版本，那么路由定义应使用函数 url。从参数的角度分析，函数 path 和函数 url 的参数设置是相同的，只不过函数 url 定义的路由地址需设置路由符号 ^ 和 $。^ 代表当前路由地址的相对路径，$ 代表当前路由地址的终止符。

我们以项目应用 commodity 的 urls.py 文件为例，对路由 commodity 和 detail 使用的函数 url 进行定义，定义过程如下：

```
# 项目应用 commodity 的 urls.py
from django.conf.urls import url
from .views import *

urlpatterns = [
    url('^.html$', commodityView, name='commodity'),
    url('^/detail.(?P<id>\d+).html$', detailView, name='detail'),
]
```

从上述代码看到，函数 url 要为每个路由地址设置路由符号 ^ 和 $，而且路由变量 id 应使用正则表达式表示（如 (?P<id>\d+)）。综上所述，Django 1 的路由规则是使用 Django 的 url 函数实现路由定义，并且路由地址设有路由符号 ^ 和 $，读者需要区分路由符号 ^ 和 $ 的作用与使用规则，在某种程度上，它比 Django 2 版本复杂并且代码可读性差，因此 Django 1 的路由规则应该会在 Django 以后的新版本中逐渐被淘汰。

3.5 路由变量与正则表达式

路由 detail 在路由地址中设置了路由变量 id，通过动态改变路由变量 id 的数值就能生成相应的商品详细介绍页面，Django 的路由变量分为字符类型、整型、slug 和 uuid，最为常用的是字符类型和整型。各个类型说明如下。

- 字符类型：匹配任何非空字符串，但不含斜杠。如果没有指定类型，就默认使用该类型。
- 整型：匹配 0 和正整数。
- slug：可理解为注释、后缀或附属等概念，常作为路由的解释性字符，可匹配任何 ASCII 字符、连接符和下画线，能使路由更加清晰易懂。比如网页的标题是 "13 岁的孩子"，其路由地址可以设置为 "13-sui-de-hai-zi"。
- uuid：匹配一个 uuid 格式的对象。为了防止冲突，规定必须使用 "-" 并且所有字母必须小写，例如 075194d3-6885-417e-a8a8-6c931e272f00。

在路由中，如果使用函数 path 定义路由，那么路由变量使用变量符号 "<>" 定义。在括号中以冒号划分为两部分，冒号前面代表变量的数据类型，冒号后面代表变量名，变量名可自行命名，如果没有设置变量的数据类型，就默认为字符类型。比如路由变量 <year>、<int:month> 和 <slug:day>，变量说明如下：

- <year>：变量名为 year，数据格式为字符类型，与 <str:year> 的含义一样。
- <int:month>：变量名为 month，数据格式为整型。
- <slug:day>：变量名为 day，数据格式为 slug。

除了在路由地址设置变量外，Django 还支持在路由地址外设置变量（路由的可选变量），比如在路由 detail 的路由地址中添加可选变量 user，代码如下：

```
# 项目应用 commodity 的 urls.py
from django.urls import path
from .views import *

urlpatterns = [
    path('.html', commodityView, {'user': 'admin'}, name='commodity'),
    path('/detail.<int:id>.html', detailView, name='detail'),
]
```

从上述代码可以看出，可选变量 user 的设置规则如下：

- 可选变量只能以字典的形式表示。
- 设置的可选变量只能在视图函数中读取和使用。
- 字典的一个键—值对代表一个可选变量，键—值对的键代表变量名，键—值对的值代表变量值。
- 变量值没有数据格式限制，可以为某个实例对象、字符串或列表（元组）等。
- 可选变量必须在视图函数（视图类）和参数 name 之间。

无论是在路由地址中添加路由变量还是添加可选变量，只要在路由信息中设置了变量，都必须在对应的视图函数中设置对应的函数参数，并且函数参数必须与路由信息的变量名一一对应。

虽然路由变量可以使用字符类型、整型、slug 和 uuid 表示，但某些路由变量会因为业务需求或实际情况设置一定的范围值，比如变量 <int:year>，该变量代表年份，年份都是由 4 位数字组成的，而整型的数值可以长达 10 位。为了进一步规范路由变量的数据格式，可以使用正则表达式限制路由变量的取值范围，示例如下：

```
# 某项目应用的 urls.py
from django.urls import re_path
from . import views
urlpatterns = [
re_path('(?P<year>[0-9]{4})/(?P<month>[0-9]{2})/(?P<day>[0-9]{2}).html',
views.mydate)
]
```

路由的正则表达式是由路由函数 re_path 定义的，其作用是对路由变量进行截取与判断，正则表达式是以小括号为单位的，每个小括号的前后可以使用斜杠或者其他字符将其分隔与结束。以上述代码为例，分别将变量 year、month 和 day 以斜杠隔开，每个变量以一个小括号为单位，在小括号内，可分为 3 部分，以 (?P<year>[0-9]{4}) 为例。

- ?P 是固定格式，字母 P 必须为大写。
- <year> 为变量名。
- [0-9]{4} 是正则表达式的匹配模式，代表变量的长度为 4，只允许取 0~9 的值。

3.6 本章小结

路由称为 URL 是对可以从互联网上得到的资源位置和访问方法的一种简洁的表示，是互联网上标准资源的地址。互联网上的每个文件都有一个唯一的路由，用于指出网站文件的路径位置。简单地说，路由可视为我们常说的网址，每个网址代表不同的网页。

一个完整的路由包含路由地址、视图函数（或者视图类）、路由变量和路由命名：

- 路由地址即我们常说的网址。
- 视图函数（或者视图类）即项目应用（App）的 views.py 文件所定义的函数或类。
- 路由变量和路由命名是路由的变量和命名设置，使路由具有动态变化和命名引用功能。动态变化是指一个路由地址按照某个规律演变多种不同的路由地址；命名引用是指在视图、模型等其他项目文件中使用路由命名生成相应的路由地址。

路由函数 include 的作用是将当前路由分配到某个项目应用的 urls.py 文件，而项目应用的 urls.py 文件可以设置多个路由，这种情况类似于计算机上的文件夹 A，并且该文件夹下包含多个子文件夹，而 Django 的命名空间 namespace 相当于对文件夹 A 进行命名。

假设项目路由设计为：在 babys 文件夹的 urls.py 文件中定义 3 个路由，每个路由都使用路由函数 include，分别命名为 A、B、C，每个路由对应某个项目应用的 urls.py 文件，并且在每个项目应用的 urls.py 文件中定义若干个路由。

根据上述路由设计模式，将 babys 文件夹的 urls.py 文件视为计算机上的 D 盘，在 D 盘下有 3 个文件夹，分别命名为 A、B、C，每个项目应用的 urls.py 文件所定义的若干个路由可视为这 3 个文件夹中的文件。在这种情况下，Django 的命名空间 namespace 等同于文件夹 A、B、C 的文件名。

路由函数 path 用于定义项目的路由信息，定义规则如下：

（1）每个 urls.py 文件的路由地址必须在列表 urlpatterns 中定义，换句话说，每个 urls.py 文件必须设有一个列表 urlpatterns，该列表用于定义路由信息。

（2）每个路由是由函数 path 定义的，函数 path 设置了 3 个参数：第一个参数用于设置具体的路由地址；第二个参数指向项目应用的 views.py 文件的某个视图函数或视图类，负责处理路由的业务逻辑；第三个参数为 name='index'，这是函数 path 的可选参数，该参数用于命名路由地址。

（3）如果函数 path 第二个参数使用内置函数 include，该路由是实现路由分发功能。

Django 的路由变量分为字符类型、整型、slug 和 uuid，最为常用的是字符类型和整型。

- 字符类型：匹配任何非空字符串，但不含斜杠。如果没有指定类型，就默认使用该类型。
- 整型：匹配 0 和正整数。
- slug：可理解为注释、后缀或附属等概念，常作为路由的解释性字符，可匹配任何 ASCII 字符、连接符和下画线，能使路由更加清晰易懂。比如网页的标题是"13 岁的孩子"，其路由地址可以设置为"13-sui-de-hai-zi"。
- uuid：匹配一个 uuid 格式的对象。为了防止冲突，规定必须使用"-"并且所有字母必须小写，例如 075194d3-6885-417e-a8a8-6c931e272f00。

路由的正则表达式是由路由函数 re_path 定义的，其作用是对路由变量进行截取与判断，正则表达式是以小括号为单位的，每个小括号的前后可以使用斜杠或者其他字符将其分隔与结束。

3.7 动手练习

（1）尝试列举路由所有的定义方式，如路由分发、固定的路由地址、带变量的路由地址、带正则的路由地址。

（2）分析路由函数 path 或 re_path 的源码，对比两者的区别，并分析说明函数参数（提示：源码文件路径为 Lib\site-packages\django\urls\conf.py）。

第4章 ← Chapter 4

商城数据模型的搭建与使用

Django 对各种数据库都提供了很好的支持，包括 PostgreSQL、MySQL、SQLite 和 Oracle，而且为这些数据库提供了统一的 API 方法，这些 API 统称为 ORM 框架。通过使用 Django 内置的 ORM 框架可以实现数据库连接和读写操作。

ORM 框架是一种程序技术，用于实现面向对象编程语言中不同类型系统的数据之间的转换。从效果上说，它创建了一个可在编程语言中使用的虚拟对象数据库，通过对虚拟对象数据库的操作来实现对目标数据库的操作，虚拟对象数据库与目标数据库是相互对应的。

本章主要介绍商城数据库数据模型的搭建与使用。

4.1 定义商城的数据模型 ◀◀◀

在 2.2 节中，我们已设计了项目 babys 的数据结构，用户信息表是由 Django 内置的用户管理功能定义的，除此之外，项目还需要定义商品信息表、商品类别表、购物车信息表和订单信息表。我们将商品信息表和商品类别表定义在项目应用 commodity 的 models.py 中，购物车信息表和订单信息表定义在项目应用 shopper 的 models.py 中。

首先打开项目应用 commodity 的 models.py 文件，在文件中定义模型 Types 和 CommodityInfos，它们以类的形式表示，并且继承父类 Model，详细的定义过程如下：

```
# 项目应用 commodity 的 models.py
from django.db import models

class Types(models.Model):
    id = models.AutoField(primary_key=True)
    firsts = models.CharField(' 一级类型 ', max_length=100)
    seconds = models.CharField(' 二级类型 ', max_length=100)

    def __str__(self):
        return str(self.id)
```

```python
    class Meta:
        verbose_name = '商品类型'
        verbose_name_plural = '商品类型'


class CommodityInfos(models.Model):
    id = models.AutoField(primary_key=True)
    name = models.CharField('商品名称', max_length=100)
    sezes = models.CharField('颜色规格', max_length=100)
    types = models.CharField('商品类型', max_length=100)
    price = models.FloatField('商品价格')
    discount = models.FloatField('折后价格')
    stock = models.IntegerField('存货数量')
    sold = models.IntegerField('已售数量')
    likes = models.IntegerField('收藏数量')
    created = models.DateField('上架日期', auto_now_add=True)
    img = models.FileField('商品主图', upload_to=r'imgs')
    details = models.FileField('商品介绍', upload_to=r'details')

    def __str__(self):
        return str(self.id)

    class Meta:
        verbose_name = '商品信息'
        verbose_name_plural = '商品信息'
```

最后打开项目应用 shopper 的 models.py 文件，在文件中定义模型 CartInfos 和 OrderInfos，模型的定义过程与模型 Types 和 CommodityInfos 相似，代码如下：

```python
# 项目应用 shopper 的 models.py
from django.db import models

STATE = (
    ('待支付', '待支付'),
    ('已支付', '已支付'),
    ('发货中', '发货中'),
    ('已签收', '已签收'),
    ('退货中', '退货中'),
)

class CartInfos(models.Model):
    id = models.AutoField(primary_key=True)
    quantity = models.IntegerField('购买数量')
    commodityInfos_id = models.IntegerField('商品ID')
    user_id = models.IntegerField('用户ID')

    def __str__(self):
        return str(self.id)

    class Meta:
        verbose_name = '购物车'
        verbose_name_plural = '购物车'
```

```python
class OrderInfos(models.Model):
    id = models.AutoField(primary_key=True)
    price = models.FloatField('订单总价')
    created = models.DateField('创建时间', auto_now_add=True)
    user_id = models.IntegerField('用户ID')
    state = models.CharField('订单状态', max_length=20, choices=STATE)

    def __str__(self):
        return str(self.id)

    class Meta:
        verbose_name = '订单信息'
        verbose_name_plural = '订单信息'
```

从模型的定义过程分析归纳得知，模型定义可以分为 3 部分，每个部分的功能说明如下：

（1）定义模型字段，每个模型字段对应数据表的某个表字段，字段以 aa=models.bb(cc) 格式表示，比如 id = models.AutoField(primary_key=True)，其中 id 为模型字段名称，它与数据表的表字段相互对应；models.AutoField 用于设置字段的数据类型，常用的类型有整型、字符型、浮点型等；primary_key=True 用于设置字段属性，例如字段是否为表主键、限制内容长度、设置默认值等。

在实际开发中，我们需要定义不同的字段类型来满足各种开发需求，因此 Django 划分了多种字段类型，在源码目录 django\db\models\fields 的 __init__.py 和 files.py 文件中找到各种模型字段，分别说明如下。

- AutoField：自增长类型，数据表的字段类型为整数，长度为 11 位。
- BigAutoField：自增长类型，数据表的字段类型为 bigint，长度为 20 位。
- CharField：字符类型。
- BooleanField：布尔类型。
- CommaSeparatedIntegerField：用逗号分隔的整数类型。
- DateField：日期（Date）类型。
- DateTimeField：日期时间（Datetime）类型。
- Decimal：十进制小数类型。
- EmailField：字符类型，存储邮箱格式的字符串。
- FloatField：浮点数类型，数据表的字段类型变成 Double 类型。
- IntegerField：整数类型，数据表的字段类型为 11 位的整数。
- BigIntegerField：长整数类型。
- IPAddressField：字符类型，存储 IPv4 地址的字符串。
- GenericIPAddressField：字符类型，存储 IPv4 和 IPv6 地址的字符串。
- NullBooleanField：允许为空的布尔类型。
- PositiveIntegerFiel：正整数的整数类型。
- PositiveSmallIntegerField：小正整数类型，取值范围为 0~32 767。
- SlugField：字符类型，包含字母、数字、下画线和连字符的字符串。
- SmallIntegerField：小整数类型，取值范围为 −32 768~+32 767。

- TextField：长文本类型。
- TimeField：时间类型，显示时分秒 HH:MM[:ss[.uuuuuu]]。
- URLField：字符类型，存储路由格式的字符串。
- BinaryField：二进制数据类型。
- FileField：字符类型，存储文件路径的字符串。
- ImageField：字符类型，存储图片路径的字符串。
- FilePathField：字符类型，从特定的文件目录选择某个文件。

在不同的字段类型中，还可以设置字段的基本属性，比如 primary_key=True 是将字段设置为主键，每个字段具有共同的基本属性，分别说明如下。

- verbose_name：默认为 None，在 Admin 站点管理设置字段的显示名称。
- primary_key：默认为 False，若为 True，则将字段设置成主键。
- max_length：默认为 None，设置字段的最大长度。
- unique：默认为 False，若为 True，则设置字段的唯一属性。
- blank：默认为 False，若为 True，则字段允许为空值，数据库将存储空字符串。
- null：默认为 False，若为 True，则字段允许为空值，数据库表现为 NULL。
- db_index：默认为 False，若为 True，则以此字段来创建数据库索引。
- default：默认为 NOT_PROVIDED 对象，设置字段的默认值。
- editable：默认为 True，允许字段可编辑，用于设置 Admin 的新增数据的字段。
- serialize：默认为 True，允许字段序列化，可将数据转化为 JSON 格式。
- unique_for_date：默认为 None，设置日期字段的唯一性。
- unique_for_month：默认为 None，设置日期字段月份的唯一性。
- unique_for_year：默认为 None，设置日期字段年份的唯一性。
- choices：默认为空列表，设置字段的可选值。
- help_text：默认为空字符串，用于设置表单的提示信息。
- db_column：默认为 None，设置数据表的列名称，若不设置，则将字段名作为数据表的列名。
- db_tablespace：默认为 None，如果字段已创建索引，那么数据库的表空间名称将作为该字段的索引名。注意：部分数据库不支持表空间。
- auto_created：默认为 False，若为 True，则自动创建字段，用于一对一的关系模型。
- validators：默认为空列表，设置字段内容的验证函数。
- error_messages：默认为 None，设置错误提示。

（2）重写函数 __str__()，用于设置模型的返回值，默认情况下，返回值为模型名 + 主键。函数 __str__ 可用于外键查询，比如模型 A 设有外键字段 F，外键字段 F 关联模型 B，当查询模型 A 时，外键字段 F 会将模型 B 的函数 __str__ 返回值作为字段内容。

需要注意的是，函数 __str__ 只允许返回字符类型的字段，如果字段是整型或日期类型的，就必须使用 Python 的 str() 函数将其转化成字符类型。

（3）重写 Meta 选项，用于设置模型的常用属性，一共设有 19 个属性，每个属性的说明如下。

- abstract：若设为 True，则该模型为抽象模型，不会在数据库中创建数据表。

- app_label：属性值为字符串，将模型设置为指定的项目应用，比如将 index 的 models.py 文件定义的模型 A 指定到其他 App 中。
- db_table：属性值为字符串，设置模型对应的数据表名称。
- db_teblespace：属性值为字符串，设置模型所使用的数据库的表空间。
- get_latest_by：属性值为字符串或列表，设置模型数据的排序方式。
- managed：默认值为 True，支持 Django 命令执行数据迁移；若为 False，则不支持数据迁移功能。
- order_with_respect_to：属性值为字符串，用于多对多的模型关系，指向某个关联模型的名称，并且模型名称必须为英文小写。比如模型 A 和模型 B，模型 A 的一条数据对应模型 B 的多条数据，两个模型关联后，当查询模型 A 的某条数据时，可使用 get_b_order() 和 set_b_order() 来获取模型 B 的关联数据，这两个方法名称的 b 为模型名称的小写，此外 get_next_in_order() 和 get_previous_in_order() 可以获取当前数据的下一条和上一条的数据对象。
- ordering：属性值为列表，将模型数据以某个字段进行排序。
- permissions：属性值为元组，设置模型的访问权限，默认设置添加、删除和修改的权限。
- proxy：若设为 True，则为模型创建代理模型，即克隆一个与模型 A 相同的模型 B。
- required_db_features：属性值为列表，声明模型依赖的数据库功能。比如 ['gis_enabled']，表示模型依赖 GIS 功能。
- required_db_vendor：属性值为列表，声明模型支持的数据库，默认支持 SQLite、PostgreSQL、MySQL 和 Oracle。
- select_on_save：数据新增修改算法，通常无须设置此属性，默认值为 False。
- indexes：属性值为列表，定义数据表的索引列表。
- unique_together：属性值为元组，多个字段的联合唯一，等于数据库的联合约束。
- verbose_name：属性值为字符串，设置模型直观可读的名称并以复数形式表示。
- verbose_name_plural：与 verbose_name 相同，以单数形式表示。
- label：只读属性，属性值为 app_label.object_name，如 index 的模型 PersonInfo，值为 index.PersonInfo。
- label_lower：与 label 相同，但其值为小写字母，如 index.personinfo。

综上所述，模型字段、函数 __str__ 和 Meta 选项是模型定义的基本要素，模型字段的类型、函数 __str__ 和 Meta 选项的属性设置需由开发需求而定。在定义模型时，还可以在模型中定义相关函数，比如 get_absolute_url()，当视图类没有设置属性 success_url 时，视图类的重定向路由地址将由模型定义的 get_absolute_url() 提供。

4.2 数据迁移创建数据表

数据迁移是根据项目中定义的模型生成相应的数据表，首次在项目中定义模型时，项目所配置的数据库中并没有创建任何数据表，想要通过模型创建数据表，可使用 Django 的操作指令完成创建过程。以项目 babys 为例，在配置文件 settings.py 的 DATABASES 属性中配置 MySQL 数据库连接信息，连接本地的 MySQL 数据库系统，代码如下：

```
DATABASES = {
    'default': {
        'ENGINE': 'django.db.backends.mysql',
        'NAME': 'babys',
        'USER': 'root',
        'PASSWORD': '1234',
        'HOST': '127.0.0.1',
        'PORT': '3306',
    }
}
```

下一步是注释项目应用 index、commodity 和 shopper 的 urls.py 文件定义的路由信息，由于网站的路由地址尚未定义相应的视图函数，因此无法使用 Django 内置的指令创建数据表。然后在 PyCharm 的 Terminal 中输入 Django 的操作指令，代码如下：

```
F:\babys>python manage.py makemigrations
Migrations for 'commodity':
  commodity\migrations\0001_initial.py
    - Create model CommodityInfos
    - Create model Types
Migrations for 'shopper':
  shopper\migrations\0001_initial.py
    - Create model CartInfos
    - Create model OrderInfos
```

当 makemigrations 指令执行成功后，在项目应用 commodity 和 shopper 的 migrations 文件夹中分别创建 0001_initial.py 文件，如果项目中有多个 App，并且每个项目应用的 models.py 文件中定义了模型对象，当首次执行 makemigrations 指令时，Django 就会在每个项目应用的 migrations 文件夹中创建 0001_initial.py 文件。打开查看项目应用 commodity 的 migrations 的 0001_initial.py 文件，文件内容如图 4-1 所示。

```
class Migration(migrations.Migration):
    initial = True
    dependencies = [
    ]
    operations = [
        migrations.CreateModel(
            name='CommodityInfos',
            fields=[
                ('id', models.AutoField(primary_key=True, serialize=False)),
                ('name', models.CharField(max_length=100, verbose_name='商品名称')),
                ('sezes', models.CharField(max_length=100, verbose_name='颜色规格')),
```

图 4-1　0001_initial.py 文件内容

0001_initial.py 文件将 models.py 定义的模型生成数据表的脚本代码，该文件的脚本代码可被 migrate 指令执行，migrate 指令会根据脚本代码的内容在数据库中创建相应的数据表，只要在 PyCharm 的 Terminal 窗口下输入 migrate 指令即可完成数据表的创建，代码如下：

```
F:\babys>python manage.py migrate
Operations to perform:
```

```
        Apply all migrations: admin, auth, commodity, contenttypes, sessions,
shopper
   Running migrations:
     Applying contenttypes.0001_initial... OK
```

当指令运行完成后，使用数据库可视化工具打开数据库就能看到新建的数据表，以数据库可视化工具 Navicat Premium 为例，如图 4-2 所示。其中数据表 commodity_types 由项目应用 commodity 定义的模型 Types 创建，而其他数据表是 Django 内置的功能所使用的数据表，分别是会话 Session、用户认证管理和 Admin 后台系统等。

在开发过程中，开发者因为开发需求经常会调整数据表的结构，比如新增功能、优化现有功能等。假如在上述例子中新增模型 Payment 及其数据表，为了保证不影响现有的数据表，如何通过新增的模型创建相应的数据表？

针对上述问题，我们只需在某个项目应用的 models.py 中定义新的模型 Payment，然后再次执行 makemigrations 和 migrate 指令即可。第二次执行 makemigrations 指令的时候，新定义的模型会在项目应用的 migrations 文件夹中创建新的 .py 文件，当再次运行 migrate 指令的时候，Django 会执行 migrations 文件夹中新建的 .py 文件，每次执行 migrate 的操作记录都会记录在内置数据表 django_migrations 中，如图 4-3 所示。

图 4-2 数据表   图 4-3 数据表 django_migrations

除了新建模型及其数据表之外，makemigrations 和 migrate 指令还支持模型的修改，从而修改相应的数据表结构，比如新增、修改和删除数据表的某个字段。字段的增删改只需在已有的模型中重新定义即可，然后再次执行 makemigrations 和 migrate 指令。

但在已有模型中新增字段，模型字段必须将属性 null 和 blank 设为 True 或者为模型字段设置默认值（设置属性 default），否则执行 makemigrations 指令会提示字段修复信息，如图 4-4 所示。

```
F:\babys>python manage.py makemigrations
You are trying to add a non-nullable field 'titl
ws).
Please select a fix:
1) Provide a one-off default now (will be set o
2) Quit, and let me add a default in models.py
```

图 4-4 字段修复信息

migrate 指令还可以单独执行某个 .py 文件，首次在项目中使用 migrate 指令时，Django 会默认创建内置功能的数据表，如果只想执行项目应用 commodity 的 migrations 文件夹的某个 .py 文件，那么可以在 migrate 指令中指定文件名，指令如下：

```
F:\babys>python manage.py migrate commodity 0001_initial
Operations to perform:
  Target specific migration: 0001_initial, from commodity
Running migrations:
  Applying commodity.0001_initial... OK
```

在 migrate 指令末端设置项目应用名称 commodity 和 migrations 文件夹的 0001_initial 文件名，三者（migrate 指令、项目应用名称 commodity 和 0001_initial 文件名）之间使用空格隔开即可，指令执行完成后，数据库只有数据表 django_migrations、commodity_types 和 commodity_commodityinfos，如图 4-5 所示。

我们知道，migrate 指令根据 migrations 文件夹的 .py 文件创建数据表，但在数据库中，数据表的创建和修改离不开 SQL 语句的支持，因此 Django 提供了 sqlmigrate 指令，该指令能将 .py 文件转化成相应的 SQL 语句。以项目应用 commodity 的 0001_initial.py 文件为例，在 PyCharm 的 Terminal 窗口输入 sqlmigrate 指令，指令末端必须设置项目应用名称和 migrations 文件夹的某个 .py 文件名，三者之间使用空格隔开即可，指令输出结果如图 4-6 所示。

图 4-5 数据表信息

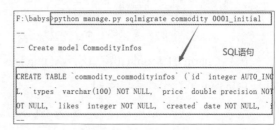

图 4-6 sqlmigrate 指令

除此之外，Django 还提供了很多数据迁移指令，如 squashmigrations、inspectdb、showmigrations、sqlflush、sqlsequencereset 和 remove_stale_contenttypes，这些指令在 2.5 节已经说明过了，此处不再重复讲述。

4.3 数据的导入与导出

在实际开发过程中，我们经常对数据库的数据进行导入和导出操作，比如网站重构、数据分析和网站分布式部署等。一般情况下，我们使用数据库可视化工具来实现数据的导入和导出，以 Navicat Premium 为例，打开某张数据表，单击"导入"按钮或"导出"按钮，按照操作提示即可完成，如图 4-7 所示。

图 4-7 数据的导入与导出

使用数据库可视化工具导入某个表的数据时，如果当前数据表设有外键字段，那么必须将外键字段关联的数据表的数据导入，再执行当前数据表的数据导入操作，否则数据无法导入成功。因为外键字段指向它所关联的数据表，如果关联的数据表没有数据，外键字段就无法与关联的数据表生成数据关系，从而使当前数据表的数据导入失败。

除了使用数据库可视化工具实现数据的导入与导出之外，Django 还为我们提供了操作指令（loaddata 和 dumpdata）来实现数据的导入与导出操作。以项目 babys 为例，在数据表 commodity_types 和 commodity_commodityinfos 中分别添加数据，如图 4-8 所示。

图 4-8 数据表 commodity_types 和 commodity_commodityinfos

在 PyCharm 的 Terminal 窗口输入 dumpdata 指令，将整个项目的数据从数据库中导出并保存到 data.json 文件中，其指令如下：

```
F:\babys>python manage.py dumpdata>data.json
```

dumpdata 指令末端使用了符号"＞"和文件名 data.json，这是将项目所有的数据都存放在 data.json 文件中，并且 data.json 的文件路径在项目的根目录（与项目的 manage.py 文件在同一个路径），如图 4-9 所示。

图 4-9 目录结构

如果只想导出某个项目应用的所有数据或者项目应用中某个模型的数据，那么可在 dumpdata 指令末端设置项目名称或项目名称的某个模型名称，指令如下：

```
# 导出项目应用 commodity 的所有模型的数据
python manage.py dumpdata commodity>data.json
# 导出项目应用 commodity 的模型 Types 的数据
python manage.py dumpdata commodity.Types>types.json
```

一般情况下，使用 dumpdata 指令导出的数据文件都存放在项目的根目录，因为在输入指令时，PyCharm 的 Terminal 窗口的命令行所在的路径为项目的根目录，若想更换存放路径，则可改变命令行的当前路径，比如将数据文件存放在 D 盘，其指令如下：

```
# 将命令行路径切换到 D 盘
F:\babys>cd ..
# 命令行在 D 盘路径下使用项目 babys 的 manage 文件执行 dumpdata 指令
F:\>python babys/manage.py dumpdata>data.json
```

若想将导出的数据文件重新导入数据库中，则可使用 loaddata 指令完成，该指令的使用方式相对单一，只需在指令末端设置需要导入的文件名即可：

```
F:\babys>python manage.py loaddata data.json
Installed 68 object(s) from 1 fixture(s)
```

loaddata 指令根据数据文件的 model 属性来确定当前数据所属的数据表，并将数据插入数据表，从而完成数据导入。

一般情况下，数据的导出和导入最好以整个项目或整个项目应用的数据为单位，因为数据表之间可能存在外键关联，如果只导入某张数据表的数据，就必须考虑该数据表是否设有外键，并且外键所关联的数据表是否已有数据。

4.4　使用 QuerySet 操作数据

Django 对数据库的数据进行增、删、改操作是借助内置 ORM 框架所提供的 API 方法实现的，简单来说，ORM 框架的数据操作 API 是在 QuerySet 类中定义的，然后由开发者自定义的模型对象调用 QuerySet 类，从而实现数据操作。

4.4.1　新增数据

Django 提供了多种数据新增方法，开发者可以根据实际情况以及个人使用习惯选择某一种新增方式。为了更好地演示数据库的增、删、改操作，在项目 babys 中使用 Shell 模式（启动命令行和执行脚本）进行讲述，该模式方便开发人员开发和调试程序。在 PyCharm 的

Terminal 下开启 Shell 模式，输入 python manage.py shell 指令即可，如图 4-10 所示。

在 Shell 模式下，若想对数据表 commodity_types 新增数据，则可输入以下代码实现：

```
F:\babys>python manage.py shell
Python 3.8.1 (tags/v3.8.1:1b293b6, Dec 18 2019, ?
Type "help", "copyright", "credits" or "license"
(InteractiveConsole)
```

图 4-10　Shell 模式

```
>>> from commodity.models import Types
>>> t = Types()
>>> t.firsts = '童装'
>>> t.seconds = '女装'
>>> t.save()
# 数据新增后，查看新增数据的主键 id
>>> t.id
```

上述代码是对项目应用 commodity 的模型 Types 进行实例化，再对实例化对象的属性进行赋值，从而实现数据表 commodity_types 的数据新增，代码说明如下：

（1）从项目应用 commodity 的 models.py 文件中导入模型 Types。

（2）对模型 Types 声明并实例化，生成对象 t。

（3）对对象 t 的属性逐一赋值，对象 t 的属性来自模型 Types 所定义的字段。完成赋值后，再由对象 t 调用 save 方法保存数据。

代码运行结束后，在数据表 commodity_types 中查看数据的新增情况，如图 4-11 所示。

除了上述方法外，数据新增还有以下 3 种常见的方法，代码如下：

图 4-11 数据入库

```
# 方法一
# 使用 create 方法实现数据新增
>>> t = Types.objects.create(firsts='儿童用品', seconds='婴儿车')
# 数据新增后，获取新增数据的主键 id
>>> t.id
# 方法二
# 同样使用 create 方法，但数据以字典格式表示
>>> d = dict(firsts='奶粉辅食', seconds='磨牙饼干')
>>> t = Types.objects.create(**d)
# 数据新增后，获取新增数据的主键 id
>>> t.id
# 方法三
# 在实例化时直接设置属性值
>>> t = Types(firsts='儿童早教', seconds='童话故事')
>>> t.save()
# 数据新增后，获取新增数据的主键 id
>>> t.id
```

在执行数据新增时，为了保证数据的有效性，我们需要对数据进行去重判断，以确保数据不会重复新增。以往的方案都是对数据表进行查询操作，如果查询的数据不存在，就执行数据新增操作。为了简化这一过程，Django 提供了 get_or_create 方法，使用如下：

```
>>> d = dict(firsts='奶粉辅食', seconds='营养品')
>>> t = Types.objects.get_or_create(**d)
# 数据新增后，获取新增数据的主键 id
>>> t[0].id
```

get_or_create 根据每个模型字段的值与数据表的数据进行判断，判断方式如下：

- 只要有一个模型字段的值与数据表的数据不相同（除主键之外），就会执行数据新增操作。
- 如果每个模型字段的值与数据表的某行数据完全相同，就不执行数据新增，而是返回这行数据的数据对象，比如对上述字典 d 重复执行 get_or_create，第一次是执行数据新增（若执行结果显示为 True，则代表数据新增），第二次是返回数据表已有的数据信息（若执行结果显示为 False，则代表数据表已存在数据，不再执行数据新增），如图 4-12 所示。

除了 get_or_create 之外，Django 还定义了 update_or_create 方法，用于判断当前数据在数据表中是否存在，若存在，则进行更新操作，否则在数据表中新增数据，使用说明如下：

```
>>> d = dict(firsts='奶粉辅食', seconds='营养品')
>>> Types.objects.get_or_create(**d)
(<Types: 4>, True)
>>> Types.objects.get_or_create(**d)
(<Types: 4>, False)
```

图 4-12 执行结果

```
# 第一次是新增数据
>>> d = dict(firsts='儿童早教', seconds='儿童玩具')
>>> t = Types.objects.update_or_create(**d)
>>> t
(<Types: 5>, True)
# 第二次是修改数据
>>> t = Types.objects.update_or_create(**d,defaults={'firsts': '教育资料'})
>>> t[0].title
```

update_or_create 是根据字典 d 的内容查找数据表的数据，如果能找到相匹配的数据，就执行数据修改，修改内容以字典格式传递给参数 defaults 即可；如果在数据表中找不到匹配的数据，就将字典 d 的数据新增到数据表中。

如果要对某个模型执行数据批量新增操作，那么可以使用 bulk_create 方法实现，只需将数据对象以列表或元组的形式传入 bulk_create 方法即可：

```
>>> t1 = Types(firsts='儿童用品', seconds='湿纸巾')
>>> t2 = Types(firsts='儿童用品', seconds='纸尿裤')
>>> ojb_list = [t1, t2]
>>> Types.objects.bulk_create(ojb_list)
```

在使用 bulk_create 之前，数据类型为模型 Types 的实例化对象，并且在实例化过程中设置每个字段的值，最后将所有实例化对象放置在列表或元组中，以参数的形式传递给 bulk_create，从而实现数据的批量新增操作。

4.4.2　更新数据

更新数据的步骤与数据新增的步骤大致相同，唯一的区别在于数据对象来自数据表，因此需要执行一次数据查询，查询结果以对象的形式表示，并将对象的属性进行赋值处理，代码如下：

```
>>> t = Types.objects.get(id=1)
>>> t.firsts = '儿童用品'
>>> t.save()
```

上述代码获取数据表 commodity_types 中主键 id 等于 1 的数据对象 t，然后修改数据对象 t 的 firsts 属性，从而完成数据修改操作。打开数据表 commodity_types 查看数据修改情况，如图 4-13 所示。

图 4-13 数据表 commodity_types

除此之外，我们还可以使用 update 方法实现数据更新，使用方法如下：

```
# 批量更新一条或多条数据，查询方法使用 filter
# filter 以列表格式返回，查询结果可能是一条或多条数据
>>> Types.objects.filter(id=1).update(seconds='男装')
# 更新数据以字典格式表示
>>> d= dict(seconds='童鞋')
>>> Types.objects.filter(id=1).update(**d)
# 不使用查询方法，默认对全表的数据进行更新
>>> Types.objects.update(firsts='母婴用品')
```

```
# 使用内置 F 方法实现数据的自增或自减
# F 方法还可以在 annotate 或 filter 方法中使用
>>> from django.db.models import F
>>> t = Types.objects.filter(id=1)
# 将 id 字段原有的数据自增 10，自增或自减的字段必须为数字类型
>>> t.update(id=F('id')+10)
```

在 Django 2.2 及以上版本新增了数据批量更新方法 bulk_update，它的使用与批量新增方法 bulk_create 相似，使用说明如下：

```
# 新增两行数据
>>> t1 = Types.objects.create(firsts=' 奶粉辅食 ', seconds=' 纸尿片 ')
>>> t2 = Types.objects.create(firsts=' 儿童用品 ', seconds=' 进口奶粉 ')
# 修改字段 firsts 和 seconds 的数据
>>> t1.firsts = ' 儿童用品 '
>>> t2.seconds = ' 婴儿车 '
# 批量修改字段 firsts 和 seconds 的数据
>>> Types.objects.bulk_update([t1,t2],fields=['firsts','seconds'])
```

4.4.3　删除数据

删除数据有 3 种方式：删除数据表的全部数据、删除一行数据和删除多行数据，实现方式如下：

```
# 删除数据表中的全部数据
>>> Types.objects.all().delete()
# 删除一条 id 为 1 的数据
>>> Types.objects.get(id=1).delete()
# 删除多条数据
>>> Types.objects.filter(firsts=' 儿童用品 ').delete()
```

在删除数据的过程中，如果删除的数据设有外键字段，就会同时删除外键关联的数据。比如新建一个 Django 项目，并创建项目应用 index，然后在 index 的 models.py 中分别定义模型 PersonInfo 和 Vocation，代码如下：

```
from django.db import models

class PersonInfo(models.Model):
    id = models.AutoField(primary_key=True)
    name = models.CharField(max_length=20)
    age = models.IntegerField()
    hireDate = models.DateField()

    def __str__(self):
        return self.name
    class Meta:
        verbose_name = ' 人员信息 '

class Vocation(models.Model):
    id = models.AutoField(primary_key=True)
    job = models.CharField(max_length=20)
    title = models.CharField(max_length=20)
```

```
        payment = models.IntegerField(null=True, blank=True)
        name=models.ForeignKey(PersonInfo,on_delete=models.CASCADE,related_
name='ps')

        def __str__(self):
            return str(self.id)
        class Meta:
            verbose_name = ' 职业信息 '
```

如果删除模型 PersonInfo 中主键等于 3 的数据（简称为数据 A），那么在模型 Vocation 中，有些数据（简称为数据 B）关联了数据 A，在删除数据 A 时，也会同时删除数据 B。假设模型 Vocation 中有 3 行数据（数据 B）关联了模型 PersonInfo 的数据 A，数据删除过程如下：

```
>>> PersonInfo.objects.get(id=3).delete()
# 删除结果，共删除 4 条数据
# 其中 Vocation 删除了 3 条数据，PersonInfo 删除了 1 条数据
>>> (4, {'index.Vocation': 3, 'index.PersonInfo': 1})
```

从模型 Vocation 得知，外键字段的参数 on_delete 用于设置数据删除模式，比如模型 Vocation 的外键字段 name 设为 CASCADE 模式，不同的删除模式会影响数据删除结果，说明如下。

- PROTECT 模式：如果删除的数据设有外键字段并且关联其他数据表的数据，就提示数据删除失败。
- SET_NULL 模式：执行数据删除并把其他数据表的外键字段设为 Null，外键字段必须将属性 Null 设为 True，否则提示异常。
- SET_DEFAULT 模式：执行数据删除并把其他数据表的外键字段设为默认值。
- SET 模式：执行数据删除并把其他数据表的外键字段关联其他数据。
- DO_NOTHING 模式：不做任何处理，删除结果由数据库的删除模式决定。

4.4.4　查询单表数据

在更新数据时，往往只修改某行数据的内容，因此在更新数据之前还要对模型进行查询，确定数据表某行的数据对象，最后才执行数据更新操作。我们知道数据库设有多种数据查询方式，如单表查询、多表查询、子查询和联合查询等，而 Django 的 ORM 框架对不同的查询方式定义了相应的 API 方法。

以数据表 index_personinfo 和 index_vocation（4.4.3 节定义的模型 PersonInfo 和 Vocation）为例，为数据表 index_personinfo 和 index_vocation 添加数据，数据内容如图 4-14 所示。

图 4-14　数据表 index_personinfo 和 index_vocation

然后在项目 babys 的 Shell 模式下使用 ORM 框架提供的 API 方法实现数据查询，代码如下：

```
>>> from index.models import *
# 全表查询
# SQL: Select * from index_vocation, 数据以列表返回
>>> v = Vocation.objects.all()
# 查询第一条数据，序列从 0 开始
>>>v[0].job

# 查询前 3 条数据
# SQL: Select * from index_vocation LIMIT 3
# SQL 语句的 LIMIT 方法，在 Django 中使用列表截取即可
>>> v = Vocation.objects.all()[:3]
>>> v
<QuerySet [<Vocation: 1>, <Vocation: 2>, <Vocation: 3>]>

# 查询某个字段
# SQL: Select job from index_vocation
# values 方法，数据以列表返回，列表元素以字典表示
>>> v = Vocation.objects.values('job')
>>> v[1]['job']

# values_list 方法，数据以列表返回，列表元素以元组表示
>>> v = Vocation.objects.values_list('job')[:3]
>>> v
<QuerySet [(' 软件工程师 ',), (' 文员 ',), (' 网站设计 ',)]>

# 使用 get 方法查询数据
# SQL: Select*from index_vocation where id=2
>>> v = Vocation.objects.get(id=2)
>>>v.job

# 使用 filter 方法查询数据，注意区分 get 和 filter 的差异
>>> v = Vocation.objects.filter(id=2)
>>>v[0].job

# SQL 的 and 查询主要在 filter 中添加多个查询条件
>>> v = Vocation.objects.filter(job=' 网站设计 ', id=3)
>>> v
<QuerySet [<Vocation: 3>]>
#filter 的查询条件可设为字典格式
>>> d=dict(job=' 网站设计 ', id=3)
>>> v = Vocation.objects.filter(**d)

# SQL 的 or 查询，需要引入 Q，编写格式：Q(field=value)|Q(field=value)
# 多个 Q 之间使用 "|" 隔开即可
# SQL: Select * from index_vocation where job=' 网站设计 ' or id=9
>>> from django.db.models import Q
>>> v = Vocation.objects.filter(Q(job=' 网站设计 ')|Q(id=4))
>>> v
<QuerySet [<Vocation: 3>, <Vocation: 4>]>

# SQL 的不等于查询，在 Q 查询前面使用 "~" 即可
# SQL 语句：SELECT * FROM index_vocation WHERE NOT (job=' 网站设计 ')
>>> v = Vocation.objects.filter(~Q(job=' 网站设计 '))
```

```
>>> v
<QuerySet [<Vocation: 1>,<Vocation: 2>,<Vocation: 4>,<Vocation: 5>]>
# 还可以使用 exclude 实现不等于查询
>>> v = Vocation.objects.exclude(job=' 网站设计 ')
>>> v
<QuerySet [<Vocation: 1>,<Vocation: 2>,<Vocation: 4>,<Vocation: 5>]>

# 使用 count 方法统计查询数据的数据量
>>> v = Vocation.objects.filter(job=' 网站设计 ').count()

# 去重查询，distinct 方法无须设置参数，去重方式根据 values 设置的字段执行
# SQL: Select DISTINCT job from index_vocation where job = ' 网站设计 '
>>> v = Vocation.objects.values('job').filter(job=' 网站设计 ').distinct()
>>> v
<QuerySet [{'job': ' 网站设计 '}]>

# 根据字段 id 降序排列，降序只要在 order_by 的字段前面加 "-" 即可
# order_by 可设置多字段排列，如 Vocation.objects.order_by('-id', 'job')
>>> v = Vocation.objects.order_by('-id')
>>> v

# 聚合查询，实现对数据值求和、求平均值等，由 annotate 和 aggregate 方法实现
# annotate 类似于 SQL 中的 GROUP BY 方法
# 如果不设置 values，那么默认对主键进行 GROUP BY 分组
# SQL: Select job,SUM(id) AS 'id__sum' from index_vocation GROUP BY job
>>> from django.db.models import Sum, Count
>>> v = Vocation.objects.values('job').annotate(Sum('id'))
>>> print(v.query)

# aggregate 用于计算某个字段的值并只返回计算结果
# SQL: Select COUNT(id) AS 'id_count' from index_vocation
>>> from django.db.models import Count
>>> v = Vocation.objects.aggregate(id_count=Count('id'))
>>> v
{'id_count': 5}

# union、intersection 和 difference 语法
# 每次查询结果的字段必须相同
# 第一次查询结果 v1
>>> v1 = Vocation.objects.filter(payment__gt=9000)
>>> v1
<QuerySet [<Vocation: 1>, <Vocation: 5>]>
# 第二次查询结果 v2
>>> v2 = Vocation.objects.filter(payment__gt=5000)
>>> v2
<QuerySet [<Vocation: 1>,<Vocation: 3>,<Vocation: 4>,<Vocation: 5>]>
# 使用 SQL 的 UNION 来组合两个或多个查询结果的并集
# 获取两次查询结果的并集
>>> v1.union(v2)
<QuerySet [<Vocation: 1>, <Vocation: 3>, <Vocation: 5>]>
# 使用 SQL 的 INTERSECT 来获取两个或多个查询结果的交集
# 获取两次查询结果的交集
>>> v1.intersection(v2)
<QuerySet [<Vocation: 1>, <Vocation: 5>]>
```

```
# 使用 SQL 的 EXCEPT 来获取两个或多个查询结果的差
# 以 v2 为目标数据，去除 v1 和 v2 的共同数据
>>> v2.difference(v1)
<QuerySet [<Vocation: 3>, <Vocation: 4>]>
```

上述例子讲述了开发中常用的数据查询方法，但有时需要设置不同的查询条件来满足多方面的查询要求。上述查询条件 filter 和 get 是使用等值的方法来匹配结果的。若想使用大于、不等于或模糊查询的匹配方法，则可在查询条件 filter 和 get 中使用如表 4-1 所示的匹配符实现。

表4-1　匹配符的使用及说明

匹配符	使用	说明
__exact	filter(job__exact='开发')	精确等于，如SQL的like '开发'
__iexact	filter(job__iexact='开发')	精确等于并忽略大小写
__contains	filter(job__contains='开发')	模糊匹配，如SQL的like '%荣耀%'
__icontains	filter(job__icontains='开发')	模糊匹配，忽略大小写
__gt	filter(id__gt=5)	大于
__gte	filter(id__gte=5)	大于或等于
__lt	filter(id__lt=5)	小于
__lte	filter(id__lte=5)	小于或等于
__in	filter(id__in=[1,2,3])	判断是否在列表内
__startswith	filter(job__startswith='开发')	以……开头
__istartswith	filter(job__istartswith='开发')	以……开头并忽略大小写
__endswith	filter(job__endswith='开发')	以……结尾
__iendswith	filter(job__iendswith='开发')	以……结尾并忽略大小写
__range	filter(job__range='开发')	在……范围内
__year	filter(date__year=2018)	日期字段的年份
__month	filter(date__month=12)	日期字段的月份
__day	filter(date__day=30)	日期字段的天数
__isnull	filter(job__isnull=True/False)	判断是否为空

从表 4-1 中可以看到，只要在查询的字段末端设置相应的匹配符，就能实现不同的数据查询方式。例如在数据表 index_vocation 中查询字段 payment 大于 8000 的数据，在 Shell 模式下使用匹配符 __gt 执行数据查询，代码如下：

```
>>> from index.models import *
>>> v = Vocation.objects.filter(payment__gt=8000)
>>> v
<QuerySet [<Vocation: 1>,<Vocation: 4>,<Vocation: 5>]>
```

综上所述，在查询数据时可以使用查询条件 get 或 filter 实现，但是两者的执行过程存在一定的差异，说明如下。

- 查询条件 get：查询字段必须是主键或者唯一约束的字段，并且查询的数据必须存在，如果查询的字段有重复值或者查询的数据不存在，程序就会抛出异常信息。

- 查询条件 filter：查询字段没有限制，只要该字段是数据表的某一字段即可。查询结果以列表形式返回，如果查询结果为空（查询的数据在数据表中找不到），就返回空列表。

4.4.5　查询多表数据

在日常的开发中，经常需要对多张数据表同时进行数据查询。多表查询需要在数据表之间建立表关系才能够实现。一对多或一对一的表关系是通过外键实现关联的，而多表查询分为正向查询和反向查询。

以模型 PersonInfo 和 Vocation 为例，模型 Vocation 定义的外键字段 name 关联到模型 PersonInfo。如果查询对象的主体是模型 Vocation，通过外键字段 name 查询模型 PersonInfo 的关联数据，那么该查询称为正向查询；如果查询对象的主体是模型 PersonInfo，要查询它与模型 Vocation 的关联数据，那么该查询称为反向查询。正向查询和反向查询的实现方法大致相同，代码如下：

```
# 正向查询
# 查询模型 Vocation 某行数据对象 v
>>> v = Vocation.objects.filter(id=1).first()
# v.name 代表外键 name
# 通过外键 name 查询模型 PersonInfo 所对应的数据
>>> v.name.hireDate

# 反向查询
# 查询模型 PersonInfo 某行数据对象 p
>>> p = PersonInfo.objects.filter(id=2).first()
# 方法一
# vocation_set 的返回值为 queryset 对象，即查询结果
# vocation_set 的 vocation 为模型 Vocation 的名称的小写
# 模型 Vocation 的外键字段 name 不能设置参数 related_name
# 若设置参数 related_name，则无法使用 vocation_set
>>> v = p.vocation_set.first()
>>> v.job
# 方法二
# 由模型 Vocation 的外键字段 name 的参数 related_name 实现
# 外键字段 name 必须设置参数 related_name 才有效，否则无法查询
# 将外键字段 name 的参数 related_name 设为 ps
>>> v = p.ps.first()
>>> v.job
```

正向查询和反向查询还能在查询条件（filter 或 get）中使用，这种方式用于查询条件的字段不在查询对象中，比如查询对象为模型 Vocation，查询条件是模型 PersonInfo 的某个字段，对于这种查询可以采用以下方法实现：

```
# 正向查询
# name__name，前面的 name 是模型 Vocation 的字段 name
# 后面的 name 是模型 PersonInfo 的字段 name，两者使用双下画线连接
>>> v = Vocation.objects.filter(name__name='Tim').first()
# v.name 代表外键 name
>>> v.name.hireDate
```

```
# 反向查询
# 通过外键 name 的参数 related_name 实现反向条件查询
# ps 代表外键 name 的参数 related_name
# job 代表模型 Vocation 的字段 job
p = PersonInfo.objects.filter(ps__job=' 网站设计 ').first()
# 通过参数 related_name 反向获取模型 Vocation 的数据
>>> v = p.personinfo.first()
>>> v.job
```

无论是正向查询还是反向查询，它们在数据库中都需要执行两次 SQL 查询，第一次是查询某张数据表的数据，第二次是通过外键关联获取另一张数据表的数据信息。为了减少查询次数，提高查询效率，我们可以使用 select_related 或 prefetch_related 方法实现，该方法只需执行一次 SQL 查询就能实现多表查询。

select_related 主要针对一对一和一对多关系进行优化，它是使用 SQL 的 JOIN 语句进行优化的，通过减少 SQL 查询的次数来进行优化和提高性能，其使用方法如下：

```
# select_related 方法，参数为字符串格式
# 以模型 PersonInfo 为查询对象
# select_related 使用 LEFT OUTER JOIN 方式查询两张数据表
# 查询模型 PersonInfo 的字段 name 和模型 Vocation 的字段 payment
# select_related 的参数为 ps，代表外键字段 name 的参数 related_name
# 若要得到其他数据表的关联数据，则可用双下画线 "__" 连接字段名
# 双下画线 "__" 连接的字段名必须是外键字段名或外键字段参数 related_name
>>> p=PersonInfo.objects.select_related('ps').
values('name','ps__payment')
# 查看 SQL 查询语句
>>> print(p.query)

# 以模型 Vocation 为查询对象
# select_related 使用 INNER JOIN 方式查询两张数据表
# select_related 的参数为 name，代表外键字段 name
>>> v=Vocation.objects.select_related('name').values('name','name__age')
# 查看 SQL 查询语句
>>> print(v.query)

# 获取两个模型的数据，以模型 Vocation 的 payment 大于 8000 为查询条件
>>> v=Vocation.objects.select_related('name').
filter(payment__gt=8000)
# 查看 SQL 查询语句
>>> print(v.query)
# 获取查询结果集的首个元素的字段 age 的数据
# 通过外键字段 name 定位模型 PersonInfo 的字段 age
>>> v[0].name.age
```

除此之外，select_related 还可以支持 3 个或 3 个以上的数据表同时查询，以下面的例子进行说明。

```
# index 的 models.py
from django.db import models
```

```python
# 省份信息表
class Province(models.Model):
    name = models.CharField(max_length=10)
    def __str__(self):
        return str(self.name)

# 城市信息表
class City(models.Model):
    name = models.CharField(max_length=5)
    province = models.ForeignKey(Province, on_delete=models.CASCADE)
    def __str__(self):
        return str(self.name)

# 人物信息表
class Person(models.Model):
    name = models.CharField(max_length=10)
    living = models.ForeignKey(City, on_delete=models.CASCADE)
    def __str__(self):
        return str(self.name)
```

在上述模型中，模型 Person 通过外键 living 关联模型 City，模型 City 通过外键 province 关联模型 Province，从而使 3 个模型形成一种递进关系。对上述新定义的模型执行数据迁移并在数据表中插入数据，如图 4-15 所示。

id	name		id	name	province_id		id	name	living_id
1	广东省		1	广州	1		1	Lily	1
2	浙江省		2	苏州	2		2	Tom	2
3	海南省		3	杭州	2		3	Lucy	3
			4	海口	3		4	Tim	4
			5	深圳	1		5	Mary	5

图 4-15　数据表信息

例如，查询 Tom 现在居住的省份，首先通过模型 Person 和模型 City 查出 Tom 所居住的城市，然后通过模型 City 和模型 Province 查询当前城市所属的省份。因此，select_related 的实现方法如下：

```python
>>> p=Person.objects.select_related('living__province').get(name='Tom')
>>> p.living.province
<Province：浙江省 >
```

从上述例子可以发现，通过设置 select_related 的参数值可实现 3 个或 3 个以上的多表查询。例子中的参数值为 living__province，参数值说明如下：

- living 是模型 Person 的外键字段，该字段指向模型 City。
- province 是模型 City 的外键字段，该字段指向模型 Province。

两个外键字段之间使用双下画线连接，在查询过程中，模型 Person 的外键字段 living 指向模型 City，再从模型 City 的外键字段 province 指向模型 Province，从而实现 3 个或 3 个以上的多表查询。

prefetch_related 和 select_related 的设计目的很相似，都是为了减少 SQL 查询的次数，但是实现的方式不一样。select_related 是由 SQL 的 JOIN 语句实现的，但是对于多对多关系，使用 select_related 会增加数据查询时间和占用的内存；而 prefetch_related 是分别查询每张数据表，然后由 Python 语法来处理它们之间的关系，因此对于多对多关系的查询，prefetch_related 更有优势。

我们在项目应用 index 的 models.py 中定义模型 Performer 和 Program，分别代表人员信息和节目信息，然后对模型执行数据迁移，生成相应的数据表，模型定义如下：

```python
# index 的 models.py
from django.db import models
class Performer(models.Model):
    id = models.IntegerField(primary_key=True)
    name = models.CharField(max_length=20)
    nationality = models.CharField(max_length=20)
    def __str__(self):
        return str(self.name)

class Program(models.Model):
    id = models.IntegerField(primary_key=True)
    name = models.CharField(max_length=20)
    performer = models.ManyToManyField(Performer)
    def __str__(self):
        return str(self.name)
```

数据迁移成功后，在数据表 index_performer 和 index_program 中分别添加人员信息和节目信息，然后在数据表 index_program_performer 中设置多对多关系，如图 4-16 所示。

id	name	nationality	id	name	id	program_id	performer_id
1	Lily	USA	1	喜洋洋	1	1	1
2	Lilei	CHINA	2	小猪佩奇	2	1	2
3	Tom	US	3	白雪公主	3	1	3
4	Hanmei	CHINA	4	小王子	4	1	4

图 4-16 数据表信息

例如，查询"喜洋洋"节目有多少个人员参与演出，首先从节目表 index_program 中找出"喜洋洋"的数据信息，然后通过外键字段 performer 获取参与演出的人员信息，实现过程如下：

```python
# 查询模型 Program 的某行数据
>>> p=Program.objects.prefetch_related('performer').
filter(name=' 喜洋洋 ').first()
# 根据外键字段 performer 获取当前数据的多对多或一对多关系
>>> p.performer.all()
```

从上述例子看到，prefetch_related 的使用与 select_related 有一定的相似之处。如果是查询一对多关系的数据信息，那么两者皆可实现，但 select_related 的查询效率更佳。除此之外，Django 的 ORM 框架还提供了很多 API 方法，可以满足开发中各种复杂的需求，由于篇幅有限，就不再一一介绍了，有兴趣的读者可在官网上查阅。

4.5　执行原生 SQL 语句　◀◀◀

Django 在查询数据时，大多数查询都能使用 ORM 提供的 API 方法，但对于一些复杂的查询可能难以使用 ORM 的 API 方法实现，因此 Django 引入了 SQL 语句的执行方法，有以下 3 种实现方法。

- extra：结果集修改器，这是一种提供额外查询参数的机制。
- raw：执行原始 SQL 并返回模型实例对象。
- execute：直接执行自定义 SQL。

extra 适合用于 ORM 难以实现的查询条件，将查询条件使用原生 SQL 语法实现，此方法需要依靠模型对象，在某种程度上可以防止 SQL 注入。在 PyCharm 中打开 extra 源码，如图 4-17 所示，它一共定义了 6 个参数，每个参数说明如下。

图 4-17　extra 源码

- select：添加新的查询字段，即新增并定义模型之外的字段。
- where：设置查询条件。
- params：如果 where 设置了字符串格式化 %s，那么该参数为 where 提供数值。
- tables：连接其他数据表，实现多表查询。
- order_by：设置数据的排序方式。
- select_params：如果 select 设置字符串格式化 %s，那么该参数为 select 提供数值。

上述参数都是可选参数，我们可根据实际情况选择所需的参数。以模型 Vocation 为例，使用 extra 实现数据查询，代码如下：

```
# 查询字段 job 等于 "网站设计" 的数据
# params 为 where 的 %s 提供数值
>>> Vocation.objects.extra(where=["job=%s"],params=[' 网站设计 '])
<QuerySet [<Vocation: 3>]>

# 新增查询字段 seat, select_params 为 select 的 %s 提供数值
>>> v=Vocation.objects.extra(select={"seat":"%s"},
select_params=['seatInfo'])
>>> print(v.query)

# 连接数据表 index_personinfo
>>> v=Vocation.objects.extra(tables=['index_personinfo'])
>>> print(v.query)
```

下一步分析 raw 的语法，它和 extra 实现的功能是相同的，只能实现数据查询操作，并且要依靠模型对象，但从使用角度来说，raw 更为直观易懂。在 PyCharm 中打开 raw 源码，如图 4-18 所示，它一共定义了 4 个参数，每个参数说明如下。

```
site-packages  django  db  models  query.py

def raw(self, raw_query, params=None, translations=None, using=
    if using is None:
        using = self.db
    qs = RawQuerySet(raw_query, model=self.model, params=para
```

图 4-18　raw 源码

- raw_query：SQL 语句。
- params：如果 raw_query 设置字符串格式化 %s，那么该参数为 raw_query 提供数值。
- translations：为查询的字段设置别名。
- using：数据库对象，即 Django 所连接的数据库。

上述参数只有 raw_query 是必选参数，其他参数可根据需求自行选择。我们以模型 Vocation 为例，使用 raw 实现数据查询，代码如下：

```
>>> v = Vocation.objects.raw('select * from index_vocation')
>>> v[0]
<Vocation: 1>
```

最后分析 execute 的语法，它执行 SQL 语句无须经过 Django 的 ORM 框架。我们知道 Django 连接数据库需要借助第三方模块实现连接过程，如 MySQL 的 mysqlclient 模块和 SQLite 的 sqlite3 模块等，这些模块连接数据库之后，可通过游标的方式来执行 SQL 语句，execute 就是使用这种方式执行 SQL 语句的，使用方法如下：

```
>>> from django.db import connection
>>> cursor=connection.cursor()
# 执行 SQL 语句
>>> cursor.execute('select * from index_vocation')
# 读取第一行数据
>>> cursor.fetchone()
# 读取所有数据
>>> cursor.fetchall()
```

execute 能够执行所有的 SQL 语句，但很容易受到 SQL 注入攻击，一般情况下不建议使用这种方式实现数据操作。尽管如此，它能补全 ORM 框架所缺失的功能，如执行数据库的存储过程。

4.6　本章小结

Django 对各种数据库提供了很好的支持，而且为这些数据库提供了统一的 API 方法，这些 API 统称为 ORM 框架。

ORM 框架是一种程序技术，用于实现面向对象编程语言中不同类型系统的数据之间的转换。从效果上说，它创建了一个可在编程语言中使用的虚拟对象数据库，通过对虚拟对象数据库的操作来实现对目标数据库的操作，虚拟对象数据库与目标数据库是相互对应的。

数据迁移是根据模型在数据库中创建相应的数据表，这一过程由 Django 内置的操作指令 makemigrations 和 migrate 实现，此外还讲述了数据迁移常见的错误以及其他数据迁移指令。

数据导入与导出是对数据表的数据执行导入与导出操作，确保开发阶段、测试阶段和项目上线的数据互不影响。

新增数据由模型实例化对象调用内置方法实现，比如单数据新增调用 create，查询与新增调用 get_or_create，修改与新增调用 update_or_create，批量新增调用 bulk_create。

更新数据必须执行一次数据查询，再对查询结果进行修改，常用的方法有模型实例化、update 方法和批量更新 bulk_update。

删除数据必须执行一次数据查询，再对查询结果进行删除，若删除的数据设有外键字段，则删除结果由外键的删除模式决定。

数据查询分为单表查询和多表查询，Django 提供多种不同查询的 API 方法，以满足开发需求。

执行 SQL 语句有 3 种实现方法：extra、raw 和 execute。其中 extra 和 raw 只能实现数据查询，具有一定的局限性；而 execute 无须经过 ORM 框架处理，就能够执行所有的 SQL 语句，但很容易受到 SQL 注入攻击。

4.7　动手练习

（1）尝试自己创建一个新的 Django 项目，创建项目应用 index，在 index 的 models.py 中分别定义模型 PersonInfo 和 Vocation，通过 Django 的 Shell 模式执行模型的增、删、改、查操作。

（2）了解 Python 的元类并参考 Django 的 ORM 源码，尝试自己定义 ORM。

第 5 章 ← Chapter 5

数据业务视图

视图（View）是 Django 的 MTV 架构模式的 V 部分，主要负责处理用户请求和生成相应的响应内容，然后在页面或其他类型文档中显示。也可以理解为视图是 MVC 架构里面的 C 部分（控制器），主要处理功能和业务上的逻辑。我们习惯使用视图函数处理 HTTP 请求，即在视图中定义 def 函数，这种方式称为 FBV（Function Base View，基于函数）。

Web 开发是一项无聊且单调的工作，特别是在视图功能编写方面更为显著。为了减少这种痛苦，Django 植入了视图类这一功能，该功能封装了视图开发常用的代码，无须编写大量代码即可快速完成数据视图的开发，这种以类的形式实现响应与请求处理的方式称为 CBV（Class Base View，基于类）。

5.1 首页的视图函数

在第 3 章和第 4 章中，我们已为项目 babys 定义了路由信息和数据模型，本节将在此基础上编写视图函数。由于项目 babys 一共有 6 个网页，并且每个网页的视图业务逻辑各不相同，为了让读者更好地理解 Django 的视图功能，我们从网站首页的视图业务逻辑分析并学习视图的定义过程。

编写网站首页的视图业务逻辑之前，确保项目 babys 已定义路由 index，并分别定义了模型 Types、CommodityInfos、CartInfos 和 OrderInfos，所有模型执行了数据迁移，在 MySQL 数据库中生成相应的数据表。

由于项目应用 index 的 urls.py 文件的路由 index 设置视图函数名为 indexView，因此在项目应用 index 的 views.py 文件中定义视图函数 indexView，定义过程如下：

```
# 项目应用 index 的 views.py
from django.shortcuts import render
from commodity.models import *
# Create your views here
def indexView(request):
    title = '首页'
```

```
classContent = ''
commodityInfos = CommodityInfos.objects.order_by('-sold').all()[:8]

types = Types.objects.all()
# 宝宝服饰
cl = [x.seconds for x in types if x.firsts == '儿童服饰']
clothes=CommodityInfos.objects.filter(
        types__in=cl).order_by('-sold')[:5]
# 奶粉辅食
fl = [x.seconds for x in types if x.firsts == '奶粉辅食']
food = CommodityInfos.objects.filter(
        types__in=fl).order_by('-sold')[:5]
# 宝宝用品
gl = [x.seconds for x in types if x.firsts == '儿童用品']
goods = CommodityInfos.objects.filter(
        types__in=gl).order_by('-sold')[:5]
return render(request, 'index.html', locals())
```

上述代码中，视图函数 indexView 一共定义了 7 个变量，每个变量的作用说明如下：

（1）变量 title 用于设置网页标签内容，即 HTML 的 title 标签文本内容，该变量将会在模板中使用。

（2）变量 classContent 用于控制网页导航栏的样式，比如当前网页为首页，导航栏的"首页"应设置样式为 class="active"，如图 5-1 所示。以此类推，如果网页为购物车页面，那么导航栏的"购物车"的样式设为 class="active"。

图 5-1　网站首页

（3）变量 commodityInfos 用于查询模型 CommodityInfos 销量最高的前 8 条数据，这些数据将显示在首页的"今日必抢"栏目中，如图 5-2 所示。

图 5-2　首页的今日必抢栏目

（4）变量 types 用于查询模型 Types 的所有数据，用于变量 cl、fl 和 gl 的数据筛选。

（5）变量 cl 是在变量 types 的基础上，对变量 types 的数据进行筛选，以获取字段 firsts 等于"儿童服饰"的所有数据，并以列表格式表示。

（6）变量 clothes 是将变量 cl 作为模型 CommodityInfos 的查询条件，符合条件的数据按销量排序并获取前 5 条数据，这些数据将显示在首页的"宝宝服饰"栏目，如图 5-3 所示。

图 5-3 首页的"宝宝服饰"栏目

（7）变量 fl 是在变量 types 的基础上，对变量 types 的数据进行筛选，以获取字段 firsts 等于"奶粉辅食"的所有数据，并以列表格式表示。

（8）变量 food 是将变量 fl 作为模型 CommodityInfos 的查询条件，符合条件的数据按销量排序并获取前 5 条数据，这些数据将显示在首页的"奶粉辅食"栏目，如图 5-4 所示。

图 5-4 首页的"奶粉辅食"栏目

（9）变量 gl 是在变量 types 的基础上，对变量 types 的数据进行筛选，以获取字段 firsts 等于"儿童用品"的所有数据，并以列表格式表示。

（10）变量 goods 是将变量 gl 作为模型 CommodityInfos 的查询条件，符合条件的数据按销量排序并获取前 5 条数据，这些数据将显示在首页的"宝宝用品"栏目，如图 5-5 所示。

图 5-5 首页的"宝宝用品"栏目

最后视图函数 indexView 使用 return 设置函数的返回值，只要是 Django 的视图函数，就必须设置返回值，其作用是将函数中定义的变量传递给模板，然后由模板引擎对这些变量进行解析并渲染到网页上。

5.2 视图的请求对象

　　网站是根据用户请求来输出相应的响应内容的，用户请求是指用户在浏览器上访问某个网址链接的操作，浏览器会根据网址链接信息向网站发送 HTTP 请求，那么，当 Django 接收到用户请求时，它是如何获取用户请求信息的呢？

　　当在浏览器上访问某个网址时，其实质是向网站发送一个 HTTP 请求，HTTP 请求分为 8 种请求方式，每种请求方式的说明如表 5-1 所示。

表5-1　请求方式

请求方式	说　明
OPTIONS	返回服务器针对特定资源所支持的请求方法
GET	向特定资源发出请求（访问网页）
POST	向指定资源提交数据处理请求（提交表单、上传文件）
PUT	向指定资源位置上传数据内容
DELETE	请求服务器删除request-URL所标示的资源
HEAD	与GET请求类似，返回的响应中没有具体内容，用于获取报头
TRACE	回复和显示服务器收到的请求，用于测试和诊断
CONNECT	HTTP/1.1中能够将连接改为管道方式的代理服务器

　　在上述的 HTTP 请求方式中，最基本的是 GET 请求和 POST 请求，网站开发者关心的也只有 GET 请求和 POST 请求。GET 请求和 POST 请求是可以设置请求参数的，两者的设置方式如下：

- GET 请求的请求参数是在路由地址后添加"？"和参数内容，参数内容以 key=value 形式表示，等号前面的是参数名，后面的是参数值，如果涉及多个参数，每个参数之间就使用"&"隔开，如 127.0.0.1:8000/?user=xy&pw=123。
- POST 请求的请求参数一般以表单的形式传递，常见的表单使用 HTML 的 form 标签，并且 form 标签的 method 属性设为 POST。

　　对于 Django 来说，当它接收到 HTTP 请求之后，会根据 HTTP 请求携带的请求参数以及请求信息来创建一个 WSGIRequest 对象，并且作为视图函数的首个参数，这个参数通常写成 request，该参数包含用户所有的请求信息。在 PyCharm 中打开 WSGIRequest 对象的源码信息（django\core\handlers\wsgi.py），如图 5-6 所示。

图 5-6　WSGIRequest

从类 WSGIRequest 的定义看到，它继承并重写类 HttpRequest。若要获取用户的请求信息，则只需从类 WSGIRequest 读取相关的类属性即可。下面对一些常用的属性进行说明。

- COOKIE：获取客户端（浏览器）的 Cookie 信息，以字典形式表示，并且键−值对都是字符串类型。
- FILES：django.http.request.QueryDict 对象，包含所有的文件上传信息。
- GET：获取 GET 请求的请求参数，它是 django.http.request.QueryDict 对象，操作起来类似于字典。
- POST：获取 POST 请求的请求参数，它是 django.http.request.QueryDict 对象，操作起来类似于字典。
- META：获取客户端（浏览器）的请求头信息，以字典形式存储。
- method：获取当前请求的请求方式（GET 请求或 POST 请求）。
- path：获取当前请求的路由地址。
- session：一个类似于字典的对象，用来操作服务器的会话信息，可临时存放用户信息。
- user：当 Django 启用 AuthenticationMiddleware 中间件时才可用。它的值是内置数据模型 User 的对象，表示当前登录的用户。如果用户当前没有登录，那么 user 将设为 django.contrib.auth.models.AnonymousUser 的一个实例。

由于类 WSGIRequest 继承并重写类 HttpRequest，因此类 HttpRequest 中定义的类方法同样适用于类 WSGIRequest。打开类 HttpRequest 所在的源码文件，如图 5-7 所示。

类 HttpRequest 一共定义了 31 个类方法，我们选择一些常用的方法进行讲述。

图 5-7 HttpRequest

- is_secure()：是否采用 HTTPS。
- get_host()：获取服务器的域名。如果在访问的时候设有端口，就会加上端口号，如 127.0.0.1:8000。
- get_full_path()：返回路由地址。如果该请求为 GET 请求并且设有请求参数，返回路由地址就会将请求参数返回，如 /?user=xy&pw=123。
- get_raw_uri()：获取完整的网址信息，将服务器的域名、端口和路由地址一并返回，如 http://127.0.0.1:8000/?user=xy&pw=123。

回到项目 babys 的项目应用 index 的视图函数 indexView，在定义函数的过程中，我们设置了函数参数 request，该参数代表用户的请求对象，即 WSGIRequest 类的实例化对象。如果要使用 WSGIRequest 类的类属性和方法，那么可以通过函数参数 request 调用，比如在视图函数 indexView 中调用 WSGIRequest 类的类属性和方法，代码如下：

```
def indexView(request):
    # 使用 method 属性判断请求方式
    if request.method == 'GET':
        # 类方法的使用
        print(request.is_secure())
```

```
        print(request.get_host())
        print(request.get_full_path())
        print(request.get_raw_uri())
        # 属性的使用
        print(request.COOKIES)
        print(request.content_type)
        print(request.content_params)
        print(request.scheme)
        # 获取 GET 请求的请求参数
        print(request.GET.get('user', ''))
        return render(request, 'index.html')
    elif request.method == 'POST':
        # 获取 POST 请求的请求参数
        print(request.POST.get('user', ''))
        return render(request, 'index.html')
```

5.3 视图的响应方式

视图函数通过 return 方式返回响应内容，然后生成相应的网页内容呈现在浏览器上。return 是 Python 的内置语法，用于设置函数的返回值，若要设置不同的响应方式，则需要使用 Django 内置的响应类，如表 5-2 所示。

表5-2　响应类

响应类型	说　明
HttpResponse('Hello world')	状态码200，请求已成功被服务器接收
HttpResponseRedirect('/')	状态码302，重定向首页地址
HttpResponsePermanentRedirect('/')	状态码301，永久重定向首页地址
HttpResponseBadRequest('400')	状态码400，访问的页面不存在或请求错误
HttpResponseNotFound('404')	状态码404，网页不存在或网页的URL失效
HttpResponseForbidden('403')	状态码403，没有访问权限
HttpResponseNotAllowed('405')	状态码405，不允许使用该请求方式
HttpResponseServerError('500')	状态码500，服务器内容错误
JsonResponse({'foo': 'bar'})	默认状态码200，响应内容为JSON数据
StreamingHttpResponse()	默认状态码200，响应内容以流式输出

不同的响应方式代表不同的 HTTP 状态码，其核心作用是 Web Server 服务器用来告诉浏览器当前的网页请求发生了什么事，或者当前 Web 服务器的响应状态。上述的响应类主要来自模块 django.http，该模块是实现响应功能的核心。以 HttpResponse 为例，在视图函数中使用 HttpResponse 作为响应函数，代码如下：

```
# 某项目应用的 views.py
from django.http import HttpResponse
def index(request):
```

```
html = '<h1>Hello World</h1>'
return HttpResponse(html , status=200)
```

视图函数 index 使用响应类 HttpResponse 实现响应过程。从 HttpResponse 的参数可知,第一个参数是响应内容,一般是网页内容或 JSON 数据,网页内容以 HTML 语言为主,JSON 数据用于生成 API 数据。第二个参数用于设置 HTTP 状态码,它支持 HTTP 所有的状态码。

从源码角度分析,打开响应类 HttpResponse 的源码文件,发现表 5-2 的响应类都是在 HttpResponse 的基础上实现的,只不过它们的 HTTP 状态码有所不同,如图 5-8 所示。

图 5-8 响应函数

从 HttpResponse 的使用过程可知,如果要生成网页内容,就需要将 HTML 语言以字符串的形式表示,如果网页内容过多,就会增加视图函数的代码量,同时也没有体现模板的作用。因此,Django 在此基础上进行了封装处理,定义了函数 render、render_to_response 和 redirect。

render 和 render_to_response 实现的功能是一致的。render_to_response 自 2.0 版本以来已被弃用,但不代表在 2.0 以上版本无法使用,只是大部分开发者都使用 render。因此,本书只对 render 进行讲解。render 的语法如下:

```
render (request, template_name, context = None, content_type = None, status =
None, using = None)
```

render 的参数 request 和 template_name 是必需参数,其余的参数是可选参数。各个参数说明如下。

- request:浏览器向服务器发送的请求对象,包含用户信息、请求内容和请求方式等。
- template_name:设置模板文件名,用于生成网页内容。
- context:对模板上下文(模板变量)赋值,以字典格式表示,默认情况下是一个空字典。
- content_type:响应内容的数据格式,一般情况下使用默认值即可。
- status:HTTP 状态码,默认为 200。
- using:设置模板引擎,用于解析模板文件,生成网页内容。

从 render 的参数可以看到,参数 context 是将视图函数的变量传递给模板引擎,再由模板引擎解析这些变量并展示在网页上。在实际开发过程中,如果视图传递的变量过多,在设置参数 context 时就显得非常冗余,而且不利于日后的维护和更新。因此,可以使用 Python 内置语法 locals() 取代参数 context,比如 5.1 节定义的视图函数 indexView,该函数使用 locals() 取代了参数 context。

掌握了 render 的使用方法后,为了进一步了解其原理,在 PyCharm 中查看 render 的源码信息,按键盘上的 Ctrl 键并单击函数 render 即可打开该函数的源码文件,如图 5-9 所示。

图 5-9 render 的源码文件

函数 render 的返回值调用响应类 HttpResponse 来生成具体的响应内容，这说明响应类 HttpResponse 是 Django 在响应过程中核心的功能类。下面结合 render 源码进一步阐述 render 读取模板文件的运行过程。

（1）使用 loader.render_to_string 方法读取模板文件内容。

（2）由于模板文件设有模板上下文，因此模板文件解析网页内容的过程需要由模板引擎 using 实现。

（3）解析模板文件的过程中，loader.render_to_string 的参数 context 给模板语法的变量提供具体的数据内容，若模板上下文在该参数中不存在，则对应的网页内容为空。

（4）调用响应类 HttpResponse，并将变量 content（模板文件的解析结果）、变量 content_type（响应内容的数据格式）和变量 status（HTTP 状态码）以参数形式传入 HttpResponse，从而完成响应过程。

综上所述，我们介绍了 Django 的响应类，比如 HttpResponse、HttpResponseRedirect 和 HttpResponseNotFound 等，其中最为核心的响应类是 HttpResponse，它是所有响应类的基础。在此基础上，Django 进一步封装了响应函数 render，该函数能直接读取模板文件，并且能设置多种响应方式（设置不同的 HTTP 状态码）。

5.4 认识视图类

视图类是通过定义和声明类的形式实现的，根据用途划分为 3 部分：数据显示视图、数据操作视图和日期筛选视图。

数据显示视图是将后台的数据展示在网页上，数据主要来自模型，一共定义了 4 个视图类，分别是 RedirectView、TemplateView、ListView 和 DetailView，说明如下：

- RedirectView 用于实现 HTTP 重定向，默认情况下只定义 GET 请求的处理方法。
- TemplateView 是视图类的基础视图，可将数据传递给 HTML 模板，默认情况下只定义 GET 请求的处理方法。
- ListView 是在 TemplateView 的基础上将数据以列表显示，通常将某张数据表的数据以列表表示。
- DetailView 是在 TemplateView 的基础上将数据详细显示，通常获取数据表的单条数据。

数据操作视图是对模型进行操作，如增、删、改，从而实现 Django 与数据库的数据交互。数据操作视图有 4 个视图类，分别是 FormView、CreateView、UpdateView 和 DeleteView，说明如下：

- FormView 视图类使用内置的表单功能，通过表单实现数据验证、响应输出等功能，用于显示表单数据。
- CreateView 实现模型的数据新增功能，通过内置的表单功能实现数据新增。
- UpdateView 实现模型的数据修改功能，通过内置的表单功能实现数据修改。
- DeleteView 实现模型的数据删除功能，通过内置的表单功能实现数据删除。

日期筛选视图根据模型中的某个日期字段进行数据筛选，然后将符合结果的数据以一定的形式显示在网页上。简单来说，在列表视图 ListView 或详细视图 DetailView 的基础上增加日期筛选所实现的视图类。它一共定义了 7 个日期视图类，说明如下：

- ArchiveIndexView 将数据表所有的数据以某个日期字段的降序方式进行排序显示。
- YearArchiveView 是在数据表中筛选某个日期字段某年的所有数据，默认以升序方式排序显示，年份的筛选范围由路由变量提供。
- MonthArchiveView 是在数据表中筛选某个日期字段某年某月的所有数据，默认以升序方式排序显示，年份和月份的筛选范围都由路由变量提供。
- WeekArchiveView 是在数据表中筛选某个日期字段某年某周的所有数据，总周数是将一年的总天数除以 7 所得的，数据默认以升序的方式排序显示，年份和周数的筛选范围都是由路由变量提供的。
- DayArchiveView 是对数据表的某个日期字段精准筛选到某年某月某天，将符合条件的数据以升序方式排序显示，年份、月份和天数都是由路由变量提供的。
- TodayArchiveView 是在视图类 DayArchiveView 的基础上进行封装处理的，它将数据表某个日期字段的筛选条件设为当天时间，符合条件的数据以升序方式排序显示。
- DateDetailView 是查询某年某月某日某条数据的详细信息，它在视图类 DetailView 的基础上增加了日期筛选功能，筛选条件主要有年份、月份、天数和某个模型字段，其中某个模型字段必须具有唯一性，才能确保查询的数据具有唯一性。

从日期筛选视图类的继承关系得知，它们的继承关系都有一定的相似之处，说明它们的属性和方法在使用上不会存在太大的差异。因此，我们选择最有代表性的视图类 MonthArchiveView 和 WeekArchiveView 进行讲述，在日常开发中，这两个日期视图类通常用于开发报表功能（月报表和周报表）。

5.5 使用视图类实现商城首页

虽然视图类分为数据显示视图、数据操作视图和日期筛选视图，每种类型的视图类适合特定的使用场景，比如用户的注册、登录功能适合使用数据操作视图，财务报表适合使用日期筛选视图，商品展示则适合使用数据显示视图。

　　我们在项目 babys 的项目应用 index 的 views.py 中定义了视图函数 indexView，该视图函数主要用于查询模型 Types 和 CommodityInfos 的数据信息，将这些数据信息传递给模板引擎并展示在网页上，因此，还可以使用数据显示视图的 TemplateView 类实现商城首页的业务逻辑处理。

　　由于商城首页的数据展示没有实现分页展示，并且数据无须详细展示出来，因此该网页不适合使用视图类 ListView 和 DetailView。

　　视图类 TemplateView 是所有视图类中最基础的应用视图类，开发者可以直接调用应用视图类，它继承了多个父类：TemplateResponseMixin、ContextMixin 和 View。在 PyCharm 中查看视图类 TemplateView 的源码，如图 5-10 所示。

图 5-10　视图类 TemplateView 的源码

　　从视图类 TemplateView 的源码看到，它只定义了类方法 get()，该方法分别调用了函数方法 get_context_data() 和 render_to_response()，从而完成 HTTP 请求的响应过程。类方法 get() 所调用的函数方法主要来自父类 TemplateResponseMixin 和 ContextMixin，为了准确地描述函数方法的调用过程，我们以流程图的形式加以说明，如图 5-11 所示。

图 5-11　视图类 TemplateView 的定义过程

视图类 TemplateView 的 get() 所调用的函数说明如下：

- 视图类 ContextMixin 的 get_context_data() 方法用于获取模板上下文内容，模板上下文是将视图中的数据传递到模板文件，再由模板引擎将数据转换成 HTML 网页数据。
- 视图类 TemplateResponseMixin 的 render_to_response() 用于实现响应处理，由响应类 TemplateResponse 完成。

　　我们可以在视图类 TemplateView 的源码文件中找到视图类 TemplateResponseMixin 的定义过程，该类设置了 4 个属性和两个类方法，这些属性和类方法说明如下。

- template_name：设置模板文件的文件名。
- template_engine：设置解析模板文件的模板引擎。
- response_class：设置 HTTP 请求的响应类，默认值为响应类 TemplateResponse。
- content_type：设置响应内容的数据格式，一般情况下使用默认值即可。
- render_to_response()：实现响应处理，由响应类 TemplateResponse 完成。
- get_template_names()：获取属性 template_name 的值。

前面从源码角度分析了视图类 TemplateView 的定义过程，接下来使用视图类 TemplateView 实现商城首页的业务逻辑，在项目应用 index 的 urls.py 中重新定义路由 index，代码如下：

```python
# 项目应用 index 的 urls.py
from django.urls import path
from .views import *

urlpatterns = [
    # path('', indexView, name='index'),
    path('', indexClassView.as_view(), name='index'),
]
```

我们将路由 index 改为视图类 indexClassView，如果路由指向的视图是使用视图类定义，那么视图类必须调用 as_view()，这是对视图类进行实例化处理。下一步在项目应用 index 的 views.py 中定义视图类 indexClassView，定义过程如下：

```python
# 项目应用 index 的 views.py
from django.views.generic.base import TemplateView
from commodity.models import *
class indexClassView(TemplateView):
    template_name = 'index.html'
    template_engine = None
    content_type = None
    extra_context = {'title': '首页', 'classContent': ''}

    # 重新定义模板上下文的获取方式
    def get_context_data(self, **kwargs):
        context = super().get_context_data(**kwargs)
        context['commodityInfos'] = CommodityInfos.objects.
                                            order_by('-sold').all()[:8]
        types = Types.objects.all()
        # 宝宝服饰
        cl = [x.seconds for x in types if x.firsts == '儿童服饰']
        context['clothes'] = CommodityInfos.objects.filter(types__in=cl).
                        order_by('-sold')[:5]
        # 奶粉辅食
        fl = [x.seconds for x in types if x.firsts == '奶粉辅食']
        context['food'] = CommodityInfos.objects.filter(types__in=fl).
                        order_by('-sold')[:5]
        # 宝宝用品
        gl = [x.seconds for x in types if x.firsts == '儿童用品']
        context['goods'] = CommodityInfos.objects.filter(types__in=gl).
```

```
                                order_by('-sold')[:5]
        return context

    # 定义 HTTP 的 GET 请求处理方法
    # 参数 request 代表 HTTP 请求信息
    # 若路由设有路由变量，则可从参数 kwargs 中获取
    def get(self, request, *args, **kwargs):
        pass
        context = self.get_context_data(**kwargs)
        return self.render_to_response(context)

    # 定义 HTTP 的 POST 请求处理方法
    # 参数 request 代表 HTTP 请求信息
    # 若路由设有路由变量，则可从参数 kwargs 中获取
    def post(self, request, *args, **kwargs):
        pass
        context = self.get_context_data(**kwargs)
        return self.render_to_response(context)
```

视图类 indexClassView 重新定义了 4 个类属性和 3 个类方法，每个属性和方法的说明如下：

（1）属性 template_name 用于设置模板文件名，网页内容由模板文件 index.html 生成。

（2）属性 template_engine 用于设置解析模板文件的模板引擎，若属性值为 None，则默认使用配置文件 settings.py 的 TEMPLATES 的 BACKEND 设置的模板引擎。

（3）属性 content_type 用于设置响应内容的数据格式，若属性值为 None，则使用 text/html 作为响应内容的数据格式。

（4）属性 extra_context 来自视图类 ContextMixin，用于为模板文件设置额外变量。在模板文件中可能会使用多个不同的变量，而这些变量是在视图中定义生成的，我们只需将这些变量以字典格式表示并赋值给属性 extra_context 即可。一般情况下，如果变量的值比较固定或具有规律性，那么建议写入属性 extra_context。

（5）方法 get_context_data() 用于获取属性 extra_context 的值，如果某些变量具有动态变化或者需要复杂的处理逻辑，那么可以在此方法中动态添加这些变量，比如查询模型数据、数据的算法处理等。

（6）方法 get() 用于定义 HTTP 的 GET 请求处理方法，参数 request 代表 HTTP 请求信息，可以从该参数中获取用户的请求信息；该方法调用方法 get_context_data() 来获取整个视图所有变量并赋值给 context，然后将 context 传递给 render_to_response() 方法，从而完成整个 GET 请求和响应过程。

（7）方法 post() 与方法 get() 的业务逻辑相似，该方法用于处理 POST 请求和响应过程。

综上所述，视图类是通过类继承以及属性方法的重写来实现业务逻辑处理的，Django 内置的视图类都是继承类 TemplateResponseMixin、ContextMixin 和 View，某些视图在继承过程中可能继承多个父类，比如视图类 ListView，它的继承过程如图 5-12 所示。

图 5-12 视图类 ListView 的继承过程

我们在学习 Django 内置视图类的时候，必须梳理视图类的继承过程，并归纳类属性和类方法的定义和重写过程，这样才能掌握每个内置视图类的使用方法。

5.6 本章小结

视图（View）是 Django 的 MTV 架构模式的 V 部分，主要负责处理用户请求和生成相应的响应内容，然后在页面或其他类型文档中显示。也可以理解为视图是 MVC 架构里面的 C 部分（控制器），主要处理功能和业务上的逻辑。我们习惯使用视图函数处理 HTTP 请求，即在视图中定义 def 函数，这种方式称为 FBV（Function Base View，基于函数）。

Web 开发是一项无聊且单调的工作，特别是在视图功能编写方面更为显著。为了减少这种痛苦，Django 植入了视图类这一功能，该功能封装了视图开发常用的代码，无须编写大量代码即可快速完成数据视图的开发，这种以类的形式实现响应与请求处理的方式称为 CBV（Class Base View，基于类）。

若要获取用户的请求信息，则只需从类 WSGIRequest 读取相关的类属性即可，下面是一些常用的属性。

- COOKIE：获取客户端（浏览器）的 Cookie 信息，以字典形式表示，并且键—值对都是字符串类型。
- FILES：django.http.request.QueryDict 对象，包含所有的文件上传信息。
- GET：获取 GET 请求的请求参数，它是 django.http.request.QueryDict 对象，操作起来类似于字典。
- POST：获取 POST 请求的请求参数，它是 django.http.request.QueryDict 对象，操作起来类似于字典。
- META：获取客户端（浏览器）的请求头信息，以字典形式存储。
- method：获取当前请求的请求方式（GET 请求或 POST 请求）。
- path：获取当前请求的路由地址。
- session：一个类似于字典的对象，用来操作服务器的会话信息，可临时存放用户信息。

- user：当 Django 启用 AuthenticationMiddleware 中间件时才可用。它的值是内置数据模型 User 的对象，表示当前登录的用户。如果用户当前没有登录，那么 user 将设为 django. contrib.auth.models.AnonymousUse 的一个实例。

Django 定义的 render() 函数用于实现用户响应过程，该函数的语法如下：

```
render（request，template_name，context = None，content_type = None，status = None，using = None）
```

render 的参数 request 和 template_name 是必需参数，其余的参数是可选参数。各个参数说明如下。

- request：浏览器向服务器发送的请求对象，包含用户信息、请求内容和请求方式等。
- template_name：设置模板文件名，用于生成网页内容。
- context：对模板上下文（模板变量）赋值，以字典格式表示，默认情况下是一个空字典。
- content_type：响应内容的数据格式，一般情况下使用默认值即可。
- status：HTTP 状态码，默认为 200。
- using：设置模板引擎，用于解析模板文件，生成网页内容。

视图类是通过定义和声明类的形式实现的，根据用途划分为 3 部分：数据显示视图、数据操作视图和日期筛选视图。

数据显示视图是将后台的数据展示在网页上，数据主要来自模型，一共定义了 4 个视图类，分别是 RedirectView、TemplateView、ListView 和 DetailView。

数据操作视图是对模型进行操作，如增、删、改，从而实现 Django 与数据库的数据交互。数据操作视图有 4 个视图类，分别是 FormView、CreateView、UpdateView 和 DeleteView。

日期筛选视图根据模型中的某个日期字段进行数据筛选，然后将符合结果的数据以一定的形式显示在网页上。简单来说，在列表视图 ListView 或详细视图 DetailView 的基础上增加日期筛选所实现的视图类。

5.7　动手练习

（1）分析响应方法 render() 的定义过程，总结归纳 render() 的响应过程。

（2）响应方法 render() 使用 locals() 作为函数参数，Python 的 locals() 有什么作用？

（3）使用 PyChram 的 Debug 模式查看并归纳请求对象 request 的属性和作用。

（4）分析视图类的继承过程，总结并列举视图类定义的属性和方法。

第6章 ← Chapter 6

数据渲染与展示

Django 作为 Web 框架，需要一种很便利的方法动态地生成 HTML 网页，因此有了模板这个概念。模板包含所需 HTML 的部分代码以及一些特殊语法，特殊语法用于描述如何将视图传递的数据动态插入 HTML 网页中。

Django 可以配置一个或多个模板引擎（甚至是 0 个，如前后端分离，Django 只提供 API，无须使用模板引擎），模板引擎有 Django 模板语言（Django Template Language，DTL）和 Jinja2。Django 模板语言是 Django 内置的功能之一，它包含模板上下文（也可称为模板变量）、标签和过滤器，各个功能说明如下：

- 模板上下文是以变量的形式写入模板文件中的，变量值由视图函数或视图类传递所得。
- 标签是对模板上下文进行控制输出，比如模板上下文的判断和循环控制等。
- 模板继承隶属于标签，它是将每个模板文件重复的代码抽取出来并写在一个共用的模板文件中，其他模板文件通过继承共用模板文件来实现完整的网页输出。
- 过滤器是对模板上下文进行操作处理，比如模板上下文的内容截取、替换或格式转换等。

6.1 基础模板设计

从 2.2 节的网页静态界面看到，所有网页的顶部都是相同的，包含商品搜索功能和网站导航，如图 6-1 所示。

图 6-1 网页顶部

由于每个网页的顶部都相同，也就是说这部分的 HTML 代码是完全相同的，因此我们可以将这部分代码单独抽取出来并放置在一个文件中，然后在每个网页的代码中调用该文件，这样符合代码重复使用的设计思路，便于日后的维护和管理。

在项目 babys 的 templates 文件夹中新建文件 base.
html，如图 6-2 所示。

该文件用于存放每个网页顶部的 HTML 代码，其他
HTML 文件调用 base.html 文件是通过 Django 模板语法实现
的。在 PyCharm 中打开 base.html 文件并编写以下代码：

图 6-2　templates 文件夹

```
# templates 文件夹的 base.html
<!DOCTYPE html>
<html lang="en">
<head>
<!- …………①………… ->
{% load static %}
<title>{{title}}</title>
<link rel="stylesheet" href="{% static 'css/main.css' %}">
<link rel="stylesheet" href="{% static 'layui/css/layui.css' %}">
<script src="{% static 'layui/layui.js' %}"></script>
</head>
<body>
<div class="header">
<div class="headerLayout w1200">
<div class="headerCon">
<!- …………②………… ->
<h1 class="mallLogo">
  <a href="{% url 'index:index' %}" title=" 母婴商城 ">
<img src="{% static 'img/logo.png' %}">
  </a>
</h1>
<!- …………③………… ->
<div class="mallSearch">
  <form action=" {% url 'commodity:commodity' %}" method="get"
class="layui-form" novalidate>
<input type="text" name="n" required  lay-verify="required"
autocomplete="off" class="layui-input" placeholder=" 请输入需要的商品 ">
<button class="layui-btn" lay-submit lay-filter="formDemo">
    <i class="layui-icon layui-icon-search"></i>
</button>
  </form>
</div>
</div>
</div>
</div>

<div class="content content-nav-base {{classContent}}">
<div class="main-nav">
<div class="inner-cont0">
<div class="inner-cont1 w1200">
<!- …………④………… ->
<div class="inner-cont2">
<a href="{% url 'index:index' %}"
```

```
{% if classContent == ''%}class="active"{% endif %}> 首页 </a>
<a href="{% url 'commodity:commodity' %}"
{% if classContent == 'commoditys'%}class="active"{% endif %}> 所有商品 </a>
<a href="{% url 'shopper:shopcart' %}"
{% if classContent == 'shopcarts'%}class="active"{% endif %}> 购物车 </a>
<a href="{% url 'shopper:shopper' %}"
{% if classContent == 'informations'%}class="active"{% endif %}> 个人中心 </a>
</div>
</div>
</div>
</div>
<!- ············⑤············ ->
{% block content %}{% endblock content %}
</div>
{% block footer %}{% endblock footer %}
<script type="text/javascript">
    {% block script %}{% endblock script %}
</script>
</body>
</html>
```

在上述代码中，我们使用 HTML 代码注释对代码进行功能划分，如 <!- ············①············ ->，一共分为 5 个部分，每个部分说明如下：

（1）标注①是使用 Django 内置模板语法 static 调用静态资源，比如 {% static 'css/main.css' %} 是调用 babys\pstatic\css\main.css 文件，在 title 标签中使用双大括号展示变量 title 的值，比如 {{title}}，变量 title 来自视图函数或视图类。

（2）标注②是使用 Django 内置模板语法 url 生成路由地址，比如 {% url 'index:index' %} 是生成网站首页的路由地址，其中 index:index 的第一个 index 代表 babys 文件夹中的 urls.py 文件定义的路由命名空间 namespace，第二个 index 代表项目应用 index 的 urls.py 文件定义的路由命名 name。

（3）标注③是使用 HTML 的 form 标签生成网页表单，用于实现网页的商品搜索功能，表单以 GET 请求方式访问，访问地址暂设为首页，按照设计说明，访问地址应设为商品列表页，由于尚未开发商品列表页，因此暂时设为首页。

（4）标注④是使用 Django 内置模板语法 if 判断变量 classContent 的值，变量 classContent 由视图函数或视图类定义，如果变量 classContent 符合判断条件，则为当前标签添加样式 class="active"。

（5）标注⑤是使用 Django 内置模板语法 block 设置文件调用入口，比如 {% block content %}{% endblock content %}，只需在其他的 HTML 文件中编写该语法即可实现调用，此处一共定义了 3 个调用接口：content、footer 和 script。

6.2 首页模板设计

在 5.1 节中已在项目应用 index 的 views.py 文件中定义了视图函数 indexView 和视图类 indexClassView，无论是视图函数还是视图类，两者都定义了变量 title、classContent、commodityInfos、clothes、food 和 goods，并且这些变量将在模板文件 base.html 和 index.html 中使用。

打开模板文件 index.html，在该文件中调用模板文件 base.html，并使用视图函数 indexView 或视图类 indexClassView 定义的变量生成网页数据，模板文件 index.html 的代码如下：

```
# templates 文件夹的 index.html
<!- …………①………… ->
{% extends 'base.html' %}
{% load static %}
<!- …………②………… ->
{% block content %}
<div class="category-con">
<div class="category-banner">
<div class="w1200">
  <img src="{% static 'img/banner1.jpg' %}">
</div>
</div>
</div>
<!- …………③………… ->
<div class="floors">
<div class="sk">
<div class="sk_inner w1200">
<div class="sk_hd">
<a href="javascript:;">
  <img src="{% static 'img/s_img1.jpg' %}">
</a>
</div>
<div class="sk_bd">
<div class="layui-carousel" id="test1">
<div carousel-item>
<div class="item-box">
{% for c in commodityInfos %}
  {% if forloop.counter < 5 %}
<div class="item">
<a href="{% url 'commodity:detail' c.id %}">
    <img src="{{ c.img.url }}"></a>
<div class="title">{{ c.name }}</div>
<div class="price">
  <span>¥{{ c.discount|floatformat:'2' }}</span>
  <del>¥{{ c.price|floatformat:'2' }}</del>
</div>
```

```
    </div>
      {% endif %}
    {% endfor %}
    </div>
    <div class="item-box">
    {% for c in commodityInfos %}
      {% if forloop.counter > 4 %}
    <div class="item">
    <a href="{% url 'commodity:detail' c.id %}">
        <img src="{{ c.img.url }}"></a>
    <div class="title">{{ c.name }}</div>
    <div class="price">
      <span>¥{{ c.discount|floatformat:'2' }}</span>
      <del>¥{{ c.price|floatformat:'2' }}</del>
    </div>
    </div>
      {% endif %}
    {% endfor %}
    </div>
    </div>
    </div>
    </div>
    </div>
    </div>
    </div>
    <!- …………④………… ->
    <div class="product-cont w1200" id="product-cont">
    <div class="product-item product-item1 layui-clear">
    <div class="left-title">
      <h4><i>1F</i></h4>
      <img src="{% static 'img/icon_gou.png' %}">
      <h5>宝宝服饰 </h5>
    </div>
    <div class="right-cont">
      <a href="javascript:;" class="top-img">
      <img src="{% static 'img/img12.jpg' %}" alt="">
      </a>
      <div class="img-box">
    {% for c in clothes %}
      <a href="{% url 'commodity:detail' c.id %}">
      <img src="{{ c.img.url }}">
      </a>
    {% endfor %}
      </div>
    </div>
    </div>
    <div class="product-item product-item2 layui-clear">
    <div class="left-title">
      <h4><i>2F</i></h4>
      <img src="{% static 'img/icon_gou.png' %}">
```

```
      <h5> 奶粉辅食 </h5>
    </div>
    <div class="right-cont">
      <a href="javascript:;" class="top-img">
      <img src="{% static 'img/img12.jpg' %}" alt="">
      </a>
      <div class="img-box">
{% for f in food %}
<a href="{% url 'commodity:detail' f.id %}">
<img src="{{ f.img.url }}">
</a>
{% endfor %}
      </div>
    </div>
    </div>
    <div class="product-item product-item3 layui-clear">
    <div class="left-title">
      <h4><i>3F</i></h4>
      <img src="{% static 'img/icon_gou.png' %}">
      <h5> 宝宝用品 </h5>
    </div>
    <div class="right-cont">
      <a href="javascript:;" class="top-img">
      <img src="{% static 'img/img12.jpg' %}">
      </a>
      <div class="img-box">
{% for g in goods %}
<a href="{% url 'commodity:detail' g.id %}">
<img src="{{ g.img.url }}">
</a>
{% endfor %}
      </div>
    </div>
    </div>
    </div>
{% endblock content %}
<!- ···········⑤··········· ->
{% block footer %}
<div class="footer">
<div class="ng-promise-box">
<div class="ng-promise w1200">
<p class="text">
      <a class="icon1" href="javascript:;">7 天无理由退换货 </a>
      <a class="icon2" href="javascript:;"> 满 99 元全场免邮 </a>
      <a class="icon3" style="margin-right: 0" href="javascript:;">100% 品质保证 </
a>
    </p>
    </div>
    </div>
    <div class="mod_help w1200">
      <p>
```

```
<a href="javascript:;">关于我们</a>
<span>|</span>
<a href="javascript:;">帮助中心</a>
<span>|</span>
<a href="javascript:;">售后服务</a>
<span>|</span>
<a href="javascript:;">母婴资讯</a>
<span>|</span>
<a href="javascript:;">关于货源</a>
  </p>
</div>
</div>
{% endblock footer %}

{% block script %}
layui.config({
    base: '{% static 'js/' %}'
  }).use(['mm','carousel'],function(){
     var carousel = layui.carousel,
    mm = layui.mm;
    var option = {
       elem: '#test1'
       ,width: '100%'
       ,arrow: 'always'
       ,height:'298'
       ,indicator:'none'
     }
     carousel.render(option);
});
{% endblock script %}
```

根据模板文件 index.html 实现的功能划分，可分为 5 部分，每部分的功能说明如下：

（1）标注①是使用 Django 内置语法 extends 调用模板文件 base.html，使 base.html 和 index.html 产生关联；使用 {% load static %} 读取静态资源，静态资源的加载过程由配置文件 settings.py 的配置属性 INSTALLED_APPS 的 django.contrib.staticfiles 完成。

（2）标注②是重写 base.html 定义的接口 content，在网页中添加广告轮播功能，该功能暂以单幅图片为主，图片来自静态资源文件 pstatic/img/banner1.jpg。

（3）标注③是实现"今日必抢"的商品热销功能，该功能共分为两页，每页自动进行轮播展示，每一页展示 4 件热销商品的信息，每件商品显示商品名称、商品主图、商品原价和折后价。

由于"今日必抢"分为两页展示，因此 HTML 代码相应定义了两个 <div class="item-box"> 标签，这两个标签使用了模板语法 for 和 if 对变量 commodityInfos 进行遍历和判断。变量 commodityInfos 共有 8 件商品的信息，第一个 div 标签获取前 4 件商品的信息，第二个标签获取最后 4 件商品的信息，通过模板语法 if 控制变量 commodityInfos 的商品展示。

变量 commodityInfos 每次遍历是获取某个商品的所有信息，并从这些信息中获取商品名称、商品主图、商品原价和折后价，详细说明如下：

① {% url 'commodity:detail' c.id %} 是使用商品的主键字段 id 生成对应的商品详细页的路由地址，单击商品即可查看商品详细页。模板语法 url 是获取 Django 定义的路由列表；commodity:detail 代表项目应用 commodity 的 urls.py 文件定义的路由 detail；c.id 代表当前遍历对象的主键 id，并作为路由 detail 的路由变量。

② {{ c.img.url }} 代表当前遍历对象的字段 img，由于变量 commodityInfos 是模型 CommodityInfos 的数据对象，字段 img 是 FileField 类型，因此可以使用 c.img.url 获取文件的路径地址，即商品主体的路径地址。

③ {{ c.name }} 获取当前遍历对象的字段 name，用于显示商品名称。

④ {{ c.discount|floatformat:'2' }} 获取当前遍历对象的字段 discount，用于显示商品折后价，并使用过滤器 floatformat（过滤器也是模板语法）保留字段 discount 的两位小数。

⑤ {{ c.price|floatformat:'2' }} 获取当前遍历对象的字段 price，用于显示商品原价，并使用过滤器 floatformat（过滤器也是模板语法）保留字段 price 的两位小数。

（4）标注④是实现某分类的商品热销功能，分别为"宝宝服饰""奶粉辅食"和"宝宝用品"，对应变量 clothes、food 和 goods。每个分类只显示 5 件销量最高的商品信息，并展示每件商品的主图和设置商品详细页的路由地址，如变量 clothes，每次遍历对象为 c，其中 {% url 'commodity:detail' c.id %} 是生成商品详细页的路由地址，{{ c.img.url }} 是生成商品主图的路径地址。

（5）标注⑤是重写 base.html 定义的接口 footer 和 script。接口 footer 是生成首页的底部信息，效果如图 6-3 所示；接口 script 是编写"今日必抢"的页面轮播功能。

图 6-3 首页的底部信息

综上所述，我们已完成共用模板文件 base.html 和首页模板文件 index.html 的代码编写，由于模板文件 base.html 和 index.html 使用了其他网页的路由地址，为了能使网站正常运行，分别对项目应用 commodity 和 shopper 的 urls.py 文件定义的路由信息取消代码注释（因为 4.2 节执行数据迁移的时候已对路由信息执行代码注释），并在 views.py 文件中定义相应的视图函数，详细代码如下：

```python
# 项目应用 commodity 的 views.py
from django.http import HttpResponse

def commodityView(request):
```

```
    return HttpResponse('Hello World')
def detailView(request, id):
    return HttpResponse('Hello World')
# 项目应用 shopper 的 views.py
from django.http import HttpResponse

def shopperView(request):
    return HttpResponse('Hello World')

def loginView(request):
    return HttpResponse('Hello World')

def logoutView(request):
    return HttpResponse('Hello World')

def shopcartView(request):
    return HttpResponse('Hello World')
```

在运行网站首页之前，确保数据表 commodity_types 和 commodity_commodityinfos 存在测试数据，网站的数据主要是由 Admin 后台管理系统负责管理和维护的，数据表的每个字段具有一定的数据格式，因此读者可以从源码文件 chapter6\babys.sql 导入测试数据。除此之外，商品主图文件应放置在项目文件夹 media/imgs 中。

在 PyCharm 中运行项目 babys，控制台会提示警告信息，如图 6-4 所示，警告信息提示路由地址的首个字符为 "/"，如无必要，建议去掉字符 "/"。警告信息通过简单规则检测路由地址是否符合命名标准，此处警告信息可以忽略，如果读者略有强迫症，也可以自行重新定义路由信息。

```
WARNINGS:
?: (urls.W002) Your URL pattern '/detail.<int:id>.html' [name
?: (urls.W002) Your URL pattern '/login.html' [name='login']
?: (urls.W002) Your URL pattern '/logout.html' [name='logout'
?: (urls.W002) Your URL pattern '/shopcart.html' [name='shopc

System check identified 4 issues (0 silenced).
March 06, 2020 - 22:48:01
Django version 3.0.2, using settings 'babys.settings'
Starting development server at http://127.0.0.1:8000/
Quit the server with CTRL-BREAK.
```

图 6-4 警告信息

最后在浏览器访问 http://127.0.0.1:8000/ 即可看到商城首页，如图 6-5 所示。

图 6-5 商城首页

6.3 模板上下文

　　模板上下文（也可以称为模板变量）是模板中基本的组成单位，上下文的数据由视图函数或视图类传递。它以 {{ variable }} 表示，variable 是上下文的名称，它支持 Python 所有的数据类型，如字典、列表、元组、字符串、整型或实例化对象等。上下文的数据格式不同，在模板中的使用方式也有所差异，示例代码如下：

```
# 假如 variable1 = ' 字符串或整型 '
<div>{{ variable1 }}</div>
# 输出 "<div> 字符串或整型 </div>"

# 假如 variable2={'name': ' 字典或实例化对象 '}
<div>{{ variable2.name }}</div>
# 输出 "<div> 字典或实例化对象 </div>"

# 假如 variable3 = [' 元组或列表 ']
<div>{{ variable3.0 }}</div>
# 输出 "<div> 元组或列表 </div>"
```

　　从上述代码发现，如果上下文的数据带有属性，就可以在上下文的末端使用"."来获取某个属性的值。比如上下文为字典或实例化对象，在上下文末端使用"."并写入属性名称即可在网页上显示该属性的值；若上下文为元组或列表，则在上下文末端使用"."并设置索引下标来获取元组或列表的某个元素值。

　　如果视图没有为模板上下文传递数据或者模板上下文的某个属性、索引下标不存在，Django 就会将其设为空值。例如获取 variable2 的属性 age，由于上述的 variable2 并不存在属性 age，因此网页上将会显示"<div></div>"。

　　在 PyCharm 的 Debug 调试模式下分析 Django 模板引擎的运行过程。打开函数 render 所在的源码文件，变量 content 是模板文件的解析结果，它是由函数 render_to_string 完成解析过程的，如图 6-6 所示。

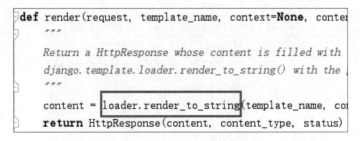

图 6-6　函数 render 的源码信息

　　想要分析 Django 模板引擎的解析过程，还需要从函数 render_to_string 深入分析，通过 PyCharm 打开函数 render_to_string 的源码信息，发现它调用了函数 get_template 或 select_ template，我们沿着函数调用的方向探究整个解析过程，梳理函数之间的调用关系，最终得出模板解析过程，如图 6-7 所示。

图 6-7　Django 模板引擎的解析过程

整个解析过程调用了多个函数和类方法，每个函数和类方法在源码中都有功能注释，这里不再详细讲述，读者可自行在源码中查阅。

6.4　内置标签及自定义

标签是对模板上下文进行控制输出，它是以 {% tag %} 表示的，其中 tag 是标签的名称，Django 内置了许多模板标签，比如 {% if %}（判断标签）、{% for %}（循环标签）或 {% url %}（路由标签）等。

内置的模板标签可以在 Django 源码（\django\template\defaulttags.py）中找到定义过程，每个内置标签都有功能注释和使用方法，本书只列举常用的内置标签，如表 6-1 所示。

表6-1　常用的内置标签

标　　签	描　　述
{% for %}	遍历输出上下文的内容
{% if %}	对上下文进行条件判断
{% csrf_token %}	生成csrf_token的标签，用于防护跨站请求伪造攻击
{% url %}	引用路由配置的地址，生成相应的路由地址
{% with %}	将模板上下文重命名，重命名的上下文只在with标签内有效
{% load %}	加载导入Django的标签库
{% static %}	读取静态资源的文件内容
{% extends xxx %}	模板继承，xxx为模板文件名，使当前模板继承xxx模板
{% block xxx %}	重写父类模板的代码

在上述常用标签中，每个标签的使用方法各不相同。下面通过一个简单的例子来进一步了解标签的使用方法。

```
# for 标签，支持嵌套，myList 可为列表、元组或某个对象
# item 可自定义命名，代表当前循环的数据对象
# {% endfor %} 是循环区域终止符，代表这个区域的代码由标签 for 输出
{% for item in myList %}
{{ item }}
{% endfor %}

# if 标签，支持嵌套
# 判断条件符与上下文之间使用空格隔开，否则程序会抛出异常
# {% endif %} 与 {% endfor %} 的作用是相同的
{% if name == "Lily" %}
{{ name }}
{% elif name == "Lucy" %}
{{ name }}
{% else %}
{{ name }}
{% endif %}

# url 标签
# 生成不带变量的 URL 地址
<a href="{% url 'index' %}"> 首页 </a>
# 生成带变量的 URL 地址
<a href="{% url 'page' 1 %}"> 第 1 页 </a>

# with 标签，与 Python 的 with 语法的功能相同
# total=number 无须空格隔开，否则抛出异常
{% with total=number %}
{{ total }}   # total 只在 with 标签有效，它的值等同于 number
{% endwith %}

# load 标签，导入静态文件标签库 staticfiles
# staticfiles 来自 settings.py 的 INSTALLED_APPS
{% load staticfiles %}

# static 标签，来自静态文件标签库 staticfiles
{% static "css/index.css" %}
```

在 for 标签中，模板还提供了一些特殊的变量来获取 for 标签的循环信息，变量说明如表 6-2 所示。

表6-2　for标签模板变量说明

变　　量	描　　述
forloop.counter	获取当前循环的索引，从1开始计算
forloop.counter0	获取当前循环的索引，从0开始计算
forloop.revcounter	索引从最大数开始递减，直到索引到1位置
forloop.revcounter0	索引从最大数开始递减，直到索引到0位置
forloop.first	当遍历的元素为第一项时为真
forloop.last	当遍历的元素为最后一项时为真
forloop.parentloop	在嵌套的for循环中，获取上层for循环的forloop

上述变量来自 forloop 对象，该对象是在模板引擎解析 for 标签时生成的。通过简单的例子来进一步了解 forloop 的使用，例子如下：

```
{% for name in name_list %}
{% if forloop.counter == 1 %}
<span> 这是第一次循环 </span>
{% elifforloop.last %}
<span> 这是最后一次循环 </span>
{% else %}
<span> 本次循环次数为：{{forloop.counter }}</span>
{% endif %}
{% endfor %}
```

图 6-8 目录结构

除了使用内置的模板标签之外，还可以自定义模板标签。以 MyDjango 为例，在 PyCharm 中新建项目 MyDjango 和创建项目应用 index，然后在项目的根目录下创建新的文件夹，文件夹名称可自行命名，本示例命名为 mydefined；然后在该文件夹下创建初始化文件 __init__.py 和 templatetags 文件夹，其中 templatetags 文件夹的命名是固定不变的；最后在 templatetags 文件夹中创建初始化文件 __init__.py 和自定义标签文件 mytags.py，项目的目录结构如图 6-8 所示。

由于在项目的根目录下创建了 mydefined 文件夹，因此在配置文件 settings.py 的属性 INSTALLED_APPS 中添加 mydefined，否则 Django 在运行时无法加载 mydefined 文件夹的内容，配置信息如下：

```
INSTALLED_APPS = [
    'django.contrib.admin',
    'django.contrib.auth',
    'django.contrib.contenttypes',
    'django.contrib.sessions',
    'django.contrib.messages',
    'django.contrib.staticfiles',
    'index',
    # 添加自定义模板标签的文件夹
    'mydefined'
]
```

下一步在项目的 mytags.py 文件中自定义标签，我们将定义一个名为 reversal 的标签，它会将标签中的数据进行反转处理，定义过程如下：

```
from django import template
# 创建模板对象
register = template.Library()
# 定义模板节点类
class ReversalNode(template.Node):
    def __init__(self, value):
        self.value = str(value)
    # 数据反转处理
    def render(self, context):
        return self.value[::-1]
```

```
# 声明并定义标签
@register.tag(name='reversal')
# parse 是解析器对象，token 是被解析的对象
def do_reversal(parse, token):
    try:
        # tag_name 代表标签名，即 reversal
        # value 是由标签传递的数据
        tag_name, value = token.split_contents()
    except:
        raise template.TemplateSyntaxError('syntax')
    # 调用自定义的模板节点类
    return ReversalNode(value)
```

在 mytags.py 文件中分别定义了类 ReversalNode 和函数 do_reversal，两者实现的功能说明如下：

- 函数 do_reversal 经过装饰器 register.tag(name='reversal') 处理，这是让函数执行模板标签注册，标签名称由装饰器参数 name 进行命名，如果没有设置参数 name，就以函数名作为标签名称。函数名没有具体要求，一般以 "do_ 标签名称" 或 "标签名称" 作为命名规范。
- 函数参数 parse 是解析器对象，当 Django 运行时，它将所有标签和过滤器进行加载并生成到 parse 对象中，在解析模板文件中的标签时，Django 就会从 parse 对象中查找对应的标签信息。
- 函数参数 token 是模板文件使用标签时所传递的数据对象，主要包括标签名和数据内容。
- 函数 do_reversal 对参数 token 使用 split_contents() 方法（Django 的内置方法）进行取值处理，从中获取数据 value，并将 value 传递给自定义模板节点类 ReversalNode。
- 类 ReversalNode 是对 value 执行字符串反转处理，并生成模板节点对象，用于模板引擎解析 HTML 语言。

为了验证自定义标签 reversal 的功能，我们分别在项目应用 index 的 url.py、views.py 和 templates 文件夹的模板文件 index.html 中编写以下代码：

```
# index 的 url.py
from django.urls import path
from .views import *
urlpatterns = [
    # 定义路由
    path('', index, name='index'),
]

# index 的 views.py
from django.shortcuts import render
def index(request):
    return render(request, 'index.html', locals())

# templates 的 index.html
{# 导入自定义标签文件 mytags#}
{% load mytags %}
<!DOCTYPE html>
<html>
<body>
```

```
{% reversal 'Django' %}
</body>
</html>
```

在模板文件 index.html 中使用自定义标签时，必须使用 {% load mytags %} 将自定义标签文件导入，告知模板引擎从哪里查找自定义标签，否则无法识别自定义标签，并提示 TemplateSyntaxError 异常。运行 MyDjango 项目，在浏览器上访问 127.0.0.1:8000，网页上会将 Django 反转显示，如图 6-9 所示。

综上所述，我们发现自定义标签 reversal 的定义方式与内置标签的定义方式是相同的，两者最大的区别在于：

- 自定义标签需要在项目中搭建目录环境。
- 在使用时需要在模板文件中导入自定义标签文件。

图 6-9 自定义标签 reversal

6.5 模板文件的继承关系

模板继承是通过模板标签来实现的，其作用是将多个模板文件的共同代码集中在一个新的模板文件中，然后各个模板可以直接调用新的模板文件，从而生成 HTML 网页，这样可以减少模板之间重复的代码，范例如下：

```html
<!DOCTYPE html>
<html>
<head>
<meta charset="UTF-8">
<title>{{ title }}</title>
</head>
<body>
    <a href="{% url 'index:index' %}">首页 </a>
    <h1>Hello Django</h1>
</body>
</html>
```

上述代码是一个完整的模板文件，一个完整的模板通常有 <head> 和 <body> 两部分，而每个模板的 <head> 和 <body> 的内容都会有所不同，因此除了这两部分的内容之外，可以将其他内容写在共用模板文件中。

以 MyDjango 为例，在 PyCharm 中新建项目 MyDjango 并创建项目应用 index，并且在 templates 文件夹中创建 base.html 文件，该文件作为共用模板，如图 6-10 所示，然后在 base.html 文件中编写以下代码：

图 6-10 目录结构

```html
<!DOCTYPE html>
<html>
<head>
```

```
<meta charset="UTF-8">
{% block title %}
    <title>首页</title>
{% endblock %}
</head>
<body>
{% block body %}{% endblock %}
 </body>
</html>
```

从 base.html 的代码中看到，<title> 写在模板标签 {% block title %}{% endblock %} 中，而 <body> 中的内容改为 {% block body %}{% endblock %}。block 标签为其他模板文件调用时提供内容重写的接口，body 对这个接口进行命名。在一个模板中可以添加多个 block 标签，只要每个 block 标签的命名不相同即可。接着在模板 index.html 中调用共用模板 base.html，代码如下：

```
{% extends "base.html" %}
{% block body %}
<a href="{% url 'index:index' %}">首页</a>
<h1>Hello Django</h1>
{% endblock %}
```

模板 index.html 调用共用模板 base.html 的实质是由模板继承实现的，调用步骤如下：

（1）在模板 index.html 中使用 {% extends "base.html" %} 来继承模板 base.html 的所有代码。

（2）通过使用标签 {% block title %} 或 {% block body %} 来重写模板 base.html 的网页内容。

（3）如果没有使用标签 block 重写共用模板的内容，那么网页内容将由共用模板提供。比如模板 index.html 没有使用标签 {% block title %} 重新定义 <title>，那么网页标题内容应由模板 base.html 设置的 <title> 提供。

（4）标签 block 必须使用 {% endblock %} 结束 block 标签。

从模板 index.html 看到，模板继承与 Python 的类继承原理是一致的，通过继承方式使其具有父类的功能和属性，同时也可以通过重写来实现复杂多变的开发需求。

为了验证模板继承是否正确，运行 **MyDjango** 并访问 127.0.0.1:8000，查看网页标题（标题由模板 base.html 的 <title> 提供）和网页信息（重写模板 base.html 的 {% block body %}），如图 6-11 所示。

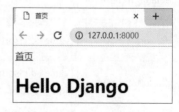

图 6-11 运行结果

6.6 内置过滤器及自定义

过滤器主要是对上下文的内容进行操作处理，如替换、反序和转义等。通过过滤器处理上下文可以将其数据格式或内容转化为我们想要的显示效果,而且可以相应地减少视图的代码量。
过滤器的使用方法如下:

```
{{ variable | filter }}
```

若上下文设有过滤器,则模板引擎在解析上下文时,首先由过滤器 filter 处理上下文 variable,然后对处理后的结果进行解析并显示在网页上。variable 代表模板上下文,管道符号"|" 代表当前上下文使用过滤器,filter 代表某个过滤器。单个上下文可以支持多个过滤器同时使用,例如:

```
{{ variable | filter | lower}}
```

在使用的过程中,有些过滤器还可以传入参数,但仅支持传入一个参数。带参数的过滤器与参数之间使用冒号隔开,并且两者之间不能留有空格,例如:

```
{{ variable | date:"D d M Y"}}
```

Django 的内置过滤器可以在源码(\django\template\defaultfilters.py)中找到具体的定义过程,如表 6-3 所示。

表6-3 内置过滤器

内置过滤器	使用形式	说　明
add	{{value | add:"2"}}	将value的值增加2
addslashes	{{value | addslashes}}	在value中的引号前增加反斜线
capfirst	{{value | capfirst}}	value的第一个字符转化成大写形式
cut	{{value | cut:arg}}	从value中删除所有arg的值。如果value是"St ring with spaces",arg是"",那么输出的是"Stringwithspaces"
date	{{value | date:"D d M Y"}}	将日期格式数据按照给定的格式输出
default	{{value | default:"nothing"}}	如果value的意义是False,那么输出值为过滤器设定的默认值
default_if_none	{{value | default_if_none: "null"}}	如果value的意义是None,那么输出值为过滤器设定的默认值
dictsort	{{value | dictsort:"name"}}	如果value的值是一个列表,里面的元素是字典,那么返回值按照每个字典的关键字排序
dictsortreversed	{{value | dictsortreversed: "name"}}	如果value的值是一个列表,里面的元素是字典,那么每个字典的关键字反序排序
divisibleby	{{value | divisibleby:arg}}	如果value能够被arg整除,那么返回值将是True
escape	{{value | escape}}	控制HTML转义,替换value中的某些HTML特殊字符
escapejs	{{value | escapejs}}	替换value中的某些字符,以适应JavaScript和JSON格式
filesizeformat	{{value | filesizeformat}}	格式化value,使其成为易读的文件大小,例如13KB、4.1MB等
first	{{value | first}}	返回列表中的第一个Item,例如value是列表['a','b','c'],那么输出将是'a'

（续表）

内置过滤器	使用形式	说　明
floatformat	{{value | floatformat}}或 {{value|floatformat:arg}}	对数据进行四舍五入处理，参数arg是保留小数位，可以是正数或负数，如{{ value|floatformat: "2" }}是保留两位小数。若无参数arg，则默认保留1位小数，如{{value|floatformat}}
get_digit	{{value | get_digit:"arg"}}	如果value是123456789，arg是2，那么输出的是8
iriencode	{{value | iriencode}}	如果value中有非ASCII字符，那么将其转化成URL中适合的编码
join	{{value | join:"arg"}}	使用指定的字符串连接一个list，作用如同Python的str.join(list)
last	{{value | last}}	返回列表中的最后一个Item
length	{{value | length}}	返回value的长度
length_is	{{value | length_is:"arg"}}	如果value的长度等于arg，例如value是['a','b','c']，arg是3，那么返回True
linebreaks	{{value|linebreaks}}	value中的"\\n"将被 替代，并且将整个value使用<p>包围起来，从而适合HTML的格式
linebreaksbr	{{value |linebreaksbr}}	value中的"\n"将被 替代
linenumbers	{{value | linenumbers}}	为显示的文本添加行数
ljust	{{value | ljust}}	以左对齐方式显示value
center	{{value | center}}	以居中对齐方式显示value
rjust	{{value | rjust}}	以右对齐方式显示value
lower	{{value | lower}}	将一个字符串转换成小写形式
make_list	{{value | make_list}}	将value转换成list。例如value是Joel，输出[u'J',u'o',u'e',u'l']；如果value是123，那么输出[1,2,3]
pluralize	{{value | pluralize}}或 {{value | pluralize: "es"}}或 {{value | pluralize: "y,ies"}}	将value返回英文复数形式
random	{{value | random}}	从给定的list中返回一个任意的Item
removetags	{{value | removetags:"tag1 tag2 tag3..."}}	删除value中tag1,tag2…的标签
safe	{{value | safe}}	关闭HTML转义，告诉Django这段代码是安全的，不必转义
safeseq	{{value | safeseq}}	与上述safe基本相同，但有一点不同：safe针对字符串，而safeseq针对多个字符串组成的sequence
slice	{{some_list | slice:":2"}}	与Python语法中的slice相同，":2"表示截取前两个字符，此过滤器可用于中文或英文
slugify	{{value | slugify}}	将value转换成小写形式，除英文字母外，只保留减号和下画线，空格用减号替换，其他符号删除。例如，value是Joel is a slug，那么输出的将是joel-is-a-slug

（续表）

内置过滤器	使用形式	说　明
striptags	{{value | striptags}}	删除value中的所有HTML标签
time	{{value | time: "H:i"}}或 {{value | time}}	格式化时间输出，如果time后面没有格式化参数，那么输出按照默认设置进行
truncatewords	{{value | truncatewords:2}}	将value进行单词截取处理，参数2代表截取前两个单词，此过滤器只可用于英文截取。例如value是Joel is a slug，那么输出将是Joel is
upper	{{value | upper}}	转换一个字符串为大写形式
urlencode	{{value | urlencode}}	将字符串进行URLEncode处理
urlize	{{value | urlize}}	将一个字符串中的URL转化成可单击的形式。如果value是Check out www.baidu.com，那么输出的将是Check out <a href="http://www.baidu. com"> www.baidu. com</a>
wordcount	{{value | wordcount}}	返回字符串中单词的数目
wordwrap	{{value | wordwrap:5}}	按照指定长度分隔字符串
timesince	{{value | timesince:arg}}	返回参数arg到value的天数和小时数。如果arg是一个日期实例，表示2006-06-01午夜，而value表示2006-06-01早上8点，那么输出结果返回8 hours
timeuntil	{{value | timeuntil}}	返回value距离当前日期的天数和小时数

使用过滤器的过程中，上下文、管道符号"|"和过滤器之间没有规定使用空格隔开，但为了符合编码的规范性，建议使用空格隔开。倘若过滤器需要设置参数，过滤器、冒号和参数之间不能有空格，否则会提示异常信息，如图 6-12 所示。

图 6-12　异常信息

在实际开发中，如果内置过滤器的功能不太适合开发需求，我们可以自定义过滤器来解决问题。以 6.4 节的 MyDjango 为例，在 mydefined 的 templatetags 中创建 myfilter.py 文件，并在该文件中编写以下代码：

```python
# templatetags 的 myfilter.py
from django import template
# 创建模板对象
register = template.Library()
# 声明并定义过滤器
@register.filter(name='replace')
def do_replace(value, agrs):
    oldValue = agrs.split(':')[0]
    newValue = agrs.split(':')[1]
    return value.replace(oldValue, newValue)
```

过滤器与标签的自定义过程有相似之处，但过滤器的定义过程比标签更简单，只需定义相关函数即可。上述定义的过滤器用于实现模板上下文的字符替换，定义过程说明如下：

- 函数 do_replace 由装饰器 register.filter(name='replace') 处理，对函数执行过滤器注册操作。
- 装饰器参数 name 用于为过滤器命名，如果没有设置参数 name，就以函数名作为过滤器名。函数名没有具体要求，一般以"do_过滤器名称"或"过滤器名称"作为命名规范。
- 参数 value 代表使用当前过滤器的模板上下文，参数 agrs 代表过滤器的参数。函数将参数 agrs 以冒号进行分隔，用于参数 value（模板上下文）进行字符串替换操作，函数必须将处理结果返回，否则在使用过程中会出现异常信息。

为了验证自定义过滤器 replace 的功能，对项目应用 index 的 views.py 和 templates 文件夹的模板文件 index.html 的代码进行修改：

```python
# index 的 views.py
from django.shortcuts import render
def index(request):
    value = 'Hello Python'
    return render(request, 'index.html', locals())


# templates 的 index.html
{# 导入自定义过滤器文件 myfilter#}
{% load myfilter %}
<!DOCTYPE html>
<html>
<body>
<div>替换前：{{ value }}</div>
<br>
<div>替换后：
{{ value | replace:'Python:Django' }}
</div>
</body>
</html>
```

模板文件 index.html 使用自定义过滤器时，需要使用 {% load myfilter %} 导入过滤器文件，这样模板引擎才能找到自定义过滤器，否则会提示 TemplateSyntaxError 异常。过滤器 replace 对模板上下文 value 进行字符串替换，将 value 中的 Python 替换成 Django，运行结果如图 6-13 所示。

图 6-13 运行结果

6.7 自定义异常页面

网站异常是一个普遍存在的问题，常见的异常以 404 或 500 为主，出现异常是网站自身数据缺陷或者不合理的非法访问导致的。比如商城网址为 127.0.0.1:8000/commodity/details.html，

该网站在项目 babys 中没有定义相应的路由信息，当用户访问不存在的网址时，网站应抛出
404 异常。

我们在项目的模板文件夹 templates 中已放置了模板文件 404.html，模板文件 404.html 作
为 404 或 500 的异常页面。首先在 babys 的 urls.py 文件中定义 404 或 500 异常的路由信息，代
码如下：

```
# babys 的 urls.py
# 设置 404 和 500 异常
from index import views
handler404 = views.page_not_found
handler500 = views.page_error
```

从 404 或 500 异常的路由信息看到，路由的 HTTP 请求分别由视图函数 page_not_found 和
page_error 负责接收和处理。在项目应用 index 的 views.py 文件中定义 404 和 500 异常的视图
函数，代码如下：

```
# 项目应用 index 的 views.py
# 定义 404 和 500 异常的视图函数
def page_not_found(request, exception):
    return render(request, '404.html', status=404)


def page_error(request):
    return render(request, '404.html', status=500)
```

视图函数 page_not_found 和 page_error 使用模板文件 404.html 生成异常页面，我们在模板
文件 404.html 中编写异常页面的 HTML 代码，代码如下：

```
# templates 的 404.html
<!DOCTYPE html>
<html lang="en" >
<head>
{% load static %}
<meta charset="UTF-8">
<title>网页逃跑了</title>
<link rel="stylesheet" href="{% static 'css/style.css' %}">
</head>
<body>
<div class="about">
<a class="bg_links social portfolio" href="#">
<span class="icon"></span>
</a>
<a class="bg_links social dribbble" href="#">
<span class="icon"></span>
</a>
<a class="bg_links social linkedin" href="#">
<span class="icon"></span>
</a>
<a class="bg_links logo"></a>
</div>
```

```
<nav>
<div class="menu">
<p class="website_name">母婴商城</p>
<div class="menu_icon">
<span class="icon"></span>
</div>
</div>
</nav>
<section class="wrapper">
<div class="container">
<div id="scene" class="scene" data-hover-only="false">
<div class="circle" data-depth="1.2"></div>
<div class="one" data-depth="0.9">
<div class="content">
    <span class="piece"></span>
    <span class="piece"></span>
    <span class="piece"></span>
</div>
</div>
<div class="two" data-depth="0.60">
<div class="content">
    <span class="piece"></span>
    <span class="piece"></span>
    <span class="piece"></span>
</div>
</div>
<div class="three" data-depth="0.40">
<div class="content">
    <span class="piece"></span>
    <span class="piece"></span>
    <span class="piece"></span>
</div>
</div>
<p class="p404" data-depth="0.50">404</p>
<p class="p404" data-depth="0.10">404</p>
</div>

<div class="text">
<article>
<a href="{% url 'index:index' %}">返回首页</a>
</article>
</div>
</div>
</section>
<script src={% static 'js/parallax.min.js' %}></script>
<script src={% static 'js/jquery.min.js' %}></script>
<script src={% static 'js/script.js' %}></script>
</body>
</html>
```

模板文件 404.html 引入 CSS 样式文件 style.css 和 JS 脚本文件 parallax.min.js、jquery.min.js

和 script.js，然后使用静态图片文件夹 svg 的图片文件作为页面内容，使网页具有动态效果，如图 6-14 所示。

图 6-14　404 页面

6.8　本章小结

Django 模板语言是 Django 内置的功能之一，它包含模板上下文（也可称为模板变量）、标签和过滤器。

模板上下文（也可以称为模板变量）是模板中基本的组成单位，上下文的数据由视图函数或视图类传递。它以 {{ variable }} 表示，variable 是上下文的名称，它支持 Python 所有的数据类型，如字典、列表、元组、字符串、整型或实例化对象等。

标签是对模板上下文进行控制输出，它是以 {% tag %} 表示的，其中 tag 是标签的名称，Django 内置了许多模板标签，比如 {% if %}（判断标签）、{% for %}（循环标签）或 {% url %}（路由标签）等。

模板继承是通过模板标签来实现的，其作用是将多个模板文件的共同代码集中在一个新的模板文件中，然后各个模板可以直接调用新的模板文件，从而生成 HTML 网页，这样可以减少模板之间重复的代码。

过滤器主要是对上下文的内容进行操作处理，如替换、反序和转义等。通过过滤器处理上下文可以将其数据格式或内容转化为我们想要的显示效果，而且可以相应地减少视图的代码量。

6.9　动手练习

（1）模板引擎默认使用 settings.py 的 TEMPLATES 的 BACKEND，如果使用 Jinja2 模板引擎，应如何设置与使用？

（2）自定义过滤器，功能要求：对模板变量的数据类型进行判断，如果是数字类型，则在变量前面加上人民币符号（¥）。

（3）编写 3 份模板文件，每份模板文件之间存在递增的继承关系，如文件 C 继承文件 B、文件 B 继承文件 A（文件 C → 文件 B → 文件 A）。

第7章

← Chapter 7

商品信息模块

项目 babys 的商品模块分为商品列表页和商品详细页，本章分别从页面的业务逻辑和数据渲染的角度深入讲述如何实现网站的商品列表页和商品详细页，并深入分析页面实现过程中所使用的技术要点。

7.1 商品列表页的业务逻辑

商品列表页将所有商品以一定的规则排序展示，用户可以从销量、价格、上架时间和收藏数量设置商品的排序方式，并且在页面的左侧设置分类列表，选择某一分类可以筛选出相应的商品信息，网页效果如图 7-1 所示。

图 7-1 商品列表页

从图 7-1 可以看到，商品列表页的顶部设有商品搜索功能和导航栏，这部分功能已在模板文件 base.html 中实现了；网页顶部下方划分为 3 部分：分类列表、排序设置和商品列表，每部分详细说明如下：

（1）分类列表的数据来自商品类别表，比如图 7-1 的"奶粉辅食"来自模型 Types 的 firsts 字段，该分类下的"进口奶粉"是模型 Types 的 seconds 字段，当用户单击网页的"进口奶粉"时，网站将会查询模型 CommodityInfos 的字段 types 等于"进口奶粉"的数据，并将符合条件的数据展示在右侧的商品列表中。

（2）排序设置是根据当前商品列表的数据进行排序显示，每次排序都会重新查询模型 CommodityInfos 的数据。如果用户已对商品进行分类查询，即已单击分类列表的某个分类，比如单击网页的"进口奶粉"，然后单击"价格"排序，那么网站将会查询模型 CommodityInfos 的字段 types 等于"进口奶粉"的数据并以价格从高到低进行排序。

（3）商品列表用于展示当前的商品信息，默认情况下显示整个网站的商品信息，以"销量"从高到低进行排序。商品信息设置了分页功能，每一页只显示 6 条商品信息，当单击分页导航栏的某个分页时，网站会根据当前的商品排序方式选择对应的商品信息，比如当前商品列表有 18 条商品信息，并且以销量进行排序，那么第一页应显示销量第 1 到第 6 的商品信息，第二页应显示销量第 7 到第 12 的商品信息，以此类推。

除此之外，当我们使用顶部的商品搜索功能搜索某个关键字的时候，网站将关键字与模型 CommodityInfos 的字段 name 进行匹配，符合条件的商品信息会展示在商品列表页，这些数据还可以选择分类显示、排序设置和分页查询。

综上所述，商品列表页需要实现商品关键字查询、商品分类筛选、商品排序设置和分页显示，这 4 种查询方式可以任意组合并且互不干扰。数据查询适合使用 HTTP 的 GET 请求实现，因此我们为这 4 种查询方式分别设置请求参数 n、t、s 和 p。由于项目应用 commodity 的 urls. py 已定义路由 commodity，因此在 PyCharm 中打开项目应用 commodity 的 views.py 定义视图函数 commodityView，代码如下：

```python
# 项目应用 commodity 的 views.py
from django.shortcuts import render
from django.core.paginator import Paginator
from django.core.paginator import EmptyPage
from django.core.paginator import PageNotAnInteger
from .models import *
def commodityView(request):
    title = '商品列表'
    classContent = 'commoditys'
    # 根据模型 Types 生成商品分类列表
    firsts = Types.objects.values('firsts').distinct()
    typesList = Types.objects.all()
    # 获取请求参数
    t = request.GET.get('t', '')
    s = request.GET.get('s', 'sold')
    p = request.GET.get('p', 1)
    n = request.GET.get('n', '')

    # 根据请求参数查询商品信息
    commodityInfos = CommodityInfos.objects.all()
```

```
if t:
    types = Types.objects.filter(id=t).first()
    commodityInfos = commodityInfos.filter(types=types.seconds)
if s:
    commodityInfos = commodityInfos.order_by('-' + s)
if n:
    commodityInfos = commodityInfos.filter(name__contains=n)
# 分页功能
paginator = Paginator(commodityInfos, 6)
try:
    pages = paginator.page(p)
except PageNotAnInteger:
    pages = paginator.page(1)
except EmptyPage:
    pages = paginator.page(paginator.num_pages)

return render(request, 'commodity.html', locals())
```

视图函数 commodityView 定义了多个变量，其中变量 title 和 classContent 对应模板 base.html 的模板变量 title 和 classContent，网页效果如图 7-2 所示。

图 7-2　网页效果

变量 firsts 和 typesList 用于查询模型 Type 的数据，前者对字段 firsts 进行去重查询，获取所有商品的一级分类，后者查询模型 Type 的所有数据，它们将显示在网页列表页的分类列表中。

变量 n、t、s 和 p 用于获取请求参数 n、t、s 和 p 的参数值，只要某个变量的值不为空，该变量将作为变量 commodityInfos 的查询条件，每个变量的查询说明如下：

（1）变量 n 是商品搜索功能的关键字，它与模型 CommodityInfos 的字段 name 进行模糊匹配，因此查询条件为 name__contains=n。

（2）变量 t 用于查询某个分页的商品信息，它以整型格式表示，代表模型 Type 的主键 id，因此程序首先查询模型 Type 的字段 id 等于 t 的数据 A，然后从数据 A 中获取字段 seconds 的数据 B，最后查询模型 CommodityInfos 等于数据 B 的数据，从而得到某个分页的商品信息。

（3）变量 s 用于设置商品的排序方式，如果请求参数 s 为空，则默认变量 s 等于字符串 sold，而字符串 sold 代表模型 CommodityInfos 的字段 sold，因此请求参数 s 的值为 sold、price、created 和 likes，分别对应模型 CommodityInfos 的字段 sold、price、created 和 likes。

（4）变量 p 用于设置商品信息的页数，默认变量 p 等于 1，代表当前第一页的商品信息，即当前排序的第 1 到第 6 的商品信息。

变量 commodityInfos 是模型 CommodityInfos 的查询对象，通过判断变量 n、t 和 s 是否为空，从而决定变量 commodityInfos 是否添加相应的查询条件，每执行一次查询条件，查询结果重新赋值给变量 commodityInfos，覆盖上一次的查询结果，从而使变量 n、t 和 s 对应的查询结果能够相互兼容。

当程序得到最终的查询结果（变量 commodityInfos）后，对变量 commodityInfos 进行分页处理，数据分页由 Django 内置分页功能完成，其中 Paginator(commodityInfos, 6) 的 6 代表每一页的数据量，即每页显示 6 条商品信息。如果参数 p 的值不为整数，则默认返回第一页的商品信息；如果参数 p 的值大于分页后的总页数，则默认返回最后一页的商品信息。

7.2 分页功能的机制和原理

Django 已为开发者提供了内置的分页功能，开发者无须自己实现数据分页功能，只需调用 Django 内置分页功能的函数即可实现。实现数据的分页功能需要考虑多方面的因素，分别说明如下：

- 当前用户访问的页数是否存在上（下）一页。
- 访问的页数是否超出页数上限。
- 数据如何按页截取，如何设置每页的数据量。

对于上述考虑因素，Django 内置的分页功能已提供解决方法，而且代码的实现方式相对固定，便于开发者理解和使用。分页功能由 Paginator 类实现，我们在 PyCharm 中查看该类的定义过程，如图 7-3 所示。

图 7-3 源码文件 paginator.py

Paginator 类一共定义了 4 个初始化参数和 8 个类方法，每个初始化参数和类方法说明如下。

- object_list：必选参数，代表需要进行分页处理的数据，参数值可以为列表、元组或 ORM 查询的数据对象等。
- per_page：必选参数，设置每一页的数据量，参数值必须为整型。
- orphans：可选参数，如果最后一页的数据量小于或等于参数 orphans 的值，就将最后一页的数据合并到前一页的数据。比如有 23 行数据，若参数 per_page=10、orphans=5，则数据分页后的总页数为 2，第一页显示 10 行数据，第二页显示 13 行数据。
- allow_empty_first_page：可选参数，是否允许第一页为空。如果参数值为 False 并且参数 object_list 为空列表，就会引发 EmptyPage 错误。
- validate_number()：验证当前页数是否大于或等于 1。
- get_page()：调用 validate_number() 验证当前页数是否有效，函数返回值调用 page()。
- page()：根据当前页数对参数 object_list 进行切片处理，获取页数所对应的数据信息，函数返回值调用 _get_page()。

- _get_page()：调用 Page 类，并将当前页数和页数所对应的数据信息传递给 Page 类，创建当前页数的数据对象。
- count()：获取参数 object_list 的数据长度。
- num_pages()：获取分页后的总页数。
- page_range()：将分页后的总页数生成可循环对象。
- _check_object_list_is_ordered()：如果参数 object_list 是 ORM 查询的数据对象，并且该数据对象的数据是无序排列的，就提示警告信息。

从 Paginator 类定义的 get_page()、page() 和 _get_page() 得知，三者之间存在调用关系，我们将它们的调用关系以流程图的形式表示，如图 7-4 所示。

图 7-4 函数的调用关系

从图 7-4 得知，我们将 Paginator 类实例化之后，再由实例化对象调用 get_page() 即可得到 Page 类的实例化对象。在源码文件 paginator.py 中可以找到 Page 类的定义过程，它一共定义了 3 个初始化参数和 7 个类方法，每个初始化参数和类方法说明如下。

- object_list：必选参数，代表已切片处理的数据对象。
- number：必选参数，代表用户传递的页数。
- paginator：必选参数，代表 Paginator 类的实例化对象。
- has_next()：判断当前页是否存在下一页。
- has_previous()：判断当前页是否存在上一页。
- has_other_pages()：判断当前页是否存在上一页或者下一页。
- next_page_number()：如果当前页存在下一页，就输出下一页的页数，否则抛出 EmptyPage 异常。
- previous_page_number()：如果当前页存在上一页，就输出上一页的页数，否则抛出 EmptyPage 异常。
- start_index()：输出当前页的第一行数据在整个数据列表的位置，数据位置从 1 开始计算。
- end_index()：输出当前页的最后一行数据在整个数据列表的位置，数据位置从 1 开始计算。

上述是从源码的角度剖析分页功能的参数和方法，下一步在 PyCharm 的 Terminal 中开启 Django 的 Shell 模式，简单地讲述如何使用分页功能，代码如下：

```
F:\babys>>python manage.py shell
# 导入分页功能模块
>>> from django.core.paginator import Paginator
# 生成数据列表
>>> objects = [chr(x) for x in range(97,107)]
>>> objects
['a', 'b', 'c', 'd', 'e', 'f', 'g', 'h', 'i', 'j']
# 将数据列表以每 3 个元素分为一页
>>> p = Paginator(objects, 3)
# 输出全部数据，即整个数据列表
>>> p.object_list
['a', 'b', 'c', 'd', 'e', 'f', 'g', 'h', 'i', 'j']
# 获取数据列表的长度
>>> p.count
10
# 分页后的总页数
>>> p.num_pages
4
# 将页数转换成 range 循环对象
>>> p.page_range
range(1, 5)
# 获取第二页的数据信息
>>> page2 = p.get_page(2)
# 判断第二页是否存在上一页
>>> page2.has_previous()
True
# 如果当前页存在上一页，就输出上一页的页数
# 否则抛出 EmptyPage 异常
>>> page2.previous_page_number()
1
# 判断第二页是否存在下一页
>>> page2.has_next()
True
# 如果当前页存在下一页，就输出下一页的页数
# 否则抛出 EmptyPage 异常
>>> page2.next_page_number()
3
# 判断当前页是否存在上一页或者下一页
>>> page2.has_other_pages()
True
# 输出第二页所对应的数据内容
>>> page2.object_list
['d', 'e', 'f']
# 输出第二页的第一行数据在整个数据列表的位置
# 数据位置从 1 开始计算
>>> page2.start_index()
4
# 输出第二页的最后一行数据在整个数据列表的位置
# 数据位置从 1 开始计算
>>> page2.end_index()
```

7.3　商品列表页的数据渲染　◀◀◀

从视图函数 commodityView 看到，视图函数最终使用模板文件 commodity.html 作为 HTTP
响应。在模板文件 commodity.html 中，我们需要使用变量 firsts、typesList、n、t、s、p 和
pages 进行数据渲染和展示，打开模板文件 commodity.html，其模板语法如下：

```
# templates 文件夹的 commodity.html
<!- …………①………… ->
{% extends 'base.html' %}
{% load static %}
{% block content %}
<div class="commod-cont-wrap">
<div class="commod-cont w1200 layui-clear">
<div class="left-nav">
<div class="title">所有分类 </div>
<div class="list-box">
{% for f in firsts %}
<dl>
 <dt>{{ f.firsts }}</dt>
 {% for t in typesList %}
 {% if t.firsts == f.firsts %}
<dd>
<a href="{% url 'commodity:commodity' %}?t={{ t.id }}&n={{ n }}">
{{ t.seconds }}</a></dd>
 {% endif %}
 {% endfor %}
</dl>
{% endfor %}
</div>
</div>

<!- …………②………… ->
<div class="right-cont-wrap">
<div class="right-cont">
<div class="sort layui-clear">
  <a {% if not s or s == 'sold' %} class="active" {% endif %}
  href="{% url 'commodity:commodity' %}?t={{ t }}&s=
sold&n={{ n }}">销量 </a>
  <a {% if s == 'price' %}class="active" {% endif %}
  href="{% url 'commodity:commodity' %}?t={{ t }}&s=
price&n={{ n }}">价格 </a>
  <a {% if s == 'created' %}class="active" {% endif %}
  href="{% url 'commodity:commodity' %}?t={{ t }}&s=
created&n={{ n }}">新品 </a>
  <a {% if s == 'likes' %}class="active" {% endif %}
  href="{% url 'commodity:commodity' %}?t={{ t }}&s=
likes&n={{ n }}">收藏 </a>
</div>
```

```
<!- …………③………… ->
<div class="prod-number">
<a href="javascript:;">商品列表 </a>
<span>></span>
<a href="javascript:;">共 {{ commodityInfos|length }} 件商品 </a>
</div>
<div class="cont-list layui-clear" id="list-cont">
{% for p in pages.object_list %}
<div class="item">
<div class="img">
  <a href="{% url 'commodity:detail' p.id %}">
  <img height="280" width="280" src="{{ p.img.url }}"></a>
</div>
<div class="text">
  <p class="title">{{ p.name }}</p>
  <p class="price">
<span class="pri">¥{{ p.price|floatformat:'2' }}</span>
<span class="nub">{{ p.sold }} 付款 </span>
  </p>
</div>
</div>
{% endfor %}
</div>
</div>
</div>

<!- …………④………… ->
<div id="demo0" style="text-align: center;">
<div class="layui-box layui-laypage layui-laypage-default"
id="layui-laypage-1">
{% if pages.has_previous %}
<a href="{% url 'commodity:commodity' %}?t={{ t }}&s={{ s }}
&n={{ n }}&p={{ pages.previous_page_number }}"
class="layui-laypage-prev">上一页 </a>
{% endif %}

{% for page in pages.paginator.page_range %}
{% if pages.number == page %}
    <span class="layui-laypage-curr">
    <em class="layui-laypage-em"></em><em>{{ page }}</em>
    </span>
{% elif pages.number|add:'-1' == page or pages.number|add:'1' == page %}
    <a href="{% url 'commodity:commodity' %}?t={{ t }}&s={{ s }}
    &n={{ n }}&p={{ page }}">{{ page }}</a>
{% endif %}
{% endfor %}

{% if pages.has_next %}
<a href="{% url 'commodity:commodity' %}?t={{ t }}&s={{ s }}
&n={{ n }}&p={{ pages.pages.next_page_number }}"
class="layui-laypage-next">下一页 </a>
{% endif %}
```

```
</div>
</div>
</div>
</div>
{% endblock content %}

<!- ···········⑤··········· ->
{% block script %}
  layui.config({
    base: '{% static 'js/' %}'
  }).use(['mm','laypage','jquery'],function(){
      var laypage = layui.laypage,$ = layui.$,
      mm = layui.mm;
    $('.list-box dt').on('click',function(){
      if($(this).attr('off')){
        $(this).removeClass('active').siblings('dd').show()
        $(this).attr('off','')
      }else{
        $(this).addClass('active').siblings('dd').hide()
        $(this).attr('off',true)
      }
    })
  });
{% endblock script %}
```

模板文件 commodity.html 按照功能划分可分为 5 个部分，在代码中依次标注了
①②③④⑤，每个部分的功能说明如下：

（1）标注①首先调用共用模板文件 base.html，使 base.html 和 commodity.html 产生关联；然
后使用 {% load static %} 读取静态资源，重写接口 content；最后遍历视图函数 commodityView 定
义的变量 firsts 和 typesList，将模型 Type 的数据生成网页的分类列表，每个二级分类设置了相应
的链接，所有链接都指向商品列表页，只不过每个链接的请求参数 t 和 n 各不相同。

（2）标注②设置了商品的排序方式，分别有"销量""价格""新品"和"收藏"，通
过判断变量 s 来控制每个链接的样式设置，如变量 s 等于空或者等于 sold，那么"销量"样式
设为 class="active"。每个排序方式设置了相应的链接，所有链接都是指向商品列表页，每个链
接的请求参数 t、s 和 n 各不相同。

（3）标注③是遍历变量 pages 的 object_list 方法生成商品列表，由于变量 pages 已
设置每页的商品显示数量，因此遍历完成后只会显示 6 条商品信息，每次遍历对象 p 代
表模型 CommodityInfos 的某行数据，每条商品信息包含商品详细页的地址链接，以模型
CommodityInfos 的主键 id 作为商品详细页的变量 id，模型 CommodityInfos 的字段 img 调用 url
方法可生成图片的地址链接，字段 name、price 和 sold 分别设置商品的名称、价格和销量数。

（4）标注④是使用变量 pages 的方法实现分页功能列表，比如判断当前页是否存在上一
页，则可以使用变量 pages 的 has_previous 方法判断，获取上一页的页数则使用变量 pages 的
previous_page_number 实现。

变量 pages 调用 paginator.page_range 方法获取数据分页后的总页数，然后在遍历过程中，每次遍历对象 page 与 pages.number 进行对比，pages.number 首先使用过滤器 add 自增 1 或自减 1，再与遍历对象 page 对比，如果判断成功，则生成分页按钮。比如当前页数是第二页，那么分页功能会生成第一页和第三页的按钮，如图 7-5 所示。

图 7-5 分页按钮

（5）标注⑤是重写 base.html 的接口 script，该脚本用于实现商品分类列表的动态缩放效果。分类列表列举了一级分类和二级分类，单击一级分类前面的符号即可实现二级分类的缩放功能，如图 7-6 所示。

图 7-6 动态缩放

7.4 商品详细页的业务逻辑

商品详细页是整个网站的核心网页之一，所有网页展示的商品信息都设置了商品详细页的地址链接。根据开发需求，商品详细页展示某一商品的主图、名称、规格、数量、详细介绍、购买按钮和收藏按钮，并在商品详细介绍的左侧设置了热销商品列表，如图 7-7 所示。

图 7-7 商品详细页

从图 7-7 可以看到，商品详细页分为 5 个功能区：商品搜索功能、网站导航、商品基本信息、商品详细介绍和热销推荐，商品基本信息、商品详细介绍和热销推荐功能的设计说明如下：

（1）商品基本信息：包含商品的规格、名称、价格、主图、购买数量、收藏按钮和购买按钮。收藏按钮使用 JavaScript 脚本完成收藏功能，购买按钮将商品信息和购买数量添加到购物车。

（2）商品详细介绍：以图片形式展示，用于描述商品的细节内容。

（3）热销推荐：在所有商品中（排除当前商品）获取并展示销量前 5 名的商品。

换句话说，商品基本信息和商品详细介绍皆来自模型 CommodityInfos 的某条商品信息；热销推荐是查询模型 CommodityInfos 销量前 5 名的商品（排除当前商品）；商品收藏则由 JavaScript 脚本完成。

首先实现商品详细页的数据展示，在 PyCharm 中打开项目应用 commodity 的 views.py 定义视图函数 detailView，代码如下：

```python
# 项目应用 commodity 的 views.py
from django.shortcuts import render
from .models import *

def detailView(request, id):
    title = '商品介绍'
    classContent = 'datails'
    commoditys = CommodityInfos.objects.filter(id=id).first()
    items = CommodityInfos.objects.exclude(id=id).order_by('-sold')[:5]
    likesList = request.session.get('likes', [])
    likes = True if id in likesList else False
    return render(request, 'details.html', locals())
```

视图函数 detailView 设置了参数 id，因为路由 detail 设置了路由变量 id，相应地，视图函数必须设置相应的函数参数，并且路由变量名称必须与视图函数的参数名称相同，否则程序将提示 TypeError 异常，如图 7-8 所示。

```
    response = self.process_exception_by_middleware(e, request)
  File "E:\Python\lib\site-packages\django\core\handlers\base.py", line 113,
    response = wrapped_callback(request, *callback_args, **callback_kwargs)
TypeError: detailView() got an unexpected keyword argument 'id'
[12/Mar/2020 16:09:47] "GET /commodity/detail.17.html HTTP/1.1" 500 65631
```

图 7-8　TypeError 异常

如果路由设置了路由变量，而对应的视图函数没有设置相应的函数参数，那么程序也会提示 TypeError 异常；如果路由设置了多个路由变量，那么视图函数应按照路由变量的设置顺序依次添加对应的函数参数。

视图函数 detailView 定义了变量 title、classContent、commoditys 和 items，其中变量 title 和 classContent 将作用于模板文件 base.html，而 commoditys、items 和 likes 分别在模板文件 details.html 中实现商品展示、热销推荐和收藏按钮的样式设置。

变量 items 用于查询模型 CommodityInfos 销量前 5 名的商品信息，在查询过程中可以使用 exclude 将当前商品信息排除。

变量 likesList 是当前用户与 Django 的会话连接，即 Session 会话，Session 是用户在网站上的一个身份凭证，而且 Session 能存储该用户的一些数据信息。

变量 likes 用于判断变量 likesList 是否含有当前商品的主键 id，如果当前商品的主键 id 已在变量 likesList 中，那么说明用户已收藏了当前商品。

7.5 商品详细页的数据渲染

视图函数 detailView 使用模板文件 details.html 作为响应内容，在模板文件 details.html 中，我们需要使用变量 commoditys 和 items 进行数据渲染和展示，打开模板文件 details.html，其模板语法如下：

```
# templates 文件夹的 details.html
<!- …………①………… ->
{% extends 'base.html' %}
{% load static %}
{% block content %}
<div class="data-cont-wrap w1200">
<div class="crumb">
<a href="{% url 'index:index' %}"> 首页 </a>
<span>></span>
<a href="{% url 'commodity:commodity' %}"> 所有商品 </a>
<span>></span>
<a href="javascript:;"> 产品详情 </a>
</div>

<!- …………②………… ->
<div class="product-intro layui-clear">
<div class="preview-wrap">
  <img height="300" width="300" src="{{ commoditys.img.url }}">
</div>
<div class="itemInfo-wrap">
<div class="itemInfo">
<div class="title">
<h4>{{ commoditys.name }}</h4>
{% if likes %}
<span id="collect">
<i class="layui-icon layui-icon-rate-solid"></i> 收藏 </span>
{% else %}
<span id="collect">
<i class="layui-icon layui-icon-rate"></i> 收藏 </span>
{% endif %}
</div>
<div class="summary">
  <p class="reference"><span> 参考价 </span>
  <del>¥{{ commoditys.price|floatformat:'2' }}</del></p>
  <p class="activity"><span> 活动价 </span><strong class="price">
```

```
<i>¥</i>{{ commoditys.discount|floatformat:'2' }}</strong></p>
<p class="address-box"><span>送      至 </span>
<strong class="address">
广东    广州    天河区
</strong></p>
</div>
<div class="choose-attrs">
  <div class="color layui-clear">
  <span class="title"> 规      格 </span>
  <div class="color-cont">
  <span class="btn active">{{ commoditys.sezes }}</span></div></div>
  <div class="number layui-clear">
  <span class="title"> 数      量 </span>
  <div class="number-cont">
  <span class="cut btn">-</span>
  <input onkeyup="if(this.value.length==1)
  {this.value=this.value.replace(/[^1-9]/g,'')}
  else{this.value=this.value.replace(/\D/g,'')}"
  onafterpaste="if(this.value.length==1)
  {this.value=this.value.replace(/[^1-9]/g,'')}
  else{this.value=this.value.replace(/\D/g,'')}"
  maxlength="4" type="" id="quantity" value="1">
  <span class="add btn">+</span></div></div>
</div>
<div class="choose-btns">
<a class="layui-btn  layui-btn-danger car-btn">
<i class="layui-icon layui-icon-cart-simple"></i> 加入购物车 </a>
</div>
</div>
</div>
</div>

<!- ···········③··········· ->
<div class="layui-clear">
<div class="aside">
<h4> 热销推荐 </h4>
<div class="item-list">
{% for item in items %}
<div class="item">
<a href="{% url 'commodity:detail' item.id %}">
<img height="280" width="280" src="{{ item.img.url }}">
</a>
<p>
  <span title="{{ item.name }}">
  {% if item.name|length > 15 %}
    {{ item.name|slice:":15" }}...
  {% else %}
    {{ item.name|slice:":15" }}
  {% endif %}
  </span>
  <span class="pric">¥{{ item.discount|floatformat:'2' }}</span>
```

```
</p>
</div>
{% endfor %}
</div>
</div>

<!- ··········④·········· ->
<div class="detail">
<h4> 详情 </h4>
<div class="item">
<img width="800" src="{{ commoditys.details.url }}">
</div>
</div>
</div>
</div>
{% endblock content %}

<!- ··········⑤·········· ->
{% block script %}
layui.config({
base: '{% static 'js/' %}'
}).use(['mm','jquery'],function(){
  var mm = layui.mm,$ = layui.$;
  var cur = $('.number-cont input').val();
  $('.number-cont .btn').on('click',function(){
if($(this).hasClass('add')){
  cur++;
}else{
  if(cur > 1){
    cur--;
  }
}
$('.number-cont input').val(cur)
  })

$('.layui-btn.layui-btn-danger.car-btn').on('click',function(){
var quantity = $("#quantity").val();
window.location = "{% url 'shopper:shopcart' %}?
id={{ commoditys.id }}&quantity=" + quantity
});

$('#collect').on('click',function(){
var url = "{% url 'commodity:collect' %}?id={{ commoditys.id }}"
$.get(url ,function(data,status){
    if (status==200){
                $('#collect').find("i").removeClass("layui-icon-rate")
                $('#collect').find("i").addClass("layui-icon-rate-solid")
    }
    alert(data.result);
});
});
});
{% endblock script %}
```

模板文件 details.html 按照功能划分可分为 5 个部分，在代码中依次标注了①②③④⑤，每个部分的功能说明如下：

（1）标注①调用模板文件 base.html 并重写接口 content，然后使用模板语法 url 在"首页"和"所有商品"中分别设置路由 index 和 commodity 的路由地址。

（2）标注②使用变量 commoditys 生成商品的基本信息，包括商品主图、名称、规格、原价和折后价。商品购买数量使用 JavaScript 脚本实现动态增减功能；商品收藏通过判断变量 likes 来控制按钮的样式设置，如果变量 likes 为 True，那么说明当前用户已收藏商品，按钮上的星星以实心表示；如果变量 likes 为 False，那么说明当前用户尚未收藏商品，按钮上的星星以空心表示，如图 7-9 所示。

图 7-9 样式设置

（3）标注③使用变量 item 生成商品的热销推荐，每个商品只展示商品主图、名称和折后价，商品主图设置了该商品详细页的地址链接，用户单击商品主图，浏览器即可自动访问该商品详细页。

（4）标注④使用变量 commoditys 的字段 details 的 url 属性生成商品详细图的地址链接，因为字段 details 为 FileField 类型，所以可以使用 url 属性来获取图片的地址链接。

（5）标注⑤重写模板文件 base.html 的接口 script，它一共编写了 3 个 JavaScript 脚本，每个脚本实现的功能说明如下：

- 第一个脚本（layui.config(…)）实现商品购买数量的动态增减功能，在脚本代码中，var cur=$('.number-cont input').val() 用于获取商品购买数量输入框的数值，而 $('.number-cont .btn').on('click',function() 是为商品购买数量按钮绑定事件触发函数，$('.number-cont .btn') 是定位商品购买数量的增减按钮，如图 7-10 所示。在这个事件触发函数中，如果单击的按钮对象含有 add 样式，则认为单击"+"按钮，那么商品购买数量的输入框自增加 1；否则认为单击"—"按钮，程序判断商品数量是否大于 1，若大于 1，则在商品购买数量的输入框执行自减 1 操作。

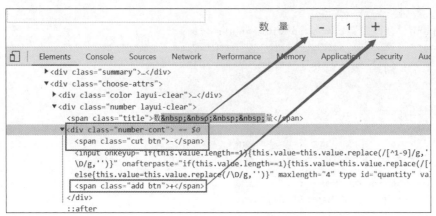

图 7-10 商品数量的增减按钮

- 第二个脚本（$('.layui-btn.layui-btn-danger.car-btn').on(…)）为"加入购物车"按钮绑定事件触发函数。在脚本中获取商品购买数量（var quantity = $("#quantity").val()），然后使用模板语法 url 生成路由 shopcart 的路由地址，即用户单击"加入购物车"按钮之后，浏览器访问路由 shopcart 的路由地址，并将商品购买数量 quantity 和商品主键 id 作为路由 shopcart 的请求参数。虽然"加入购物车"按钮设有 HTML 的标签 a，我们可以在标签 a 中设置 href 属性，但是商品购买数量是动态变化的，如果在标签 a 中设置了 href 属性，那么每次添加或减少商品购买数量，href 属性的 url 地址的请求参数 quantity 也会随之变化。
- 第三个脚本（$('#collect').on(…)）是为收藏按钮绑定事件触发函数，它会向路由 collect 发送 HTTP 的 GET 请求，并将商品主键 id 作为请求参数，如果 HTTP 的响应内容为"收藏成功"，则说明当前商品已被用户收藏，网页的收藏按钮的空心星星转为实心星星，并提示"收藏成功"。

7.6 Ajax 实现商品收藏

在模板文件 details.html 中，我们通过重写模板文件 base.html 的接口 script，对商品收藏按钮绑定了事件触发函数，它会向路由 collect 发送 HTTP 的 GET 请求，这个 HTTP 请求过程是在 JavaScript 代码中完成的，这种实现方式称为 Ajax（Asynchronous Javascript And XML，异步 JavaScript 和 XML）请求。

Ajax 这是一种创建交互式、快速动态网页应用的网页开发技术，无须重新加载整个网页，就能够更新部分网页。简单来说，Ajax 是向网站的某个路由地址发送 HTTP 请求（可以是 GET 请求或 POST 请求）并获取响应内容，响应内容经过 JavaScript 处理后再渲染到网页上，从而完成网页内容的局部更新。一般情况下，Ajax 请求的响应内容以 JSON 格式为主。

商品收藏按钮是向路由 collect 发送 HTTP 的 GET 请求，因此我们在项目应用 commodity 的 urls.py 和 views.py 中定义路由 collect 及其视图函数 collectView，代码如下：

```python
# 项目应用 commodity 的 urls.py
from django.urls import path
from .views import *

urlpatterns = [
    path('.html', commodityView, name='commodity'),
    path('/detail.<int:id>.html', detailView, name='detail'),
    path('/collect.html', collectView, name='collect')
]

# 项目应用 commodity 的 views.py
from .models import *
from django.http import JsonResponse
from django.db.models import F

def collectView(request):
    id = request.GET.get('id', '')
    result = {"result": "已收藏"}
    likes = request.session.get('likes', [])
```

```
if id and not int(id) in likes:
    # 对商品的收藏数量执行自增1
    CommodityInfos.objects.filter(id=id).update(likes=F('likes')+1)
    result['result'] = "收藏成功"
    request.session['likes'] = likes + [int(id)]
return JsonResponse(result)
```

视图函数 collectView 通过读写用户的会话 Session 数据来记录商品的收藏情况，具体的业务逻辑说明如下：

（1）首先从请求对象 request 获取请求参数 id 的值，并赋值给变量 id，它代表当前商品的主键 id；然后设置响应内容 result，并以字典格式表示；最后从请求对象 request 获取会话 Session 数据 likes，如果存在数据 likes，则赋值给变量 likes，否则变量 likes 设置空列表。

（2）如果变量 id 不为空，并且变量 id 不在变量 likes 中（变量 likes 以列表格式表示），那么说明当前商品尚未被当前用户加入收藏，程序将执行商品收藏。

（3）将变量 id 作为模型 CommodityInfos 的查询条件，再由查询对象使用 update() 和 F() 方法实现字段 likes 的自增 1 操作；然后将响应内容 result 改为"收藏成功"；最后将当前商品主键 id 写入会话 Session 数据 likes，标记当前商品已被当前用户收藏了。

（4）视图函数返回值使用 JsonResponse 将变量 result 作为响应内容，JsonResponse 能将 Python 的字典转换为 JSON 数据。此外，还可以使用 HttpResponse 方式实现，不过需要自行将字典转换为 JSON 数据，比如 HttpResponse(json.dumps(result), content_type='application/json')，首先使用 JSON 模块转换字典 result，然后响应类型 content_type 要设为 application/json。

7.7 Session 的配置与操作

在视图函数 detailView 和 collectView 中，我们通过请求对象 request 读写会话 Session 数据，在 5.2 节中，Django 接收的 HTTP 请求信息中带有 Cookie 信息，Cookie 的作用是为了识别当前用户的身份，通过以下例子来说明 Cookie 的作用。

浏览器向服务器（Django）发送请求，服务器做出响应之后，二者便会断开连接（会话结束），下次用户再来请求服务器，服务器没有办法识别此用户是谁。比如用户登录功能，如果没有 Cookie 机制支持，那么只能通过查询数据库实现，并且每次刷新页面都要重新操作一次用户登录才可以识别用户，这会给开发人员带来大量的冗余工作，简单的用户登录功能会给服务器带来巨大的负载压力。

Cookie 是从浏览器向服务器传递数据，让服务器能够识别当前用户，而服务器对 Cookie 的识别机制是通过 Session 实现的，Session 存储了当前用户的基本信息，如姓名、年龄和性别等。由于 Cookie 存储在浏览器中，而且 Cookie 的数据是由服务器提供的，如果服务器将用户信息直接保存在浏览器中，就很容易泄漏用户信息，并且 Cookie 大小不能超过 4KB，不能支持中文，因此需要一种机制在服务器的某个域中存储用户数据，这个域就是 Session。

总而言之，Cookie 和 Session 是为了解决 HTTP 无状态的弊端，为了让浏览器和服务端建立长久联系的会话而出现的，两者的关系说明如下：

- Session 存储在服务器端，Cookie 存储在客户端，所以 Session 的安全性比 Cookie 高。
- 当获取某用户的 Session 数据时，首先从用户传递的 Cookie 中获取 sessionid，然后根据 sessionid 在网站服务器中找到相应的 Session。
- Session 存放在服务器的内存中，Session 的数据不断增加会造成服务器的负担，因此存放在 Session 中的数据不能过于庞大。

在创建 Django 项目时，Django 已默认启用 Session 功能，每个用户的 Session 通过 Django 的中间件 MIDDLEWARE 接收和调度处理，可以在配置文件 settings.py 中找到相关信息，如图 7-11 所示。

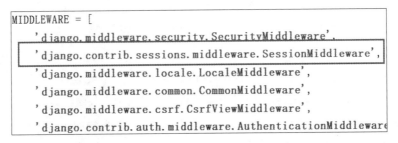

图 7-11 Session 功能配置

当访问网站时，所有的 HTTP 请求都经过中间件处理，而中间件 SessionMiddleware 会判断当前请求的用户身份是否存在，并根据判断结果执行相应的程序处理。中间件 SessionMiddleware 相当于 HTTP 请求接收器，根据请求信息做出相应的调度，而程序的执行则由 settings.py 的配置属性 INSTALLED_APPS 的 django.contrib.sessions 完成，其配置信息如图 7-12 所示。

django.contrib.sessions 实现了 Session 的创建和操作处理，如创建或存储用户的 Session 对象、管理 Session 的生命周期等。它默认使用数据库存储 Session 信息，执行数据迁移时，在数据库中可以看到数据表 django_session，如图 7-13 所示。

```
INSTALLED_APPS = [
    'django.contrib.admin',
    'django.contrib.auth',
    'django.contrib.contenttypes',
    'django.contrib.sessions',
    'django.contrib.messages',
```

图 7-12 Session 的处理程序

图 7-13 数据表 django_session

Session 的数据默认使用数据库保存，如果想变更 Session 的保存方式，那么可以在 settings.py 中添加配置信息 SESSION_ENGINE，该配置可以指定 Session 的保存方式。Django 提供了 5 种 Session 的保存方式，分别如下：

```
# 数据库保存方式
# Django 默认的保存方式，使用该方法无须在 settings.py 中设置
SESSION_ENGINE = 'django.contrib.sessions.backends.db'

# 以文件形式保存
SESSION_ENGINE = 'django.contrib.sessions.backends.file'
# 使用文本保存可设置文件保存路径
# /babys 代表将文本保存在项目 babys 的目录
SESSION_FILE_PATH = '/babys'

# 以缓存形式保存
SESSION_ENGINE = 'django.contrib.sessions.backends.cache'
# 设置缓存名，默认是内存缓存方式，此处的设置与缓存机制的设置相关
SESSION_CACHE_ALIAS = 'default'

# 以数据库 + 缓存形式保存
SESSION_ENGINE = 'django.contrib.sessions.backends.cached_db'

# 以 Cookie 形式保存
SESSION_ENGINE = 'django.contrib.sessions.backends.signed_cookies'
```

SESSION_ENGINE 用于配置服务器 Session 的保存方式，而浏览器的 Cookie 用于记录数据表 django_session 的 session_key，Session 还可以设置相关的配置信息，如生命周期、传输方式和保存路径等，只需在 settings.py 中添加配置属性即可，说明如下。

- SESSION_COOKIE_NAME = "sessionid"：浏览器的 Cookie 以键 — 值对的形式保存数据表 django_session 的 session_key，该配置是设置 session_key 的键，默认值为 sessionid。
- SESSION_COOKIE_PATH = "/"：设置浏览器的 Cookie 生效路径，默认值为 "/"，即 127.0.0.1:8000。
- SESSION_COOKIE_DOMAIN = None：设置浏览器的 Cookie 生效域名。
- SESSION_COOKIE_SECURE = False：设置传输方式，若为 False，则使用 HTTP，否则使用 HTTPS。
- SESSION_COOKIE_HTTPONLY = True：是否只能使用 HTTP 传输。
- SESSION_COOKIE_AGE = 1209600：设置 Cookie 的有效期，默认时间为两周。
- SESSION_EXPIRE_AT_BROWSER_CLOSE = False：是否关闭浏览器使得 Cookie 过期，默认值为 False。
- SESSION_SAVE_EVERY_REQUEST = False：是否每次发送后保存 Cookie，默认值为 False。

了解 Session 的运行原理和相关配置后，最后讲解 Session 的读写操作。Session 的数据类型可理解为 Python 的字典类型，主要在视图函数中执行读写操作，并且从用户请求对象中获取，即来自视图函数的参数 request。Session 的读写如下：

```
# request 为视图函数的参数 request
# 获取存储在 Session 中的数据 k1，若 k1 不存在，则会报错
request.session['k1']

# 获取存储在 Session 中的数据 k1，若 k1 不存在，则为空值
```

```
# get 和 setdefault 实现的功能是一致的
request.session.get('k1', '')
request.session.setdefault('k1', '')

# 设置 Session 的数据，键为 k1，值为 123
request.session['k1'] = 123

# 删除 Session 中 k1 的数据
del request.session['k1']
# 删除整个 Session
request.session.clear()

# 获取 Session 的键
request.session.keys()
# 获取 Session 的值
request.session.values()

# 获取 Session 的 session_key
# 即数据表 django_session 的字段 session_key
request.session.session_key
```

7.8 JavaScript 的 Ajax 请求

如果网站开发模式不是采用前后端分离模式，作为后端开发人员就必须灵活掌握 Ajax 请求，因为在开发过程中，前端开发人员不懂 Django 的开发原理，在这种开发环境下编写 Ajax 请求还不如后端开发人员自行编写方便，这样能省去沟通协调的时间，从而提高开发效率。

Ajax 请求主要有 GET 和 POST 请求，GET 请求主要用于数据查询、POST 请求主要用于实现网站数据的增、删、改、操作。本节讲述如何使用原生 JavaScript 编写 Ajax 请求，原生 JavaScript 编写 Ajax 请求的代码如下：

```
# 原生 JavaScript 编写 Ajax 请求
# Ajax 的 GET 请求
function GetRequest() {
// 创建 XMLHttpRequest 对象
var xhr = new XMLHttpRequest();
var url = "XXXX"
// 设置请求方式
xhr.open("GET", url, true);
xhr.send();
// 定义 onreadystatechange 事件触发，处理响应内容
xhr.onreadystatechange = function () {
    if (xhr.readyState == 4 && xhr.status == 200) {
        // 将响应内容转换为 JSON 格式
        var text = xhr.responseText;
        var json = JSON.parse(text);
    }
}
}
```

```
# Ajax 的 POST 请求
function PostRequest() {
// 创建 XMLHttpRequest 对象
var xhr = new XMLHttpRequest();
var url = "XXXX"
var data = {"name": "Django"}
// 设置请求方式
xhr.open("POST", url, true);
xhr.setRequestHeader("Content-type","application/x-www-form-urlencoded")
// 将请求参数 data 传入 send() 方法
xhr.send(JSON.stringify(data));
// 定义 onreadystatechange 事件触发，处理响应内容
xhr.onreadystatechange = function () {
    if (xhr.readyState == 4 && xhr.status == 200) {
        // 将响应内容转换为 JSON 格式
        var text = xhr.responseText;
        var json = JSON.parse(text);
    }
}
}
```

从上述代码看到，原生 JavaScript 的 Ajax 请求在实现 GET 和 POST 请求的过程中存在相似之处，具体的实现过程如下：

（1）使用 XMLHttpRequest 创建实例化对象 xhr，再由实例化对象 xhr 调用 open() 方法设置 Ajax 请求的请求方式。

（2）open() 方法设有 3 个参数，其语法格式为：open(method, url, async)。参数 method 为 HTTP 的请求方式，比如发送 GET 请求，设为字符串 GET，发送 POST 请求，设为字符串 POST；参数 url 为 HTTP 的请求地址，即网站定义的路由地址；参数 async 表示是否为异步请求，默认值为 true，所有 HTTP 请求均为异步请求。如果需要发送同步请求，那么将此参数设置为 false 即可，但是同步请求将锁住浏览器，用户的其他操作必须等待 HTTP 请求完成才可以执行。

（3）设置了 Ajax 的请求方式，下一步可以使用 send() 方法执行 Ajax 请求。send() 方法设有参数 string，如果发送的是 GET 请求，则无须设置参数 string，GET 请求的请求参数只能在 url 中设置，即 open() 方法的参数 url；如果发送的是 POST 请求，那么参数 string 必须为 JSON 字符串格式，比如 JSON 数据为 data = {"name": "Django"}，参数 string 应写为 "name=Django"，或者使用 JSON.stringify(data) 转换为 JSON 字符串格式。

（4）如果网站的路由地址设置了特殊的请求方式，比如请求头设有特殊参数，还可以使用实例化对象 xhr 调用 setRequestHeader() 方法设置请求头。每调用一次 setRequestHeader() 只能设置请求头的某个参数，例如设置参数 User-Agent 和 Content-type，实例化对象 xhr 需要调用两次 setRequestHeader() 方法，详细的设置方式如下：

```
xhr.setRequestHeader("User-Agent", "xxx")
xhr.setRequestHeader("Content-type", "xxx")
```

（5）使用 send() 方法执行 Ajax 请求之后，还需要调用 onreadystatechange() 方法监听整个 Ajax 请求过程。在监听过程中，实例化对象 xhr 从 readyState 属性获取请求状态，如果请求状态等于 4，则说明 Ajax 请求与网站的路由地址通信成功；与此同时，实例化对象 xhr 从 status 属性获取响应状态，如果响应状态等于 200，说明 Ajax 请求已得到网站的响应，那么实例化对象 xhr 可以从 responseText 属性获取网站的响应内容，从而完成一次 Ajax 请求。

7.9 jQuery 的 Ajax 请求

由于原生 JavaScript 的 Ajax 请求需要编写较多代码，因此 jQuery 在此基础上进行了简化，开发人员只需数行代码即可实现 Ajax 请求。

jQuery 是一个快速、简洁的 JavaScript 框架，其设计的宗旨是"Write Less，Do More"，即倡导写更少的代码，做更多的事情。它封装了 JavaScript 常用的功能代码，提供一种简便的 JavaScript 设计模式，可以优化 HTML 文档操作、事件处理、动画设计和 Ajax 交互。

jQuery 编写 Ajax 请求的代码如下：

```
# jQuery 的 ajax() 函数
$.ajax({
// 请求的 url 地址
url:"http://www.microsoft.com",
// 返回格式为 json
dataType:"json",
// 请求是否异步，默认为异步，这也是 Ajax 的重要特性
async:true,
// 请求参数
data:{"id":"value"},
// 请求方式
type:"GET",
beforeSend:function(){
    // 请求前的处理
},
success:function(req){
    // 请求成功时的处理
},
complete:function(){
    // 请求完成的处理
},
error:function(){
    // 请求出错处理
}
});
```

jQuery 通过定义 ajax() 函数实现 Ajax 请求，并且通过多个函数参数来设置请求方式，具体每个函数参数的说明如表 7-1 所示。

表7-1　ajax()函数参数

函数参数	说　明（带有*代表为常用参数）
url	*发送HTTP请求的URL地址，如不设置，默认为当前页面的网址
dataType	*服务器响应的数据类型，数据类型有XML、HTML、Text、Script、JSON和JSONP
async	*布尔值，表示请求是否异步处理，默认是true
data	*发送请求的请求参数
type	*设置请求的请求类型，如GET或POST请求
beforeSend()	*设置发送请求之前的处理函数
success()	*请求发送成功时所运行的函数
complete()	*请求完成时所运行的函数（在请求成功或失败之后都会调用，即在success()和error()运行之后再执行complete()）
error()	*请求失败时所运行的函数
contentType	*发送数据到服务器时所使用的内容类型，默认是"application/x-www-form- urlencoded"
cache	布尔值，表示浏览器是否缓存请求页面，默认是true
timeout	设置本地的请求超时时间（以毫秒计算）
processData	布尔值，规定通过请求发送的数据是否转换为查询字符串，默认是true
username	在HTTP访问认证请求中使用的用户名
password	在HTTP访问认证请求中使用的密码
scriptCharset	设置HTTP请求的字符集
traditional	布尔值，规定是否使用参数序列化的传统样式
dataFilter()	用于处理XMLHttpRequest原始响应数据的函数
context	为所有Ajax相关的回调函数规定"this"值
global	布尔值，是否为当前请求触发全局Ajax事件处理程序，默认是true
ifModified	布尔值，是否仅在最后一次请求的响应发生改变时才请求成功，默认是false
jsonp	在一个JSONP中重写回调函数的字符串
jsonpCallback	在一个JSONP中设置回调函数的名称
xhr	用于创建 XMLHttpRequest 对象的函数

除了 jQuery 的 ajax() 函数能实现 HTTP 的 GET 和 POST 请求之外，jQuery 还定义了 get() 和 post() 函数，它们也可以实现 HTTP 的 GET 和 POST 请求，详细的函数语法如下。

get() 函数的语法如下：

```
$.get(url, data, function(data,status,xhr), dataType)
```

● 参数 url：必需参数，设置发送 HTTP 请求的 URL 地址。
● 参数 data：可选参数，发送请求的请求参数。
● 参数 function(data,status,xhr)：请求成功时运行的函数。

　➢ function 的参数 data 是响应内容。
　➢ unction 的参数 status 是响应码。
　➢ unction 的参数 xhr 是 XMLHttpRequest 对象。

- 参数 dataType：服务器响应的数据类型，数据类型分别有 XML、HTML、Text、Script、JSON 和 JSONP。

post() 函数的语法如下：

```
$.post(url,data,function(data,status,xhr),dataType)
```

post() 函数的参数与 get() 函数的参数的作用相同。

从 jQuery 定义 get() 和 post() 函数看到，它们比 ajax() 函数更为简化，函数参数相对较少，在使用方式上更加便捷。如果网站定义的 API（网站为 Ajax 定义的路由地址）没有特殊要求，一般情况下使用 get() 和 post() 函数完成 Ajax 请求即可，具体的使用方法如下：

```
# get() 函数的使用方法
$("button").click(function(){
$.get("www.xx.com",function(data,status){
    alert("Data: " + data + "nStatus: " + status);
});
});

# post() 函数的使用方法
$("button").click(function(){
$.post("www.xx.com",function(data,status){
        alert("Data: " + data + "nStatus: " + status);
});
});
```

7.10 本章小结

商品列表页将所有商品以一定的规则排序展示，用户可以从销量、价格、上架时间和收藏数量设置商品的排序方式，并且在页面的左侧设置分类列表，选择某一分类可以筛选出相应的商品信息。

Django 已为开发者提供了内置的分页功能，开发者无须自己实现数据分页功能，只需调用 Django 内置分页功能的函数即可实现。实现数据的分页功能需要考虑多方面的因素，分别说明如下：

- 当前用户访问的页数是否存在上（下）一页。
- 访问的页数是否超出页数上限。
- 数据如何按页截取，如何设置每页的数据量。

商品详细页是整个网站的核心网页之一，所有网页展示的商品信息都设置了商品详细页的地址链接。根据开发需求，商品详细页展示某一商品的主图、名称、规格、数量、详细介绍、购买按钮和收藏按钮，并在商品详细介绍的左侧设置了热销商品列表。

Cookie 和 Session 是为了解决 HTTP 无状态的弊端，为了让浏览器和服务端建立长久联系的会话而出现的，两者的关系说明如下：

- Session 存储在服务器端，Cookie 存储在客户端，所以 Session 的安全性比 Cookie 高。
- 当获取某用户的 Session 数据时，首先从用户传递的 Cookie 中获取 sessionid，然后根据 sessionid 在网站服务器找到相应的 Session。
- Session 存放在服务器的内存中，Session 的数据不断增加会造成服务器的负担，因此存放在 Session 中的数据不能过于庞大。

Ajax 即 Asynchronous Javascript And XML（异步 JavaScript 和 XML），这是一种创建交互式、快速动态网页应用的网页开发技术，无须重新加载整个网页，就能够更新部分网页。简单来说，Ajax 是向网站的某个路由地址发送 HTTP 请求（可以是 GET 请求或 POST 请求）并获取响应内容，响应内容经过 JavaScript 处理后再渲染到网页上，从而完成网页内容的局部更新。一般情况下，Ajax 请求的响应内容以 JSON 格式为主。

7.11 动手练习

（1）用户收藏商品是通过会话对象 Session 进行存储的，如果清空会话对象 Session，商品收藏信息就不再保留，如果要实现数据持久化存储，应该如何实现？

（2）"加入购物车"按钮使用 Ajax 实现访问路由 shopcart 的路由地址，也就是说单击"加入购物车"按钮就会自动跳转到购物车页面，如果单击"加入购物车"按钮不执行网页跳转并且能将商品信息加入购物车，该功能应该如何实现？

第8章

用户信息模块

Chapter 8

项目 babys 的用户信息模块分为用户注册登录页面和个人中心页面。用户注册和登录在同一个页面实现，如果用户不存在，则执行注册操作，反之则执行登录操作；个人中心页面显示用户的基本信息和订单信息，而且订单信息需要设置分页显示。

8.1 内置 User 实现注册登录

由于 Django 内置了用户管理功能，即 Auth 认证系统，而且具有灵活的扩展性，因此可以满足多方面的开发需求。创建项目时，Django 已默认使用内置的 Auth 认证系统，在 settings.py 的 INSTALLED_APPS、MIDDLEWARE 和 AUTH_PASSWORD_VALIDATORS 中都能看到相关的配置信息。

Django 的 Auth 认证系统已内置模型 User，它对应数据表 auth_user，该模型一共定义了 11 个字段，各个字段的含义说明如表 8-1 所示。

表8-1 User模型各个字段的说明

字　段	说　明
id	int类型，数据表主键
password	varchar类型，代表用户密码，在默认情况下使用pbkdf2_sha256方式来存储和管理用户的密码
last_login	datetime类型，最近一次登录的时间
is_superuser	tinyint类型，表示该用户是否拥有所有的权限，即是否为超级管理员
username	varchar类型，代表用户账号
first_name	varchar类型，代表用户的名字
last_name	varchar类型，代表用户的姓氏
email	varchar类型，代表用户的邮件
is_staff	用来判断用户是否可以登录进入Admin后台系统
is_active	tinyint类型，用来判断该用户的状态是否被激活
date_joined	datetime类型，账号的创建时间

　　用户登录注册页面分为 3 个功能区域：商品搜索功能、网站导航、登录注册表单，如图 8-1 所示。登录与注册表单共用一个网页表单，如果用户账号已存在，则对用户账号和密码进行验证并登录，如果用户不存在，则对当前的账号和密码进行注册处理。

图 8-1　用户登录注册页面

　　项目 babys 的用户注册和登录功能在项目应用 shopper 中已定义了路由 login，该路由对应的视图函数为 loginView，因此我们在项目应用 shopper 的 views.py 中编写视图函数 loginView 的业务逻辑，代码如下：

```python
# 项目应用 shopper 的 views.py
from django.shortcuts import render, redirect
from django.contrib.auth import login, authenticate
from django.contrib.auth.models import User
from django.shortcuts import reverse

def loginView(request):
title = '用户登录'
classContent = 'logins'
if request.method == 'POST':
    # 获取请求参数 username 和 password
    username = request.POST.get('username', '')
    password = request.POST.get('password', '')
    # 查询 username 的数据是否存在内置模型 User
    if User.objects.filter(username=username):
        # 验证账号和密码与模型 User 的账号和密码是否一致
        user = authenticate(username=username, password=password)
        # 若通过验证，则使用内置函数 login 执行用户登录
        # 登录成功后跳转到个人中心页面
        if user:
            login(request, user)
            return redirect(reverse('shopper:shopper'))
# username 的数据不存在内置模型 User
else:
    # 执行用户注册
```

```
            state = '注册成功'
            d=dict(username=username,password=password,is_staff=1,is_active=1)
            user = User.objects.create_user(**d)
            user.save()
    return render(request, 'login.html', locals())
```

从视图函数 loginView 的代码结构分析得知，它首先定义了变量 title 和 classContent，这是用于设置共用模板 base.html 的模板变量；然后对用户的请求方式进行判断，如果用户发送的是 POST 请求，那么视图函数将会执行注册和登录操作，详细的执行过程说明如下：

（1）当用户在注册登录页面输入账号和密码，并单击"注册/登录"按钮之后，浏览器向网站发送 POST 请求，并将用户输入的账号和密码作为请求参数发送到网站，网站把 POST 请求交给视图 loginView 进行处理。

（2）视图函数 loginView 从 POST 请求中获取请求参数 username 和 password，将请求参数 username 作为 Django 内置模型 User 的查询条件，判断用户名是否存在于模型 User 中。

（3）如果用户输入的用户名 username 已存在于模型 User 中，说明用户在网站已有账号信息，视图函数则执行用户登录操作。用户登录使用 Django 内置函数 authenticate 验证用户输入的账号和密码与模型 User 保存的账号和密码是否一致，如果验证一致，则使用 Django 内置函数 login 使用用户登录，并使用重定向函数 redirect 访问路由 shopper（登录成功后自动跳转到个人中心页面）。重定向函数 redirect 的参数必须为路由地址，而内置函数 reverse 是根据路由命名解析生成相应的路由地址。

（4）如果模型 User 中不存在用户输入的用户名 username，那么视图函数会对模型 User 进行数据新增操作，将请求参数 username 和 password 作为模型 User 的字段 username 和 password，并设置字段 is_staff 和 is_active。数据新增不能使用 create() 方法，因为字段 password 需要使用 pbkdf2_sha256 方式来存储和管理用户的密码，所以 Django 为此定义了 create_user() 方法，最后调用 save() 方法完成整个用户的新增过程，并将用户数据保存到数据表 auth_user 中。

（5）最后视图函数 loginView 将模板文件 login.html 作为响应内容，只要在浏览器中输入路由 login 的路由地址（向路由 login 发送 GET 请求）或者执行用户注册操作（上述的步骤（4）），视图函数就会使用模板文件 login.html 生成响应内容。如果执行的是用户注册操作，那么在用户注册登录页面还可以看到"注册成功"的提示，如图 8-2 所示。

图 8-2 提示信息

由于视图函数使用模板文件 login.html 生成响应内容，因此下一步我们需要对模板文件 login.html 编写相应的模板语法。在 PyCharm 中打开模板文件 login.html 并编写以下代码：

```
# templates 文件夹的 login.html
<!- ⋯⋯⋯⋯①⋯⋯⋯⋯ ->
```

```
{% extends 'base.html' %}
{% load static %}
{% block content %}
<div class="login-bg">
<div class="login-cont w1200">
<div class="form-box">
<form class="layui-form" action="" method="post">
{% csrf_token %}
<legend> 手机号注册登录 </legend>
<div class="layui-form-item">
<div class="layui-inline iphone">
<div class="layui-input-inline">
  <i class="layui-icon layui-icon-cellphone iphone-icon"></i>
  <input name="username" id="username"
  lay-verify="required|phone" placeholder=" 请输入手机号 "
class="layui-input">
</div>
</div>
<div class="layui-inline iphone">
<div class="layui-input-inline">
  <i class="layui-icon layui-icon-password iphone-icon"></i>
  <input id="password" type="password" name="password"
  lay-verify="required|password" placeholder=" 请输入密码 "
class="layui-input">
</div>
</div>
</div>
<p>{{ state }}</p>
<div class="layui-form-item login-btn">
<div class="layui-input-block">
<button class="layui-btn" lay-submit=""
lay-filter="demo1"> 注册 / 登录 </button>
</div>
</div>
</form>
</div>
</div>
</div>
{% endblock content %}

<!- …………②………… ->
{% block footer %}
<div class="footer">
<div class="ng-promise-box">
<div class="ng-promise w1200">
<p class="text">
  <a class="icon1" href="javascript:;">7 天无理由退换货 </a>
  <a class="icon2" href="javascript:;"> 满 99 元全场免邮 </a>
  <a class="icon3" style="margin-right: 0"
href="javascript:;">100% 品质保证 </a>
</p>
```

```
</div>
</div>
<div class="mod_help w1200">
  <p>
<a href="javascript:;">关于我们</a>
<span>|</span>
<a href="javascript:;">帮助中心</a>
<span>|</span>
<a href="javascript:;">售后服务</a>
<span>|</span>
<a href="javascript:;">母婴资讯</a>
<span>|</span>
<a href="javascript:;">关于货源</a>
  </p>
  <p class="coty">母婴商城版权所有 &copy; 2012-2020</p>
</div>
</div>
{% endblock footer %}

<!-- ··········③·········· -->
{% block script %}
layui.config({
base: '{% static 'js/' %}'
}).use(['jquery','form'],function(){
var $ = layui.$,form = layui.form;
$("#find").click(function() {
if(!/^1\d{10}$/.test($("#username").val())){
  layer.msg("请输入正确的手机号");
  return false;
}
})
})
{% endblock script %}
```

模板文件 login.html 按照功能划分可分为 3 个部分，在代码中依次标注了①②③，每个部分的功能说明如下：

（1）标注①是调用模板文件 base.html 并重写接口 content，然后使用 HTML 语言编写网页表单，一个完整的表单主要由 4 部分组成：提交地址、请求方式、元素控件和提交按钮，分别说明如下：

- 提交地址（form 标签的 action 属性）用于设置用户提交的表单数据应由哪个路由接收和处理。当用户向服务器提交数据时，若属性 action 为空，则提交的数据应由当前的路由来接收和处理，否则网页会跳转到属性 action 所指向的路由地址。
- 请求方式用于设置表单的提交方式，通常是 GET 请求或 POST 请求，由 form 标签的属性 method 决定。
- 元素控件是供用户输入数据信息的输入框，由 HTML 的 <input> 控件实现，控件属性 type 用于设置输入框的类型，常用的输入框类型有文本框、下拉框和复选框等。
- 提交按钮供用户提交数据到服务器，该按钮也是由 HTML 的 <input> 或 <button> 控件实现的。

由于表单采用 POST 方式发送 HTTP 请求，而 Django 默认开启 CSRF 防护。CSRF 防护只适用于 POST 请求，并不适用于 GET 请求，因为 GET 请求是以只读形式访问网站资源的，一般情况下不会破坏和篡改网站数据，因此我们还需要在表单中加入 {% csrf_token %} 设置 CSRF 防护。

（2）标注②重写 base.html 定义的接口 footer。接口 footer 用于生成首页的底部信息，效果如图 8-3 所示。

图 8-3 底部信息

（3）标注③重写 base.html 定义的接口 script，JavaScript 脚本代码用于验证用户输入的用户名是否为手机号码，验证方式使用正则表达式，比如 if(!/^1\d{10}$/.test($("#username").val())), 其中 $("#username").val() 定位 id=username 的 input 控件，然后获取该控件的属性 value 的值，最后使用 if(!/^1\d{10}$/.test() 对属性 value 的值进行正则判断，验证该值是否为长度等于 11 的手机号码。

8.2 CSRF 防护

CSRF（Cross-Site Request Forgery，跨站请求伪造）也称为 One Click Attack 或者 Session Riding，通常缩写为 CSRF 或者 XSRF，这是一种对网站的恶意利用，其目的是窃取网站的用户信息来制造恶意请求。

Django 为了防护这类攻击，在用户提交表单时，表单会自动加入 csrfmiddlewaretoken 隐藏控件，这个隐藏控件的值会与网站后台保存的 csrfmiddlewaretoken 进行匹配，只有匹配成功，网站才会处理表单数据。这种防护机制称为 CSRF 防护，原理如下：

（1）当用户访问网站时，Django 在网页表单中生成一个隐藏控件 csrfmiddlewaretoken，控件属性 value 的值是由 Django 随机生成的。

（2）当用户提交表单时，Django 校验表单的 csrfmiddlewaretoken 是否与自己保存的 csrfmiddlewaretoken 一致，用来判断当前请求是否合法。

（3）如果用户被 CSRF 攻击并从其他地方发送攻击请求，由于其他地方不可能知道隐藏控件 csrfmiddlewaretoken 的值，因此可能会导致网站后台校验 csrfmiddlewaretoken 失败，攻击就被成功防御。

在 Django 中使用 CSRF 防护功能，首先在配置文件 settings.py 中设置 CSRF 防护功能。它是由 settings.py 的 CSRF 中间件 CsrfViewMiddleware 实现的，在创建项目时已默认开启，如图 8-4 所示。

```
MIDDLEWARE = [
    'django.middleware.security.SecurityMiddlewar
    'django.contrib.sessions.middleware.SessionMi
    'django.middleware.common.CommonMiddleware',
    'django.middleware.csrf.CsrfViewMiddleware',
    'django.contrib.auth.middleware.Authenticatio
```

图 8-4 设置 CSRF 防护功能

如果表单中设置了 CSRF 防护功能，我们可以打开浏览器的开发者工具，查看表单设置的隐藏控件 csrfmiddlewaretoken，隐藏控件是由模板语法 {% csrf_token %} 生成的。用户每次提交表单或刷新网页时，隐藏控件 csrfmiddlewaretoken 的属性 value 都会随之变化，如图 8-5 所示。

```
▼<body>
    ▼<form action method="post">
        <input type="hidden" name="csrfmiddlewaretoken" value=
        "2r0Xpd646lW5tRUTB4VPJ5SjmJowKPv1KR7FrrUhLeoteX6FfYRp8
        <div>用户名:</div>
        <input type="text" name="username">
        <div>密 码:</div>
        <input type="password" name="password">
      ▶ <div>…</div>
    </form>
```

图 8-5 隐藏控件 csrfmiddlewaretoken

如果想要取消表单的 CSRF 防护，那么可以在模板文件中删除 {% csrf_token %}，并且在对应的视图函数中添加装饰器 @csrf_exempt，代码如下：

```
# 某项目应用的 views.py
from django.shortcuts import render
from django.views.decorators.csrf import csrf_exempt
# 取消 CSRF 防护
@csrf_exempt
def index(request):
    return render(request, 'index.html')
```

如果只在模板文件中删除 {% csrf_token %}，并没有在对应的视图函数中设置过滤器 @csrf_exempt，那么用户提交表单时，程序会因 CSRF 验证失败而抛出 403 异常的页面，如图 8-6 所示。

禁止访问 (403)

CSRF验证失败. 请求被中断.

Help

Reason given for failure:
    CSRF token missing or incorrect.

图 8-6 CSRF 验证失败

如果想取消整个网站的 CSRF 防护，那么可以在 settings.py 的 MIDDLEWARE 中注释掉 CSRF 中间件 CsrfViewMiddleware。但在整个网站没有 CSRF 防护的情况下，想对某些请求设置 CSRF 防护，可以在模板文件中添加模板语法 {% csrf_token %}，然后在对应的视图函数中添加装饰器 @csrf_protect，代码如下：

```
# 某项目应用的 views.py
from django.shortcuts import render
from django.views.decorators.csrf import csrf_protect
# 添加 CSRF 防护
@csrf_protect
def index(request):
    return render(request, 'index.html')
```

如果网页表单使用前端的 Ajax 向 Django 提交表单数据，由于 Django 设置了 CSRF 防护功能，Ajax 发送 POST 请求必须设置请求参数 csrfmiddlewaretoken，否则 Django 会将当前请求视为恶意请求。Ajax 发送 POST 请求的功能代码如下：

```
<script>
function submitForm(){
    var csrf = $('input[name="csrfmiddlewaretoken"]').val();
    var user = $('#username').val();
    var password = $('#password').val();
    $.ajax({
        url: '/index.html',
        type: 'POST',
        data: {'user': user,
        'password': password,
        'csrfmiddlewaretoken': csrf},
        success:function(arg){
        console.log(arg);
        }
    })
}
</script>
```

8.3　使用 Form 实现注册登录

在模板文件中，通过 HTML 语言编写表单是一种较为简单的实现方式，如果表单元素较多或在一个网页中使用多个表单，就会在无形之中增加模板的代码量，对日后的维护和更新造成极大的不便。为了简化表单的实现过程和提高表单的灵活性，Django 提供了完善的表单功能。

Django 的表单功能由 Form 类实现，主要分为两种：django.forms.Form 和 django.forms.ModelForm。前者是一个基础的表单功能，后者是在前者的基础上结合模型所生成的数据表单，无论是哪一种表单类型，我们都能选择任意一种类型实现表单开发。

以项目 babys 的用户注册登录为例，我们将 HTML 编写的网页表单改由 Django 的 django.

forms.Form 实现。首先在项目应用 shopper 的文件夹中新建 form.py 文件，目录结构如图 8-7 所示，该文件用于定义表单类 Form，以实现用户注册登录的网页表单。

在 PyCharm 中打开 form.py 文件，然后定义表单类 LoginForm，它继承自 django.forms.Form，详细的定义过程如下：

```
# 项目应用 shopper 的 form.py
from django import forms
from django.core.exceptions import ValidationError

class LoginForm(forms.Form):
    username = forms.CharField(max_length=11, label=' 请您输入手机号 ',
            widget=forms.widgets.TextInput(
                attrs={'class':'layui-input','placeholder':' 请您输入手机号 ',
                    'lay-verify':'required|phone','id':'username'}),)
    password = forms.CharField(max_length=20, label=' 请您输入密码 ',
            widget=forms.widgets.PasswordInput(
                attrs={'class':'layui-input','placeholder':' 请您输入密码 ',
                    'lay-verify':'required|password', 'id':'password'}),)

    # 自定义表单字段 username 的数据清洗
    def clean_username(self):
        if len(self.cleaned_data['username']) == 11:
            return self.cleaned_data['username']
        else:
            raise ValidationError(' 用户名为手机号码 ')
```

图 8-7 目录结构

表单类 LoginForm 定义了表单字段 username 和 password 以及数据清洗函数 clean_username()，表单字段的定义方式与模型字段的定义方式相同：首先定义表单字段的数据类型；然后根据开发需求设置表单字段的属性；最后表单类 LoginForm 定义了数据清洗函数 clean_username()，该函数只适用于表单字段 username 的数据处理，详细说明如下：

（1）表单字段 username 和 password 的数据类型均设为 CharField，这是文本框类型，它转换成 HTML 的 <inputtype="text"> 控件。

（2）表单字段的参数 max_length 用于设置文本框能输入的文本长度，它对应 <inputtype="text"> 控件的属性 maxlength；而参数 label 用于为表单字段添加说明，它用于在 HTML 中独立生成 <label> 标签。

（3）表单字段的参数 widget 是一个 forms.widgets 对象，其作用是设置表单字段的 CSS 样式或其他属性，参数的对象类型必须与表单字段类型相符。例如表单字段为 CharField，参数 widget 的类型应为 forms.widgets.TextInput，两者的含义与作用是一致的，都是文本输入框，若表单字段改为 ChoiceField，而参数 widget 的类型不变，前者是下拉选择框，后者是文本输入框，则在网页上会优先显示文本输入框。

（4）自定义表单字段 username 的数据清洗函数 clean_username() 只适用于表单字段 username 的数据清洗，函数名的格式必须为 clean_ 表单字段名称 ()，而且函数必须有 return 返回值。如果在函数中设置主动抛出异常 ValidationError，那么该函数可视为带有数据验证的数据清洗函数。

完成表单类 LoginForm 的定义之后，下一步在视图函数 loginView 中使用表单类 LoginForm 实现用户注册登录功能。我们在项目应用 shopper 的 views.py 中重新定义视图函数 loginView，其代码如下：

```python
# 项目应用 shopper 的 views.py
from django.shortcuts import render, redirect
from django.contrib.auth import logout, login, authenticate
from django.contrib.auth.models import User
from django.shortcuts import reverse
from .form import *


def loginView(request):
title = '用户登录'
classContent = 'logins'
# 处理 HTTP 的 POST 请求
if request.method == 'POST':
    infos = LoginForm(data=request.POST)
    # 验证表单字段的数据是否正确
    if infos.is_valid():
        # 获取表单字段 username 和 password 的数据
        data = infos.cleaned_data
        username = data['username']
        password = data['password']
        # 查找模型 User 是否已有用户信息
        if User.objects.filter(username=username):
            # 验证用户输入的账号和密码是否正确
            user=authenticate(username=username,password=password)
            # 执行登录操作
            if user:
                login(request, user)
                return redirect(reverse('shopper:shopper'))
        # 执行注册操作
        else:
            state = '注册成功'
            d = dict(username=username,password=password,
                is_staff=1,is_active=1)
            user = User.objects.create_user(**d)
            user.save()
    else:
        # 获取错误信息，并以 JSON 格式输出
        error_msg = infos.errors.as_json()
        print(error_msg)
# 处理 HTTP 的 GET 请求
else:
```

```
infos = LoginForm()
return render(request, 'login.html', locals())
```

视图函数 loginView 根据请求方式设置了两种处理方法，GET 请求和 POST 请求的处理过程说明如下：

（1）当访问 127.0.0.1:8000 时，Django 接收一个不带请求参数的 GET 请求，视图函数 loginView 将表单类 LoginForm 实例化，然后在模板文件 login.html 中使用表单类 LoginForm 实例化对象 infos 生成用户注册登录表单。

（2）当用户在注册登录表单填写账号和密码并单击"注册 / 登录"按钮之后，浏览器向网站发送 POST 请求，视图函数 loginView 实例化表单类 LoginForm，并将请求参数作为表单类 LoginForm 的参数 data，生成实例化对象 infos。

（3）由实例化对象 infos 调用 is_valid() 方法进行表单验证，如果表单验证成功，我们就可以使用 infos['username'] 或 infos.cleaned_data['username'] 来获取某个 HTML 控件的数据。由于表单字段 username 设有自定义的数据清洗函数，因此使用 v.is_valid() 验证表单数据时，Django 会自动执行数据清洗函数 clean_username()。

（4）从表单对象 infos 中获取用户输入的账号和密码之后，下一步是根据账号和密码与模型 User 的数据进行查询匹配，从而完成用户注册和登录功能，整个用户注册和登录的业务逻辑与 8.1 节的业务逻辑相同，此处不再重复讲述。

（5）如果表单对象 infos 调用 is_valid() 方法验证表单失败，程序就会使用 errors.as_json() 方法获取验证失败的错误信息，然后在控制台输入错误信息。

用户注册登录表单的元素控件交由表单类 LoginForm 实现，因此模板文件 login.html 中无须使用 HTML 语言编写网页表单的元素控件，我们在 PyCharm 中打开模板文件 login.html，将元素控件 <input> 改由模板变量 infos 生成，详细代码如下：

```
# templates 文件夹的 login.html
{% extends 'base.html' %}
{% load static %}
{% block content %}
<div class="login-bg">
<div class="login-cont w1200">
<div class="form-box">
<form class="layui-form" action="" method="post">
{% csrf_token %}
<legend> 手机号注册登录 </legend>
<div class="layui-form-item">
<div class="layui-inline iphone">
<div class="layui-input-inline">
  <i class="layui-icon layui-icon-cellphone iphone-icon"></i>
  {{ infos.username }}
</div>
</div>
<div class="layui-inline iphone">
```

```
<div class="layui-input-inline">
  <i class="layui-icon layui-icon-password iphone-icon"></i>
  {{ infos.password }}
</div>
</div>
</div>
<p>{{ state }}</p>
<div class="layui-form-item login-btn">
<div class="layui-input-block">
<button class="layui-btn" lay-submit="" lay-filter="demo1">注册 / 登录 </button>
</div>
</div>
</form>
</div>
</div>
</div>
{% endblock content %}

{% block footer %}
<div class="footer">
<div class="ng-promise-box">
<div class="ng-promise w1200">
<p class="text">
  <a class="icon1" href="javascript:;">7 天无理由退换货 </a>
  <a class="icon2" href="javascript:;">满 99 元全场免邮 </a>
  <a class="icon3" style="margin-right: 0" href="javascript:;">100% 品质保证 </a>
</p>
</div>
</div>
<div class="mod_help w1200">
  <p>
<a href="javascript:;">关于我们 </a>
<span>|</span>
<a href="javascript:;">帮助中心 </a>
<span>|</span>
<a href="javascript:;">售后服务 </a>
<span>|</span>
<a href="javascript:;">母婴资讯 </a>
<span>|</span>
<a href="javascript:;">关于货源 </a>
  </p>
  <p class="coty">母婴商城版权所有 &copy; 2012-2020</p>
</div>
</div>
{% endblock footer %}

{% block script %}
layui.config({
base: '{% static 'js/' %}'
}).use(['jquery','form'],function(){
var $ = layui.$,form = layui.form;
```

```
$("#find").click(function() {
if(!/^1\d{10}$/.test($("#username").val())){
  layer.msg(" 请输入正确的手机号 ");
  return false;
}
})
})
{% endblock script %}
```

在上述代码中，我们将用户账号的 <input> 控件改为 {{ infos.username }}，将用户密码的 <input> 控件改为 {{ infos.password }}。模板变量 infos 是视图函数 loginView 对表单类 LoginForm 实例化生成的对象；infos.username 和 infos.password 对应表单字段 username 和 password，它们能自动转换生成 <input> 控件。

除此之外，还可以在模板文件中使用内置方法生成其他的 HTML 元素控件，详细的使用方法如下：

```
# 将整个表单以 HTML 的 ul 标签表示
{{ infos.as_ul }}
# 将整个表单以 HTML 的 p 标签表示
{{ infos.as_p }}
# 将整个表单以 HTML 的 table 标签表示
{{ infos.as_table }}
# 将表单字段的属性 lable 生成 label 标签
{{ infos.username.label }}
# 获取表单验证失败的错误信息
{{ infos.errors }}
```

8.4 分析 Form 的机制和原理

我们发现表单类的定义过程与模型有相似之处，只不过两者所继承的类有所不同，也就是说，Django 内置的表单功能也是使用自定义元类实现定义过程的。在 PyCharm 中打开表单类 Form 的源码文件，其定义过程如图 8-8 所示。

图 8-8 表单类 Form 的源码文件

表单类 Form 继承自 BaseForm 和元类 DeclarativeFieldsMetaclass，而该元类又继承另一个元类，因此表单类 Form 的继承关系如图 8-9 所示。

图 8-9 表单类 Form 的继承关系

从图 8-9 得知，元类没有定义太多的属性和方法，大部分的属性和方法都是由父类 BaseForm 定义的，模板文件 index.html 中使用的方法也来自父类 BaseForm。下面分析父类 BaseForm 的定义过程，列举开发中常用的属性和方法。

- data：默认值为 None，以字典形式表示，字典的键为表单字段，代表将数据绑定到对应的表单字段。
- auto_id：默认值为 id_%s，以字符串格式化表示，若设置 HTML 元素控件的 id 属性，比如表单字段 job，则元素控件 id 属性为 id_job，%s 代表表单字段的名称。
- prefix：默认值为 None，以字符串表示，设置表单的控件属性 name 和 id 的属性值，如果一个网页中使用了多个相同的表单，那么设置该属性可以区分每个表单。
- initial：默认值为 None，以字典形式表示，在表单的实例化过程中设置初始化值。
- label_suffix：若参数值为 None，则默认为冒号，以表单字段 job 为例，其 HTML 控件含有 label 标签（<label for="id_job"> 职位 :</label>），其中 label 标签中的冒号由参数 label_suffix 设置。
- field_order：默认值为 None，以表单字段定义的先后顺序进行排列，若要自定义排序，则将每个表单字段按先后顺序放置在列表中，并把列表作为该参数的值。
- use_required_attribute：默认值为 None（或为 True），为表单字段所对应的 HTML 控件设置 required 属性，该控件为必填项，数据不能为空，若设为 False，则 HTML 控件为可填项。
- errors()：验证表单的数据是否存在异常，若存在异常，则获取异常信息，异常信息可设为字典或 JSON 格式。
- is_valid()：验证表单数据是否存在异常，若存在异常，则返回 False，否则返回 True。
- as_table()：将表单字段以 HTML 的 <table> 标签生成网页表单。
- as_ul()：将表单字段以 HTML 的 <ul> 标签生成网页表单。
- as_p()：将表单字段以 HTML 的 <p> 标签生成网页表单。
- has_changed()：对比用于提交的表单数据与表单初始化数据是否发生变化。

了解表单类 Form 的定义过程后，接下来讲述表单的字段类型。表单字段与模型字段有相似之处，不同类型的表单字段对应不同的 HTML 控件，在 PyCharm 中打开表单字段的源码文件，如图 8-10 所示。

```
site-packages ⟩ django ⟩ forms ⟩ fields.py ⟩
fields.py ×
35        __all__ = (
36            'Field', 'CharField', 'Inte
37            'DateField', 'TimeField',
38            'RegexField', 'EmailField',
```

图 8-10 表单字段

从源码文件 fields.py 中可找到 26 个不同类型的表单字段，每个字段说明如下。

- CharField：文本框，参数 max_length 和 min_length 分别设置文本的最大长度和最小长度。
- IntegerField：数值框，参数 max_value 用于设置最大值，min_value 用于设置最小值。
- FloatField：数值框，继承自 IntegerField，用于验证数据是否为浮点数。
- DecimalField：数值框，继承自 IntegerField，用于验证数值是否设有小数点，参数 max_digits 用于设置最大位数，参数 decimal_places 用于设置小数点后的最大位数。
- DateField：文本框，继承自 BaseTemporalField，具有验证日期格式的功能，参数 input_formats 用于设置日期格式。
- TimeField：文本框，继承自 BaseTemporalField，用于验证数据是否为 datetime.time 或特定时间格式的字符串。
- DateTimeField：文本框，继承自 BaseTemporalField，用于验证数据是否为 datetime.datetime、datetime.date 或特定日期时间格式的字符串。
- DurationField：文本框，验证数据是否为一个有效的时间段。
- RegexField：文本框，继承自 CharField，用于验证数据是否与某个正则表达式匹配，参数 regex 用于设置正则表达式。
- EmailField：文本框，继承自 CharField，用于验证数据是否为合法的邮箱地址。
- FileField：文件上传框，参数 max_length 用于设置上传文件名的最大长度，参数 allow_empty_file 用于设置是否允许文件内容为空。
- ImageField：文件上传控件，继承自 FileField，用于验证文件是否为 Pillow 库可识别的图像格式。
- FilePathField：文件选择控件，在特定的目录选择文件，参数 path 是必需参数，参数值为目录的绝对路径；参数 recursive、match、allow_files 和 allow_folders 为可选参数。
- URLField：文本框，继承自 CharField，用于验证数据是否为有效的路由地址。
- BooleanField：复选框，设有选项 True 和 False，如果字段带有 required=True，复选框就默认为 True。
- NullBooleanField：复选框，继承自 BooleanField，设有 3 个选项，分别为 None、True 和 False。
- ChoiceField：下拉框，参数 choices 以元组形式表示，用于设置下拉框的选项列表。
- TypedChoiceField：下拉框，继承自 ChoiceField，参数 coerce 代表强制转换数据类型，参数 empty_value 表示空值，默认为空字符串。
- MultipleChoiceField：下拉框，继承自 ChoiceField，用于验证数据是否在下拉框的选项列表。
- TypedMultipleChoiceField：下拉框，继承自 MultipleChoiceField，用于验证数据是否在下拉框的选项列表，并且可强制转换数据类型，参数 coerce 代表强制转换数据类型，参数 empty_value 表示空值，默认为空字符串。
- ComboField：文本框，用于为表单字段设置验证功能，比如字段类型为 CharField，为该字段添加 EmailField，使字段具有邮箱验证功能。
- MultiValueField：文本框，将多个表单字段合并成一个新的字段。
- SplitDateTimeField：文本框，继承自 MultiValueField，用于验证数据是否为 datetime.datetime 或特定日期时间格式的字符串。
- GenericIPAddressField：文本框，继承自 CharField，用于验证数据是否为有效的 IP 地址。
- SlugField：文本框，继承自 CharField，用于验证数据是否只包括字母、数字、下画线及连字符。

- UUIDField：文本框，继承自 CharField，用于验证数据是否为 UUID 格式。

表单字段除了转换 HTML 控件之外，还具有一定的数据格式规范，比如 EmailField 字段，它设有邮箱地址验证功能。不同类型的表单字段设有一些特殊参数，但每个表单字段都继承自父类 Field，因此它们具有以下共同参数。

- required：输入的数据是否为空，默认值为 True。
- widget：设置 HTML 控件的样式。
- label：用于生成 label 标签的网页内容。
- initial：设置表单字段的初始值。
- help_text：设置帮助提示信息。
- error_messages：设置错误信息，以字典形式表示，比如 {'required': ' 不能为空 ', 'invalid': ' 格式错误 '}。
- show_hidden_initial：参数值为 True/False，是否在当前控件后面再加一个隐藏的且具有默认值的控件（可用于检验两次输入的值是否一致）。
- validators：自定义数据验证规则。以列表格式表示，列表元素为函数名。
- localize：参数值为 True/False，用于设置本地化，不同时区自动显示当地时间。
- disabled：参数值为 True/False，用于设置 HTML 控件是否可以编辑。
- label_suffix：用于设置 label 的后缀内容。

在上述参数中，参数 widget 是一个 forms.widgets 对象（forms.widgets 对象也称为小部件），而且 forms.widgets 的类型必须与表单的字段类型相互对应，不同的表单字段对应不同的 forms.widgets 类型，对应规则分为 4 类：文本框类型、下拉框（复选框）类型、文件上传类型和复合框类型，如表 8-2 所示。

表8-2 表单字段与小部件的对应规则

小 部 件	表单字段
文本框类型	
TextInput	对应CharField字段，文本框内容设置为文本格式
NumberInput	对应IntegerField字段，文本框内容只允许输入数值
EmailInput	对应EmailField字段，验证输入值是否为邮箱地址格式
URLInput	对应URLField字段，验证输入值是否为路由地址格式
PasswordInput	对应CharField字段，输入值以 "*" 显示
HiddenInput	对应CharField字段，隐藏文本框，不显示在网页上
DateInput	对应DateField字段，验证输入值是否为日期格式
DateTimeInput	对应DateTimeField字段，验证输入值是否为日期时间格式
TimeInput	对应TimeField字段，验证输入值是否为时间格式
Textarea	对应CharField字段，将文本框设为Textarea格式
下拉框（复选框）类型	
CheckboxInput	对应BooleanField字段，设置复选框，选项为True和False
Select	对应ChoiceField字段，设置下拉框

（续表）

小　部　件	表单字段
下拉框（复选框）类型	
NullBooleanSelect	对应NullBooleanField，设置复选框，选项为None、True和False
SelectMultiple	对应ChoiceField字段，与Select类似，允许选择多个值
RadioSelect	对应ChoiceField字段，将数据列表设置为单选按钮
CheckboxSelectMultiple	对应ChoiceField字段，与SelectMultiple类似，设置为复选框列表
文件上传类型	
FileInput	对应FileField或ImageField字段
ClearableFileInput	对应FileField或ImageField字段，但多了复选框，允许上传多个文件和图像
复合框类型	
MultipleHiddenInput	隐藏一个或多个HTML的控件
SplitDateTimeWidget	组合使用DateInput和TimeInput
SplitHiddenDateTimeWidget	与SplitDateTimeWidget类似，但将控件隐藏，不显示在网页上
SelectDateWidget	组合使用3个Select，分别生成年、月、日的下拉框

当我们为表单字段的参数 widget 设置对象类型时，可以根据实际情况进行选择。假设表单字段为 SlugField 类型，该字段继承自 CharField，那么可以选择文本框类型的任意一个对象类型作为参数 widget 的值，如 Textarea 或 URLInput 等。

8.5　使用 ModelForm 实现注册和登录

我们已使用表单类 Form 和模型 User 实现了用户注册功能，表单类 Form 和模型实现数据交互最主要的问题是表单字段和模型字段的匹配，比如表单字段为 CharField，而模型字段为 IntegerField，那么两者在进行数据交互的时候，程序可能会提示异常信息，但是将表单类 Form 改为 ModelForm，我们就无须考虑字段匹配的问题。

表单类 ModelForm 根据模型的模型字段定义相应的表单字段，不仅能解决模型字段与表单字段的数据类型匹配问题，还能减少代码量。以项目 babys 的用户注册和登录为例，将表单类 LoginForm 改为模型表单类 LoginModelForm，在项目应用 shopper 的 form.py 文件中定义模型表单类 LoginModelForm，定义过程如下：

```
# 项目应用 shopper 的 form.py
from django import forms
from django.contrib.auth.models import User
from django.core.exceptions import ValidationError

class LoginModelForm(forms.ModelForm):
    class Meta:
        model = User
        fields = ('username', 'password')
```

```
        labels = {
            'username': ' 请您输入手机号 ',
            'password': ' 请您输入密码 ',
        }
        error_messages = {
            '__all__': {'required': ' 请输入内容 ',
                        'invalid': ' 请检查输入内容 '},
        }
        # 定义 widgets, 设置表单字段对应 HTML 元素控件的属性
        widgets = {
            'username': forms.widgets.TextInput(
            attrs={'class':'layui-input','placeholder':' 请您输入手机号 ',
                    'lay-verify':'required|phone','id':'username'}),
            'password': forms.widgets.PasswordInput(
            attrs={'class':'layui-input','placeholder':' 请您输入密码 ',
                    'lay-verify':'required|password','id':'password'})
        }
    # 自定义表单字段 username 的数据清洗
    def clean_username(self):
        if len(self.cleaned_data['username']) == 11:
            return self.cleaned_data['username']
        else:
            raise ValidationError(' 用户名为手机号码 ')
```

模型表单类 LoginModelForm 继承自 django.forms.ModelForm，重新定义 Meta 类，分别设置属性 model、fields、labels、error_messages 和 widgets，并且自定义表单字段 username 的数据清洗函数 clean_username()，详细说明如下：

（1）属性 model 是 ModelForm 的特有属性，它是将模型表单类与某个模型进行绑定。

（2）属性 fields 用于选取模型某些字段生成表单字段，上述代码的 ('username', 'password') 代表只将模型字段 username 和 password 转换成表单字段，设置模型的部分模型字段转换表单字段可以使用元组或列表表示，元组或列表的每个元素代表一个模型字段，如果需要设置所有的模型字段，那么属性 fields 的值可以等于字符串 '__all__'。

（3）属性 labels 是为每个表单字段设置 HTML 元素控件的 label 标签，它以字典格式表示，字典的每个键-值对的键为表单字段名称，值为 label 标签的值。

（4）属性 error_messages 用于设置表单字段的错误信息，它以字典格式表示，上述代码的 '__all__' 代表所有表单字段的错误信息，如果只需设置某个表单字段的错误信息，那么可将 '__all__' 改为具体的表单字段，比如 error_messages={'username': {'required': 'XX','invalid': 'XX'}}。

（5）属性 widgets 用于设置表单字段对应的 HTML 元素控件的属性，它以字典格式表示，字典的每个键-值对的键为表单字段名称，值为 forms.widgets 对象。

（6）自定义表单字段 username 的数据清洗函数 clean_username() 与 8.3 节的表单类 LoginForm 定义的数据清洗函数 clean_username() 相同。

完成模型表单类 LoginModelForm 的定义之后，下一步在视图函数 loginView 中使用 LoginModelForm 实现用户注册和登录功能。我们在项目应用 shopper 的 views.py 中重新定义视图函数 loginView，其代码如下：

```python
# 项目应用 shopper 的 views.py
from django.shortcuts import render, redirect
from django.contrib.auth import logout, login, authenticate
from django.contrib.auth.models import User
from django.shortcuts import reverse
from .form import *

def loginView(request):
    title = '用户登录'
    classContent = 'logins'
    if request.method == 'POST':
        infos = LoginModelForm(data=request.POST)
        data = infos.data
        username = data['username']
        password = data['password']
        if User.objects.filter(username=username):
            user = authenticate(username=username, password=password)
            if user:
                login(request, user)
                return redirect(reverse('shopper:shopper'))
        else:
            state = '注册成功'
            d=dict(username=username,password=password,
is_staff=1,is_active=1)
            user = User.objects.create_user(**d)
            user.save()
    else:
        infos = LoginModelForm()
    return render(request, 'login.html', locals())
```

视图函数 loginView 与 8.3 节定义的视图函数 loginView 在业务逻辑上有很大的相似之处，由于模型字段 username 具有唯一性，导致模型表单类 LoginModelForm 的字段 username 也具有唯一性，因此视图函数 loginView 无法调用 is_valid() 方法验证表单数据。当用户输入的账号信息已记录在模型 User 中，使用 is_valid() 方法验证表单数据的时候，程序会提示异常信息，如图 8-11 所示。

```
[21/Mar/2020 04:08:02] "GET /shopper.html HTTP/1.1" 302 0
[21/Mar/2020 04:08:02] "GET /shopper/login.html?next=/shopper.html HTTP/1.1"
{"username": [{"message": "已存在一位使用该名字的用户。", "code": "unique"}]}
[21/Mar/2020 04:08:07] "POST /shopper/login.html?next=/shopper.html HTTP/1.1"
[21/Mar/2020 04:08:07] "GET /shopper.html HTTP/1.1" 200 3505
```

图 8-11 异常信息

我们在 8.3 节已对模板文件 login.html 的网页表单的元素控件进行了修改，它同样适用于模型表单类，所以在 PyCharm 中可直接运行项目 babys 验证用户注册和登录是否符合开发要求。在浏览器中访问路由 login 的路由地址（http://127.0.0.1:8000/shopper/login.html），输入新的账号和密码并单击"注册/登录"按钮，网站将会重新访问注册登录页面，并提示"注册成功"，如图 8-12 所示。最后再次输入正确的用户和密码并单击"注册/登录"按钮，网站将会访问个人中心页面。

图 8-12　用户注册

8.6　分析 ModelForm 的机制和原理

我们已经学习了如何使用模型表单类 ModelForm 实现表单数据与模型数据之间的交互开发。模型表单类 ModelForm 继承自父类 BaseModelForm，其元类为 ModelFormMetaclass。在 PyCharm 中打开类 ModelForm 的定义过程，如图 8-13 所示。

```
 > 📁 site-packages > 📁 django > 📁 forms > 🐍 models.py

class ModelForm(BaseModelForm, metaclass=ModelFormMetaclass)
    pass
```

图 8-13　模型表单类 ModelForm 的定义过程

在源码文件中分析并梳理模型表单类 ModelForm 的继承过程，将结果以流程图的形式表示，如图 8-14 所示。

图 8-14　模型表单类 ModelForm 的继承关系

从模型表单类 ModelForm 的继承关系得知，元类没有定义太多的属性和方法，大部分的属性和方法都是由父类 BaseModelForm 和 BaseForm 定义的。表单类 BaseForm 的属性方法在 8.4 节已讲述过了，因此这里只列举 BaseModelForm 的核心属性和方法。

- instance：将模型查询的数据传入模型表单，作为模型表单的初始化数据。
- clean()：重写父类 BaseForm 的 clean() 方法，并将属性 _validate_unique 设为 True。
- validate_unique()：验证表单数据是否存在异常。
- _save_m2m()：将带有多对多关系的模型表单保存到数据库中。
- save()：将模型表单的数据保存到数据库中。如果参数 commit 为 True，就直接保存在数据库中；否则生成数据库实例对象。

模型表单类 ModelForm 与 Form 对比，前者只增加了数据保存方法，但是 ModelForm 与模型之间没有直接的数据交互。模型表单与模型之间的数据交互是由函数 modelform_factory 实现的，该函数将自定义的模型表单与模型进行绑定，从而实现两者之间的数据交互。函数 modelform_factory 与 ModelForm 定义在同一个源码文件中，它定义了 9 个属性，每个属性的作用说明如下。

- model：必需属性，用于绑定 Model 对象。
- fields：可选属性，设置模型内哪些字段转换成表单字段，默认值为 None，代表所有的模型字段，也可以将属性值设为 '__all__'，同样表示所有的模型字段。若只需部分模型字段，则将模型字段写入一个列表或元组中，再把该列表或元组作为属性值。
- exclude：可选属性，与 fields 相反，禁止模型字段转换成表单字段。属性值以列表或元组表示，若设置了该属性，则属性 fields 无须设置。
- labels：可选属性，设置表单字段的参数 label，属性值以字典表示，字典的键为模型字段。
- widgets：可选属性，设置表单字段的参数 widget，属性值以字典表示，字典的键为模型字段。
- localized_fields：可选参数，将模型字段设为本地化的表单字段，常用于日期类型的模型字段。
- field_classes：可选属性，将模型字段重新定义，默认情况下，模型字段与表单字段遵从 Django 内置的转换规则。
- help_texts：可选属性，设置表单字段的参数 help_text。
- error_messages：可选属性，设置表单字段的参数 error_messages。

除此之外，我们知道模型字段转换为表单字段遵从 Django 内置的规则进行转换，两者的转换规则如表 8-3 所示。

表8-3 模型字段与表单字段的转换规则

模型字段类型	表单字段类型
AutoField	不能转换为表单字段
BigAutoField	不能转换为表单字段
BigIntegerField	IntegerField
BinaryField	CharField
BooleanField	BooleanField或者NullBooleanField
CharField	CharField
DateField	DateField
DateTimeField	DateTimeField
DecimalField	DecimalField

（续表）

模型字段类型	表单字段类型
EmailField	EmailField
FileField	FileField
FilePathField	FilePathField
ForeignKey	ModelChoiceField
ImageField	ImageField
IntegerField	IntegerField
IPAddressField	IPAddressField
GenericIPAddressField	GenericIPAddressField
ManyToManyField	ModelMultipleChoiceField
NullBooleanField	NullBooleanField
PositiveIntegerField	IntegerField
PositiveSmallIntegerField	IntegerField
SlugField	SlugField
SmallIntegerField	IntegerField
TextField	CharField
TimeField	TimeField
URLField	URLField

8.7 个人中心页面

当我们在注册登录页面成功登录的时候，网站会自动跳转到个人中心页面。个人中心页面分为 4 个功能区域：商品搜索功能、网站导航、用户基本信息和订单信息，如图 8-15 所示。用户基本信息和订单信息的设计说明如下：

图 8-15 个人中心页面

（1）用户基本信息：在网页的左侧位置展示了用户的头像、名称和登录时间，按钮功能分别有购物车页面链接和退出登录。

（2）订单信息：以数据列表展示，每行数据包含订单编号、订单价格、购买时间和订单状态，并设置分页功能，每一页显示 7 条订单信息。

综上所述，个人中心页需要实现用户基本信息和订单信息，由于项目应用 shopper 的 urls.py 中已定义路由 shopper，因此在项目应用 shopper 的 views.py 中定义视图函数 shopperView，代码如下：

```
# 项目应用 shopper 的 views.py
from django.shortcuts import render
from .models import *
from django.core.paginator import Paginator
from django.core.paginator import EmptyPage
from django.core.paginator import PageNotAnInteger
from django.contrib.auth.decorators import login_required

@login_required(login_url='/shopper/login.html')
def shopperView(request):
    title = '个人中心'
    classContent = 'informations'
    p = request.GET.get('p', 1)
    # 处理已支付的订单
    t = request.GET.get('t', '')
    payTime = request.session.get('payTime', '')
    if t and payTime and t == payTime:
        payInfo = request.session.get('payInfo', '')
        OrderInfos.objects.create(**payInfo)
        del request.session['payTime']
        del request.session['payInfo']
    # 根据当前用户查询用户订单信息
    orderInfos=OrderInfos.objects.filter(user_id=request.user.id).\
            order_by('-created')
    # 分页功能
    paginator = Paginator(orderInfos, 7)
    try:
        pages = paginator.page(p)
    except PageNotAnInteger:
        pages = paginator.page(1)
    except EmptyPage:
        pages = paginator.page(paginator.num_pages)
    return render(request, 'shopper.html', locals())
```

按照业务逻辑划分，视图函数 shopperView 可以分为 5 部分，每部分实现的功能说明如下：

（1）使用 Django 的内置装饰器 login_required 设置用户登录访问权限，如果当前用户在尚未登录的状态下访问个人中心页面，程序就会自动跳转到指定的路由地址，只有用户完成登录后才能正常访问个人中心页面。login_required 的参数有 function、redirect_field_name 和 login_url，参数说明如下。

- 参数 function：默认值为 None，这是定义装饰器的执行函数。
- 参数 redirect_field_name：默认值为 next。当登录成功之后，程序会自动跳回之前浏览的网页。
- 参数 login_url：设置用户登录的路由地址。默认值是 settings.py 的配置属性 LOGIN_URL，而配置属性 LOGIN_URL 需要开发者自行在 settings.py 中配置。

（2）变量 title、classContent 分别对应模板 base.html 的模板变量 title 和 classContent，而变量 p 来自请求参数 p，它代表订单信息的某一页的页数。

（3）变量 t 来自请求参数 t，它代表用户购买商品的支付时间；变量 payTime 来自会话 Session，它也代表用户购买商品的支付时间。对比变量 t 和 payTime，如果两者不为空且相等，则说明该订单已支付成功，从会话 Session 获取订单内容 payInfo 再写入模型 OrderInfos，完成用户订单的购买记录。最后在会话 Session 中删除该订单的支付时间 payTime 和订单内容 payInfo。

（4）变量 orderInfos 是在模型 OrderInfos 中查询当前用户的订单信息，由于视图函数使用了内置装饰器 login_required，当前请求必须完成用户登录才能执行视图函数的业务逻辑，请求对象 request 的 user.id 能够获取当前请求的用户主键 id，所以变量 orderInfos 能够查询当前用户的订单信息。

（5）最后使用 Django 内置分页功能对变量 orderInfos 进行分页处理，生成分页对象 pages，每一页设置了 7 条订单信息。

视图函数 shopperView 使用模板文件 shopper.html 作为响应内容，下一步在 PyCharm 中打开模板文件 shopper.html，针对视图函数 shopperView 定义的变量编写相应的模板语法，详细代码如下：

```
# templates 文件夹的 shopper.html
<!- ············①············ ->
{% extends 'base.html' %}
{% load static %}
{% block content %}
<div class="info-list-box">
<div class="info-list">
<div class="item-box layui-clear" id="list-cont">
<div class="item">
<div class="img">
<img src="{% static 'img/portrait.png' %}">
</div>
<div class="text">
<h4>用户：{{ user.username }}</h4>
<p class="data">登录时间：{{ user.last_login }}</p>
<div class="left-nav">
<div class="title">
<a href="{% url 'shopper:shopcart' %}"> 我的购物车 </a>
</div>
<div class="title">
<a href="{% url 'shopper:logout' %}"> 退出登录 </a>
</div>
</div>
```

```html
</div>
</div>

<!- …………②………… ->
<div class="item1">
<div class="cart">
<div class="cart-table-th">
<div class="th th-item">
<div class="th-inner">
订单编号
</div>
</div>
<div class="th th-price">
<div class="th-inner">
订单价格
</div>
</div>
<div class="th th-amount">
<div class="th-inner">
购买时间
</div>
</div>
<div class="th th-sum">
<div class="th-inner">
订单状态
</div>
</div>
</div>
<div class="OrderList">
<div class="order-content" id="list-cont">
{% for p in pages.object_list %}
<ul class="item-content layui-clear">
    <li class="th th-item">{{ p.id }}</li>
    <li class="th th-price">¥{{ p.price|floatformat:'2' }}</li>
    <li class="th th-amount">{{ p.created }}</li>
    <li class="th th-sum">{{ p.state }}</li>
</ul>
{% endfor %}
</div>
</div>
</div>
</div>
</div>
</div>

<!- …………③………… ->
<div id="demo0" style="text-align: center;">
<div class="layui-box layui-laypage layui-laypage-default"
id="layui-laypage-1">
{% if pages.has_previous %}
    <a href="{% url 'shopper:shopper' %}?p={{ pages.previous_page_number }}"
    class="layui-laypage-prev">上一页 </a>
```

```
{% endif %}

{% for page in pages.paginator.page_range %}
    {% if pages.number == page %}
        <span class="layui-laypage-curr">
        <em class="layui-laypage-em"></em>
        <em>{{ page }}</em></span>
    {% elif pages.number|add:'-1' == page or pages.number|add:'1' == page %}
        <a href="{% url 'shopper:shopper' %}?p={{ page }}">{{ page }}</a>
    {% endif %}
{% endfor %}

{% if pages.has_next %}
    <a href="{% url 'shopper:shopper' %}?p={{ pages.pages.next_page_number }}"
    class="layui-laypage-next"> 下一页 </a>
{% endif %}
</div>
</div>
</div>
{% endblock content %}
{% block script %}
  layui.config({
    base: '{% static 'js/' %}'
  }).use(['mm','laypage'],function(){
      var mm = layui.mm,laypage = layui.laypage;
});
{% endblock script %}
```

我们将模板文件 shopper.html 按照功能划分为 3 部分，在代码中依次标注了①②③，每部分的功能说明如下：

（1）标注①是调用模板文件 base.html 并重写接口 content，然后使用模板变量 user 生成当前用户的基本信息。在视图函数 shopperView 中，我们并没有定义变量 user，但在模板变量中却能使用 user 生成当前用户的基本信息，因为模板变量 user 是在 Django 解析模板文件的过程中自动生成的，它与配置文件 settings.py 的 TEMPLATES 设置有关。我们查看 settings.py 的 TEMPLATES 配置信息，代码如下：

```
TEMPLATES = [{
    'BACKEND': 'django.template.backends.django.DjangoTemplates',
    'DIRS': [BASE_DIR / 'templates'],
    'APP_DIRS': True,
    'OPTIONS': {
        'context_processors': [
            'django.template.context_processors.debug',
            'django.template.context_processors.request',
            'django.contrib.auth.context_processors.auth',
            'django.contrib.messages.context_processors.messages',],
    },
}]
```

由于配置属性 TEMPLATES 定义了处理器集合 context_processors，因此在解析模板文件之前，Django 依次运行处理器集合的程序。当运行到处理器 auth 时，程序会自动生成变量 user 和 perms（变量 perms 可以获取用户权限，它由内置模型 Permission 实例化，对应数据表 auth_permission），并且将这些变量传入模板变量集合 TemplateContext 中，因此在模板中可以直接使用模板变量 user 和 perms。

除了当前用户的基本信息之外，我们还设置了"我的购物车"和"退出登录"按钮。单击"我的购物车"按钮可以访问购物车页面，即路由 shopcart，它对应的视图函数为 shopcartView，该视图函数的业务逻辑将在第 9 章详细讲述。"退出登录"按钮是访问用户退出登录的链接，即路由 logout，它对应的视图函数为 logoutView，因此我们还需要为其定义视图函数 logoutView，在项目应用 shopper 的 views.py 中定义视图函数 logoutView，代码如下：

```
# 项目应用 shopper 的 views.py
def logoutView(request):
    # 使用内置函数 logout 退出用户登录状态
    logout(request)
    # 网页自动跳转到首页
    return redirect(reverse('index:index'))
```

（2）标注②遍历变量 pages 的 object_list 方法生成商品列表，由于变量 pages 已设置每页的订单显示数量，因此遍历完成后只会显示 7 条订单信息，每次遍历对象 p 代表模型 OrderInfos 的某条数据，每一条订单信息展示了订单编号、订单费用（订单费用使用内置过滤器 floatformat 保留小数点后两位数据）、创建时间和订单状态。

（3）标注③使用变量 pages 的方法实现分页功能列表，比如判断当前页是否存在上一页，则可以使用变量 pages 的 has_previous 方法判断；获取上一页的页数则使用变量 pages 的 previous_page_number 实现。

变量 pages 调用 paginator.page_range 方法获取数据分页后的总页数，然后在遍历过程中，每次遍历对象 page 与 pages.number 进行对比，pages.number 首先使用过滤器 add 进行自增 1 或自减 1，再与遍历对象 page 对比，如果判断成功，则生成分页按钮。比如当前页数是第二页，那么分页功能会生成第一页和第三页的按钮，如图 8-16 所示。

图 8-16 分页按钮

8.8　本章小结

　　Django 的 Auth 认证系统已内置模型 User，它对应数据表 auth_user，该模型一共定义了 11 个字段，各个字段的含义说明见表 8-1。

　　Django 为了防护攻击，在用户提交表单时，表单会自动加入 csrfmiddlewaretoken 隐藏控件，这个隐藏控件的值会与网站后台保存的 csrfmiddlewaretoken 进行匹配，只有匹配成功，网站才会处理表单数据。这种防护机制称为 CSRF 防护，原理如下：

　　（1）当用户访问网站时，Django 在网页表单中生成一个隐藏控件 csrfmiddlewaretoken，控件属性 value 的值是由 Django 随机生成的。

　　（2）当用户提交表单时，Django 校验表单的 csrfmiddlewaretoken 是否与自己保存的 csrfmiddlewaretoken 一致，用来判断当前请求是否合法。

　　（3）如果用户被 CSRF 攻击并从其他地方发送攻击请求，由于其他地方不可能知道隐藏控件 csrfmiddlewaretoken 的值，因此可能会导致网站后台校验 csrfmiddlewaretoken 失败，攻击就被成功防御。

　　Django 的表单功能由 Form 类实现，主要分为两种：django.forms.Form 和 django.forms. ModelForm。前者是一个基础的表单功能，后者是在前者的基础上结合模型所生成的数据表单，无论是哪一种表单类型，我们都能选择任意一种类型实现表单开发。

　　表单类 Form 继承自 BaseForm 和元类 DeclarativeFieldsMetaclass，而该元类又继承另一个元类，因此表单类 Form 的继承关系如图 8-9 所示。

　　模型表单类 ModelForm 继承自 BaseModelForm 和元类 ModelFormMetaclass，而该元类又继承自元类 DeclarativeFieldsMetaclass，因此模型表单类 ModelForm 的继承关系如图 8-14 所示。

8.9　动手练习

　　（1）归纳总结 Form 和 ModelForm 的差异。

　　（2）将商品收藏的 Ajax 请求方式改为 POST 请求，并且不能取消 CSRF 防护，编写相应的 Ajax 的实现代码。

第9章

购物车与支付功能

项目 babys 的购物功能模块分为购物车页面和在线支付功能。购物车页面主要用于将商品加入购物车并设置购买结算；在线支付功能以支付宝为例，用于在项目中引入支付宝的支付接口。

9.1 购物车功能

购物车页面分为 3 个功能区域：商品搜索功能、网站导航、商品的购买费用核算，如图 9-1 所示。商品的购买费用核算允许用户编辑商品的购买数量、选择购买的商品和删除商品，结算按钮根据购买信息自动跳转到支付页面。

图 9-1 购物车页面

从图 9-1 看到，商品搜索功能和网站导航在首页、商品列表页和商品详细页已实现，整个购物车页面主要实现商品的购买费用核算，其功能说明如下：

（1）在商品详细页单击"加入购物车"按钮，程序会触发 JavaScript 脚本代码，通过脚本代码访问购物车页面并把商品详细页的"数量"和商品的主键 id 作为购物车页面的请求参数，如图 9-2 所示。

图 9-2　商品详细页

（2）当浏览器访问购物车页面的时候，程序将获取路由地址的请求参数 id 和 quantity，然后将这些参数写入模型 CartInfos，记录当前用户的购物车信息。

（3）在购物车页面中，购物车列举了多条商品信息，每条信息设置复选框、商品主图、名称、单价、数量、总价和"删除"按钮。复选框用于勾选需要购买付款的商品；总价是当前商品的单价乘以数量计算得出的；"删除"按钮可以删除当前的商品信息，即删除模型 CartInfos 对应的数据内容。

（4）购物车的最下方设有复选框、"删除全部"按钮、应付费用和"结算"按钮，复选框是对所有商品进行勾选操作，如果商品较多，用户只需单击该复选框即可选中全部商品，无须在每个商品前面的复选框逐个单击；"删除全部"按钮用于删除当前用户的全部商品信息；应付费用是对已勾选的商品进行价格汇总；"结算"按钮用于执行支付功能，即向支付宝发起支付请求。

路由 shopcart 用于定义购物车页面的网页地址，网页的业务逻辑是由视图函数 shopcartView 实现的，我们在项目应用 shopper 的 views.py 中定义视图函数 logoutView，代码如下：

```
# 项目应用 shopper 的 views.py
from django.contrib.auth.decorators import login_required
from .models import *
from commodity.models import *
from django.shortcuts import render, redirect

@login_required(login_url='/shopper/login.html')
def shopcartView(request):
title = ' 我的购物车 '
classContent = 'shopcarts'
# 获取请求参数
id = request.GET.get('id', '')
quantity = request.GET.get('quantity', 1)
userID = request.user.id
# 若存在请求参数 id，则对模型 CartInfos 新增数据
```

```
if id:
    CartInfos.objects.update_or_create(commodityInfos_id=id,
        user_id=userID, quantity=quantity)
    return redirect('shopper:shopcart')
# 查询当前用户的购物车信息
getUserId = CartInfos.objects.filter(user_id=userID)
# 从当前用户的购物车信息获取商品 id 和购买属性
commodityDcit = {x.commodityInfos_id: x.quantity for x in getUserId}
# 从商品 id 获取商品详细信息
commodityInfos=CommodityInfos.objects.filter(id__in=commodityDcit.keys())
return render(request, 'shopcart.html', locals())
```

视图函数 shopcartView 定义了变量 title 和 classContent，用于设置共用模板 base.html 的模板变量；然后从当前请求中获取请求参数 id 和 quantity，以及当前用户的主键 id；最后分别对模型 CartInfos 和 CommodityInfos 进行数据操作，整个业务逻辑的详细过程说明如下：

（1）使用 Django 的内置装饰器 login_required 设置用户的登录访问权限，如果当前用户在尚未登录的状态下访问购物车页面，程序就会自动跳转到指定的路由地址，即用户注册登录页，只有用户完成登录才允许访问购物车页面。

（2）从当前请求中获取请求参数 id 和 quantity，以及当前用户的主键 id，并且分别赋值给变量 id、quantity 和 userID，由于视图函数设置了装饰器 login_required，因此能通过当前请求对象 request 获取用户的相关信息。

（3）判断变量 id 是否为空，如果不为空，则说明当前请求设有请求参数 id 和 quantity，证明该请求是用户通过单击商品详细页的"加入购物车"按钮触发的，因此需要将变量 id、quantity 和 userID 新增或更新到购物车信息表（模型 CartInfos），模型 CartInfos 调用 update_or_create() 方法可以实现数据的新增或更新操作；最后重新访问路由 shopcart，再次执行视图 shopcartView。

（4）变量 getUserId 是在模型 CartInfos 中查询当前用户的购物车信息，生成查询对象 getUserId；然后对查询对象 getUserId 进行遍历，将模型字段 quantity 和 commodityInfos_id 转换为字典格式，并以变量 commodityDcit 表示。

（5）由于模型 CartInfos 只记录了商品购买数量和商品的主键 id，而购物车页面记录了商品主图、名称和单价，这些商品信息只记录在模型 CommodityInfos 中，因此我们从变量 commodityDcit 中获取字典所有的键（当前用户购物车所有商品的主键 id），并作为模型 CommodityInfos 的查询条件，从而得到购物车所有商品的主图、名称和单价。

视图函数 shopcartView 使用模板文件 shopcart.html 作为响应内容，下一步在 PyCharm 中打开模板文件 shopcart.html，针对视图函数 shopcartView 定义的变量编写相应的模板语法，详细代码如下：

```
# templates 文件夹的 shopcart.html
<!- ···········①··········· ->
{% extends 'base.html' %}
```

```
{% load static %}
{% block content %}
<div class="banner-bg w1200">
<h3>夏季清仓</h3>
<p>宝宝被子、宝宝衣服 3 折起</p>
</div>
<div class="cart w1200">
<div class="cart-table-th">
<div class="th th-chk">
<div class="select-all">
<div class="cart-checkbox">
<input class="check-all check" id="allCheckked" type="checkbox" value="true">
</div>
<label>   全选</label>
</div>
</div>
<div class="th th-item">
<div class="th-inner">
商品
</div>
</div>
<div class="th th-price">
<div class="th-inner">
单价
</div>
</div>
<div class="th th-amount">
<div class="th-inner">
数量
</div>
</div>
<div class="th th-sum">
<div class="th-inner">
小计
</div>
</div>
<div class="th th-op">
<div class="th-inner">
操作
</div>
</div>
</div>

<div class="OrderList">
<div class="order-content" id="list-cont">
{% for c in commodityInfos %}
<ul class="item-content layui-clear">
<li class="th th-chk">
<div class="select-all">
<div class="cart-checkbox">
<input class="CheckBoxShop check" id=""
```

```
type="checkbox" num="all" name="select-all" value="true">
</div>
</div>
</li>
<li class="th th-item">
<div class="item-cont">
<a href="javascript:;"><img src="{{ c.img.url }}" alt=""></a>
<div class="text">
<div class="title">{{ c.name }}</div>
<p><span>{{ c.sezes }}</span></p>
</div>
</div>
</li>
<li class="th th-price">
<span class="th-su">{{ c.price }}</span>
</li>
<li class="th th-amount">
<div class="box-btn layui-clear">
<div class="less layui-btn">-</div>
{% for k, v in commodityDcit.items %}
{% if c.id == k %}
<input class="Quantity-input" value="{{ v }}" disabled="disabled">
{% endif %}
{% endfor %}
<div class="add layui-btn">+</div>
</div>
</li>
<li class="th th-sum">
<span class="sum">0</span>
</li>
<li class="th th-op">
<span class="dele-btn"> 删除 </span>
<p hidden="hidden">{{ c.id }}</p>
</li>
</ul>
{% endfor %}
</div>
</div>

<!- ···········②··········· ->
<div class="FloatBarHolder layui-clear">
<div class="th th-chk">
<div class="select-all">
<div class="cart-checkbox">
<input class="check-all check" id="" name="select-all"
type="checkbox" value="true">
</div>
<label>   已选
<span class="Selected-pieces">0</span> 件
</label>
</div>
```

```
</div>
<div class="th batch-deletion">
<span class="batch-dele-btn"> 删除全部 </span>
<p hidden="hidden" id="userId">{{ user.id }}</p>
</div>
<div class="th Settlement">
<button class="layui-btn" id="settlement"> 结算 </button>
</div>
<div class="th total">
<p> 应付: <span class="pieces-total">0</span></p>
</div>
</div>
</div>
{% endblock content %}

<!- ………③………… ->
{% block script %}
  layui.config({
    base: '{% static 'js/' %}'
  }).use(['mm','jquery','element','car'],function(){
    var mm=layui.mm,$=layui.$,element=layui.element,car=layui.car;
    car.init();

    $(function(){
    var counts = 0;
$(".sum").each(function(i,e){
  var quantity = $('.th-su')[i].innerHTML
    var price = $('.Quantity-input')[i].value
    e.innerHTML = (quantity * price).toFixed(2)
    counts = counts*1 + e.innerHTML*1
});
    $(".pieces-total").text("¥" + counts.toFixed(2))
    });

    $("#settlement").on('click',function(){
        var total = $(".pieces-total").text()
        window.location = "{% url 'shopper:pays' %}?total=" + total
    })
});
{% endblock script %}
```

模板文件 shopcart.html 按照功能划分可分为 3 个部分, 在代码中依次标注了①②③, 每个部分的功能说明如下:

(1) 标注①是调用模板文件 base.html 并重写接口 content, 然后遍历变量 commodityInfos 生成购物车的商品列表, 每次遍历对象 c 代表模型 CommodityInfos 的某条数据, 购物车的商品列表展示了商品主图、名称、单价、数量、总价和删除按钮。其中商品数量是通过遍历 commodityDcit 和判断遍历对象 c 的主键 id, 从 commodityDcit 中获取准确的商品数量。

(2) 标注②是实现购物车最下方的复选框、"删除全部"按钮、应付费用和"结算"按钮。

其中"删除全部"按钮设置隐藏控件 p，它使用内置模板变量 user 记录了当前用户的主键 id，便于 JavaScript 实现删除全部商品。

（3）标注③是重写 base.html 的接口 script，首先引入静态文件 car.js 的脚本代码，然后编写了购物车最下方的应付费用的计算方法和"结算"按钮的触发事件。"结算"按钮首先获取购物车最下方的应付费用，然后将应付费用作为路由 pays 的请求参数 total，最后由浏览器访问带请求参数 total 的路由 pays。

9.2　Ajax 删除购物车的商品

从购物车页面看到，每一条商品信息设有"删除"按钮，并且在购物车最下方还设有"删除全部"按钮，换句话说，删除购物车的商品信息可分为两种情况：单独删除某条商品信息和删除全部商品信息。

无论是哪一种商品删除方式，我们都可以将两者放在同一个功能中实现，只需设置不同的删除条件，从而执行不同的删除操作即可。删除商品可以使用 Ajax 实现，无须重新加载整个网页，只要更新部分网页内容即可，既能提高用户体验，又能减少网页加载时间。

首先在项目应用 shopper 的 urls.py 中定义 API，该接口由 Ajax 访问，实现后台数据操作和网页动态渲染，API 命名为路由 delete，定义过程如下：

```
# 项目应用 shopper 的 urls.py
from django.urls import path
from .views import *

urlpatterns = [
    path('.html', shopperView, name='shopper'),
    path('/login.html', loginView, name='login'),
    path('/logout.html', logoutView, name='logout'),
    path('/shopcart.html', shopcartView, name='shopcart'),
    path('/delete.html', deleteAPI, name='delete')
]
```

路由 delete 的 HTTP 请求交由视图函数 deleteAPI 处理和响应，下一步在项目应用 shopper 的 views.py 中定义视图函数 deleteAPI，代码如下：

```
# 项目应用 shopper 的 views.py
from .models import *
from django.http import JsonResponse

def deleteAPI(request):
    result = {'state': 'success'}
    userId = request.GET.get('userId', '')
    commodityId = request.GET.get('commodityId', '')
    if userId:
        CartInfos.objects.filter(user_id=userId).delete()
```

```
    elif commodityId:
        CartInfos.objects.filter(commodityInfos_id=commodityId).delete()
    else:
        result = {'state': 'fail'}
    return JsonResponse(result)
```

视图函数 deleteAPI 分别定义了变量 result、userId、commodityId，每个变量的功能以及函数的处理过程说明如下：

（1）变量 result 以字典格式表示，它将作为 HTTP 的响应内容，如果字典的 state 等于 success，则说明该请求成功地执行了商品删除操作；如果字典的 state 等于 fail，则说明商品删除失败。

（2）变量 userId 用于获取请求参数 userId，如果不存在请求参数 userId，则变量 userId 设为空字符，请求参数 userId 代表当前用户的主键 id。

（3）变量 commodityId 用于获取请求参数 commodityId，如果该请求参数不存在，则变量 commodityId 设为空字符，请求参数 commodityId 代表某一商品的主键 id。

（4）视图函数首先判断变量 userId 是否为空，如果不为空，则说明当前请求是删除全部商品，代表用户单击了"删除全部"按钮；如果变量 userId 为空，则程序继续判断变量 commodityId 是否为空，如果变量 commodityId 不为空，则说明当前请求是单独删除某一商品，代表用户单击某商品的"删除"按钮；如果变量 userId 和 commodityId 皆为空，则说明当前请求没有设置任何请求参数，将变量 result 的 state 改为 fail，说明当前请求不是删除商品操作。

（5）最后使用 Django 内置函数 JsonResponse 将变量 result 转换为 JSON 格式，并作为当前 HTTP 请求的响应内容。

完成 API（路由 delete）的定义之后，我们可以在网页中编写 Ajax 脚本代码调用 API。分析模板文件 shopcart.html 可知，标注③是重写 base.html 的接口 script，并且引入了静态文件 car.js 的脚本代码。我们在 PyCharm 中打开静态文件 car.js，其脚本代码如下：

```
# 静态文件 car.js
layui.define(['layer'],function(exports){
var layer = layui.layer;
var car = {
  init : function(){
// 每一行
var uls=document.getElementById('list-cont').getElementsByTagName('ul');
// 所有复选框
var checkInputs=document.getElementsByClassName('check');
// 全选框
var checkAll=document.getElementsByClassName('check-all');
// 总件数
var SelectedPieces=document.getElementsByClassName('Selected-pieces')[0];
// 总价
var piecesTotal=document.getElementsByClassName('pieces-total')[0];
// 批量删除按钮
```

```
var batchdeletion=document.getElementsByClassName('batch-deletion')[0]
// 计算
<!- ··········①············· ->
function getTotal(){
  var seleted = 0,price = 0;
  for(var i = 0; i < uls.length;i++){
    if(uls[i].getElementsByTagName('input')[0].checked){
    seleted+=parseInt(uls[i].getElementsByClassName(
          'Quantity-input')[0].value);
    price+=parseFloat(uls[i].getElementsByClassName('sum')
          [0].innerHTML);}
    }
  SelectedPieces.innerHTML = seleted;
  piecesTotal.innerHTML = '¥' + price.toFixed(2);
}

<!- ··········②············· ->
// 小计
function getSubTotal(ul){
    var unitprice=parseFloat(ul.getElementsByClassName('th-su')
          [0].innerHTML);
    var count=parseInt(ul.getElementsByClassName('Quantity-input')
          [0].value);
    var SubTotal = parseFloat(unitprice*count)
    ul.getElementsByClassName('sum')[0].innerHTML=SubTotal.toFixed(2);
}

<!- ··········③············· ->
for(var i = 0;i < checkInputs.length;i++){
checkInputs[i].onclick = function(){
  if(this.className === 'check-all check'){
    for(var j = 0;j < checkInputs.length; j++){
      checkInputs[j].checked = this.checked;
    }
  }
  if(this.checked == false){
    for(var k = 0;k < checkAll.length;k++){
      checkAll[k].checked = false;
    }
  }
  getTotal()
}
}

<!- ··········④············· ->
// 单独删除某条商品信息
for(var i = 0; i < uls.length;i++){
uls[i].onclick = function(e){
  e = e || window.event;
  var el = e.srcElement;
  var cls = el.className;
```

```
var input = this.getElementsByClassName('Quantity-input')[0];
var less = this.getElementsByClassName('less')[0];
var val = parseInt(input.value);
var that = this;
switch(cls){
  case 'add layui-btn':
    input.value = val + 1;
    getSubTotal(this)
    break;
  case 'less layui-btn':
    if(val > 1){
      input.value = val - 1;
    }
    getSubTotal(this)
    break;
  case 'dele-btn':
    layer.confirm('你确定要删除吗',{
      yes:function(index,layero){
        layer.close(index)
        that.parentNode.removeChild(that);
        // 发送 Ajax 删除数据库的购物车信息
        console.log(that)
        var commodityId = that.getElementsByClassName("th th-op")[0].
                          getElementsByTagName("p")[0].innerHTML;
        var xhr = new XMLHttpRequest();
        var url = "/shopper/delete.html?commodityId="+ commodityId;
        xhr.open("GET", url);
        xhr.send();
        xhr.onreadystatechange = function(){
        if(xhr.readyState==4 && xhr.status==200){
          var text = xhr.responseText;
          var json=JSON.parse(text);
          if (json.state == "success"){
              layer.confirm('删除成功')
              window.location = "/shopper/shopcart.html"
          }
          else{
              layer.confirm('删除失败')
          }
          console.log(json)
          }
          }
      }
    })
    break;
  }
  getTotal()
}
}
```

```
<!- …………⑤………… ->
// 删除全部商品
batchdeletion.onclick = function(){
  layer.confirm(' 你确定要删除吗 ',{
    yes:function(index,layero){
      layer.close(index)
      // 发送 Ajax 删除数据库的购物车信息
      var userId = document.getElementById("userId").innerHTML;
      var xhr = new XMLHttpRequest();
      var url = "/shopper/delete.html?userId="+ userId;
      xhr.open("GET", url);
      xhr.send();
      xhr.onreadystatechange = function(){
      if(xhr.readyState==4 && xhr.status==200){
        var text = xhr.responseText;
        var json=JSON.parse(text);
        if (json.state == "success"){
            layer.confirm(' 删除成功 ')
            window.location = "/shopper/shopcart.html"
        }
        else{
            layer.confirm(' 删除失败 ')
        }
        console.log(json)
        }
        }
      }
    })
}
checkAll[0].checked = true;
checkAll[0].onclick();
}
}
exports('car',car)
});
```

从静态文件 car.js 看到，该文件在变量 car 的初始化过程（var car={init : function(){}}）中定义了 5 个函数方法，每个函数方法依次标注了①②③④⑤，详细的功能说明如下：

（1）标注①是对已勾选的商品逐一累计应付费用和数量，并将计算结果分别显示在购物车最下方的应付费用和已选数量中。函数首先遍历购物车的每件商品，然后对每件商品的复选框状态进行判断，如果当前遍历的商品信息已选中复选框，则获取商品的购买数量和费用，将两者分别累加到变量 price 和 seleted，当遍历完成后，变量 price 和 seleted 分别显示在购物车最下方的应付费用和已选数量中，如图 9-3 所示。

（2）标注②是对某一商品的应付费用进行计算，getSubTotal 函数设置了参数 ul，它代表某一商品的元素定位，从函数参数 ul 中获取商品的单价和数量，分别赋值给变量 unitprice 和 count，然后计算该商品的应付费用 SubTotal 并显示在网页上，如图 9-4 所示。

图 9-3 网页效果

图 9-4 网页效果

（3）标注③是对商品复选框添加事件触发，当单击某商品的复选框时将触发 checkInputs[i].onclick = function(){}，然后判断复选框的 class 样式是否等于 check-all check，如果符合判断条件，则将当前单击状态（this.checked）赋值给当前复选框的属性 checked（checkInputs[j].checked）；如果当前单击状态等于 false，则将购物车列表上方的全选按钮（checkAll[k]）取消勾选，最后调用函数 getTotal() 重新计算所有商品的应付费用，如图 9-5 所示。

图 9-5 网页效果

（4）标注④是遍历所有商品并对商品数量的"+""—"和"删除"按钮进行事件触发。函数首先绑定某个商品的单击事件（uls[i].onclick = function(e){}），然后获取商品的某些元素信息，最后使用 switch() 语法对元素的 class 样式进行判断，判断过程如下：

- 如果当前元素的 class 样式等于 add layui-btn，则说明当前用户单击了商品数量的"+"按钮，程序将商品购买数量累加 1。
- 如果当前元素的 class 样式等于 less layui-btn，则说明当前用户单击了商品数量的"—"按钮，程序判断商品购买数量是否大于 1，若数量大于 1，则再对商品购买数量累减 1。

- 如果当前元素的 class 样式等于 dele-btn，则说明当前用户单击了商品数量的"删除"按钮。首先提示"你确定要删除吗"信息，当单击 Yes 按钮后，程序从隐藏控件 <p> 获取商品主键 id，它将作为 API（路由 delete）的请求参数 commodityId，最后向 API（路由 delete）发送 HTTP 的 GET 请求，当 Django 接收到 Ajax 请求后，视图函数 deleteAPI 获取请求参数 commodityId，在模型 CartInfos 中删除相应的商品信息。当商品删除成功后，Ajax 接收视图函数 deleteAPI 的响应内容，若响应内容等于 success，则说明商品删除成功，浏览器重新访问购物车页面。

（5）标注⑤是对购物车下方的"删除全部"按钮绑定事件触发（batchdeletion.onclick = function(){}），当用户单击"删除全部"按钮的时候，首先提示"你确定要删除吗"信息，单击 Yes 按钮后，从网页的隐藏控件 <p> 获取用户主键 id，它作为 API（路由 delete）的请求参数 userId，最后向 API（路由 delete）发送 HTTP 的 GET 请求，视图函数 deleteAPI 获取请求参数 userId，在模型 CartInfos 中删除所有 user_id=userId 的商品信息，从而删除用户的所有商品信息，整个功能的业务逻辑与删除某一商品的业务逻辑大致相同，只不过两者的请求参数各不相同。

9.3 支付宝的支付配置

在线支付是任何电商平台必不可少的功能，目前最大的支付平台为支付宝、微信支付和京东支付，它们可以绑定银行卡完成支付过程。支付平台的支付流程需要与银行签订商务协议，再由银行提供接口由支付平台进行调度，完成整个支付（退款）流程。

整个支付过程看似简单，但实际上涉及财务计算、接口的每次调度费用、授权认证等多方面的协议，而且银行需要考察公司的资质和规模，综合考虑在线支付的可行性与安全性。一般而言，大多数自主开发的电商平台都会首选支付宝、微信支付或京东支付实现在线支付功能。

支付宝、微信支付和京东支付提供了开发文档，但使用支付接口必须为商家或公众号账号，而且还要设置相关信息。以支付宝为例，在浏览器中打开 openhome.alipay.com/ docCenter/ docCenter.htm，在网页中找到"快速入门"并单击"平台入驻"，如图 9-6 所示。

图 9-6 支付宝文档中心

成功访问"平台入驻"页面后，我们可以根据文档说明注册入驻开放平台，平台身份可以选择"系统服务商 ISV"或"自研开发者"。完成用户入驻后，使用支付宝登录开放平台，然后单击"开发者中心"，如图 9-7 所示。

在开发者中心页面，在线支付分为两种模式：上线应用和沙箱应用。首先讲述如何创建上线应用，在页面中找到并单击"创建应用"，然后在弹出的下拉列表中选择"网页 & 移动应用"，最后单击"支付接入"，如图 9-8 所示。在图 9-9 中填写应用信息并单击"确认创建"按钮即可创建上线应用。

图 9-7 开发者中心

图 9-8 开发者中心页面

图 9-9 创建应用

上线应用建议在网站运营上线或上线调试阶段使用，因为 API 需要商户签约，商户签约需要提供营业执照，并且每次调用 API 需要收取一定的费用，费用计算如图 9-10 所示。如果使用上线应用开发网站功能，那么每次测试支付功能的时候，都需要支付相关费用给支付宝平台，这样就提高了项目开发成本。

图 9-10 费用计算

在网站的开发阶段，支付宝为开发者提供了研发服务，我们在图 9-8 中单击"研发服务"，浏览器会访问"沙箱"页面，如图 9-11 所示。沙箱应用可以协助开发者进行接口功能开发及主要功能联调的环境模拟，在沙箱完成接口开发及主要功能调试后，可以在正式环境中进行完整的功能验收测试。

图 9-11 沙箱环境

上线应用与沙箱应用的信息配置是相同的，换句话说，如果网站在开发阶段使用沙箱应用，当网站上线运营的时候，只需将沙箱应用的信息配置改为上线应用的信息配置即可。它们设有 3 个重要参数：APPID、支付宝网关和 RSA2（SHA256）密钥，每个参数说明如下：

- APPID 是发起请求的应用 ID，无论是上线应用还是沙箱应用，它们都有唯一的 APPID。
- 支付宝网关由支付宝提供，上线应用的网关为 https://openapi.alipay.com/gateway.do，沙箱应用的网关为 https://openapi.alipaydev.com/gateway.do。
- RSA2（SHA256）密钥用于保证接口中使用的私钥与公钥匹配成功，否则无法调用接口，这是接口调用的加密设置，每个应用的私钥和公钥都是唯一的。

RSA2（SHA256）密钥有两种加密方式：公钥证书和公钥。我们单击 RSA2（SHA256）密钥的"设置/查看"按钮，然后选择公钥作为加密方式，如图 9-12 所示。

公钥字符可以使用支付宝密钥生成器或 OpenSSL（第三方工具）生成密钥，支付宝密钥生成器仅支持 Windows 版本和 macOS 版本。单击图 9-12 中的支付宝密钥生成器可跳转到相关文档页面，如图 9-13 所示，然后单击 WINDOWS 下载链接即可下载支付宝密钥生成器。

图 9-12　配置 RSA2（SHA256）密钥

工具

更新时间：2020-02-06 22:17:50

我们提供了一键生成 RSA 密钥工具。该工具也提供了签名及验签功能，可以演示针对支付宝开放平台接口的签名和验签流程。

WINDOWS版本工具下载地址： WINDOWS （windows版本工具请不要安装在含有空格的目录路径下）

MAC OS版本工具下载地址： MAC_OSX

下载安装完成后，即可运行工具，本工具只会记录上传点击事件操作行为，不会记录上传用户的任何用户信息以及公私钥等敏感信息。

图 9-13　支付宝密钥生成器

　　安装并运行支付宝密钥生成器，在软件界面的左侧选择"生成密钥"，然后依次单击选择
"RSA2"→"PKCS1（非 JAVA 适用）"→"生成密钥"，支付宝密钥生成器将自动创建应
用私钥和应用公钥，如图 9-14 所示，并且将应用私钥和应用公钥以文件形式保存到本地计算
机中，如图 9-15 所示。

图 9-14　创建应用私钥和应用公钥

图 9-15　应用私钥和应用公钥的文件路径

下一步将支付宝密钥生成器创建的应用公钥复制到沙箱应用的 RSA2（SHA256）密钥中，然后单击"保存设置"按钮即可完成 RSA2（SHA256）密钥的配置，如图 9-16 所示。

图 9-16　配置 RSA2（SHA256）密钥

如果 RSA2（SHA256）密钥的加密模式选择公钥证书，那么可以在支付宝密钥生成器中创建证书文件，具体的操作流程可以查看官方文档（https://opendocs.alipay.com/open/291/105971）。

综上所述，支付宝的支付接口配置步骤如下：

（1）使用支付宝账号入驻开放平台，平台身份可以选择"系统服务商 ISV"或"自研开发者"。

（2）在线支付分为两种模式：上线应用和沙箱应用。每个应用设有 3 个重要参数：APPID、支付宝网关和 RSA2（SHA256）密钥。

（3）下载安装支付宝密钥生成器，并使用支付宝密钥生成器创建应用私钥和应用公钥。

（4）将应用公钥复制到沙箱应用的 RSA2（SHA256）密钥，然后单击"保存设置"按钮即可。

9.4　alipay-sdk-python 的安装与使用

在支付宝开放平台完成沙箱应用的配置后，下一步编写代码调试支付接口，完成支付功能的开发。从开放平台文档中心了解到，支付宝提供了 Python 的 SDK（Software Development

Kit，软件开发工具包）。SDK 是一些软件工程师为特定的软件包、软件框架、硬件平台、操作系统等建立的应用软件开发工具集合。简单来说，支付宝将支付接口封装成第三方模块，开发者只需安装并调用模块即可实现支付功能。

我们使用浏览器访问 opendocs.alipay.com/open/54/103419/，并在网页上找到 SDK 列表，如图 9-17 所示。在 SDK 列表中，单击"PyPI 项目依赖"链接即可访问第三方模块 alipay-sdk-python，如图 9-18 所示。

获取 Alipay SDK

开发语言	资源下载	环境要求
JAVA 版资源	Maven项目依赖 GITHUB项目主页	适用于 Java 语言、JDK 版本 1.6 及以上的开发环境
.NET 版资源	NuGet项目依赖 GITHUB项目主页	适用于符合.Net Standard 2.0规范的各类微软框架（比如.Net Framework >= 4.6.1、.Net Core >= 2.0等）。 .Net Framework（3.5～4.6）的用户可以继续使用 AlipaySDKNet
PHP 版资源	SDK源码下载	适用于 PHP 5.5 以上的开发环境
PYTHON 版资源	PyPI项目依赖	适用于 Python 2.7 及以上版本的开发环境
NodeJS 版资源	NPM项目依赖	适用于 Node.js v8.0.0 及以上版本的开发环境

图 9-17　SDK 列表

图 9-18　第三方模块 alipay-sdk-python

在本地计算机的 CMD 窗口或者 PyCharm 的 Terminal 窗口下输入第三方模块 alipay-sdk-python 的安装指令。由于第三方模块 alipay-sdk-python 依赖 PyCrypto 模块（PyCrypto 模块用来实现 RSA 加密算法），因此在安装 alipay-sdk-python 之前需要安装模块 PyCrypto。但在 CMD 窗口使用 pip 指令安装 PyCrypto 模块会提示安装失败，如图 9-19 所示，这是因为 PyCrypto 模块与 Windows 10 系统存在兼容问题。

图 9-19 PyCrypto 安装失败

为了解决 PyCrypto 模块与 Windows 10 系统的兼容问题，我们可以修改本地系统的环境设置，将 CMD 窗口切换到 C:\Program Files (x86)\Microsoft Visual Studio 14.0\VC，然后依次执行操作指令，详细指令如图 9-20 所示，由于指令的执行时间相对较长，需要耐心等待。

图 9-20 安装 PyCrypto

成功安装 PyCrypto 模块之后，在 CMD 窗口或者 PyCharm 的 Terminal 窗口下输入 pip install alipay-sdk-python 并等待模块安装成功即可。如果 PyCrypto 模块还是无法安装，可以使用 PyCryptodome 代替，关于 PyCryptodome 模块将会在 9.5 节深入讲述。

我们回看 alipay-sdk-python 的网页（见图 9-18），在网页中找到页面接口示例的代码，如图 9-21 所示。

图 9-21 页面接口示例

图 9-21 的代码示例就是项目 babys 需要实现的支付功能，首先实例化 AlipayTradePagePayModel()，生成实例化对象 model，然后设置实例化对象 model 的属性，这些属性将作为支付接口的请求参数，页面接口的请求参数说明可以参考官方文档（opendocs.alipay.com/apis/api_1/alipay.trade.page.pay）。

由于 alipay-sdk-python 已有具体的示例代码，我们只需在此基础上进行调整修改就能实现网页在线支付功能。在项目 babys 的项目应用 shopper 中创建 pays_new.py 文件，在该文件上编写以下代码：

```
# 项目应用 shopper 的 pays_new.py
# pip install pycrypto
# pip install alipay-sdk-python
```

```
# 买家账号：ltyavg2644@sandbox.com
# 登录和支付密码：111111
import logging
from alipay.aop.api.AlipayClientConfig import AlipayClientConfig
from alipay.aop.api.DefaultAlipayClient import DefaultAlipayClient
from alipay.aop.api.domain.AlipayTradePagePayModel import
AlipayTradePagePayModel
from alipay.aop.api.request.AlipayTradePagePayRequest import
AlipayTradePagePayRequest
# 日志对象
logging.basicConfig(
    level=logging.INFO,
    format='%(asctime)s %(levelname)s %(message)s',
    filemode='a',)
logger = logging.getLogger('')

# 应用公钥
alipay_public_key_string = """-----BEGIN PUBLIC KEY-----
MIIBIjANBgkqhkiG9w0BAQEFAAOCAQ8AMIIBCgKCAQEAizM2r9tsEowVmi5P5RIniEBEKvd
1byAvA3p1w37oEOV8e5pEmZb51Uh3wXQgExOPXUTM5vUm35CCxfNJ8aixZ7EH54ZyufL0Aq
wfSgwhQ0xASEK6lBxtwVJGr4H/wfKJh1TGRbxunV/tcPdKgIuRBdc55NZgWWc1Ran0zWb3m
oZ6e7Nc/8E2BsKaAdjCV8QfKtQDc0vSiqhqMwQe0SZA4CUPE8hSPVLo+jucR3Yjb8HyNXFC
xz+TerHknIwaOoiN/hWx8GeL1XjEcpbHBLStXUD1V5fk2wJRwMRU1v0DjfujmjYQAPsRZrn
SXttePL6pRvE6dsMUHDomVRgCLXBWlQIDAQAB
-----END PUBLIC KEY-----"""
# 应用私钥
app_private_key_string = """-----BEGIN RSA PRIVATE KEY-----
MIIEogIBAAKCAQEAo5Uz9RJOYT45zuxx6H3cNkjwnJR6leI0LcvAeXy696WgLiymU1m9b4g
XJu9bsjRe0IeeNvlv6qjFpV6lKBygojSpsUxw+MYP8GTal/8im3L6jbgeiN7Eazl3TicJMv
v2yUOZWvWfWOPWnxaf7pNQFN1JBBtyxYiqbntrfy4Q6RN+WNNjl+CvWoStHanrSGDv3ydsi
PgsgNS0GS1CK3jtoxwQj5gawRdh23xQarwr4vuxhyywOtYDFrQbjmya7ij7Rev/Ke0AMlbq
JeyczhYl6pPyk49ktae6WSOGr6mW7tDMOnsKIS30VsMQCpylKB3yMmL+44RuR3xBa6/SJGX
KMwIDAQABAoIBAHP2onWaVoxVK2/oKDvzdTe6b2/gxiIY0HqilVjKNlS2wh3ZozM1S9iT9i
2wwyVKgOh9K4i3PUJx0GMR/Cy6VpmGkcFRekixR71YEapswKDIWpw6qNLIcR++BjiN7bSJ8
AHvfPiBZSwDoDL5O/lJzxxrXoad2rfz0TYvIh5vjqda8//v1f/XVVneBvt5C8vP5UP4O1bUS
VHydCiVwXqoLBgBWEskAZ7pFZC0v/VpmOjJyifZIxoSiWPbAB492lu/LpRNhnavuipWA2fe
2mjf9X/nTHZKgNhozrWEVEbGOYn28kP+Ac7CdIH1sGaKUd+TjSE2ANkYSFibPCGN56dWKj2
ECgYEA/6fn3fJHQlbIo/6eY6gSDLHvmTBbqli8VrZsM98y/cy/1Br6ws6MUmjblJR+HOow0
pLDT6b9Drzm16eKJ0bSOG0xIUKv6xwthwTfX4zCWDGg3IW/MCxYrdFx6o+JgVx25hhwLzj8
03BfeILp8VizK+zo4Sp32Sb7NkSSqwbLABECgYEAo82SEFfZJ9LMBM0b3c/tFiCxutN7360
4NEmomIUYsSxH7iYvuArN2lp8kpXKoHXarXI9QgVhj5niyViWYuOv3oNfYrakhe4wInlzA4
Exds1Qf7x2HUfotaxtlOz5L+//ToCAeyTupwhXAC6lhllMeQCoJ8WfHAYK/FamJYPiKgMCg
YAES4DUtLZHwgd64dMtX2x2NCMPUsWndfgsCMKGmJBVvTPXz2A5F5k55TMTKu93cuPBFeAc
HXUQ41GJe/IRONpf0AXMRj+IVp/ZLdbG1ymIq8TFD6YnnAcdXHBqfWDVAIWq1exEjtOIhdH
Ex4ZAnLnd2gwLhFghGMuNnNdN8j5E0QKBgBLwHHgJQBELnQzdDeC6PmX1h7ba5pJ4u2vILF
bd5Hnvba2J+rBjh2M8XPSxnsiod4zgDVcJujrZBtBSjqiGPHoUZD3Mcf8OB8Ckm/iGwkpCg
i0Sg/Fks/H1KoIyV6kELVdNIg2auoDTRQO/YOHEh0PiII7gmUGrLS/5cKIbulUzAoGACqUh
HYzewnqcJOz2CV21ozCFqNCqJ3kfgvwiTrFsIF6V6MzGg38wZ+xquBv1gIyV+lJbjI559jj
TmjBbiI1Z3UZpVIQI100q6hHXhKYNrvteWZ4hYLiy0n5GUS8nrz/Mn7hv7Rj5i06TefE/aH
rzrgglfg4raLft2bKB86UTe4Q=
-----END RSA PRIVATE KEY-----"""
```

```
# 设置沙箱应用的 APPID、支付宝网关和 RSA2(SHA256) 密钥
alipay_client_config = AlipayClientConfig()
# 沙箱应用的支付宝网关
alipay_client_config.server_url='https://openapi.alipaydev.com/gateway.do'
# 沙箱应用的 APPID
alipay_client_config.app_id = '2016102000726748'
# 沙箱应用的 RSA2(SHA256) 密钥
alipay_client_config.app_private_key = app_private_key_string
alipay_client_config.alipay_public_key = alipay_public_key_string
client=DefaultAlipayClient(alipay_client_config=alipay_client_config,
logger=logger)

def get_pay(out_trade_no, total_amount, return_url):
    # 创建 AlipayTradePagePayModel 对象
    model = AlipayTradePagePayModel()
    model.out_trade_no = out_trade_no
    model.total_amount = str(total_amount)
    model.subject = " 测试 "
    model.body = " 支付宝测试 "
    model.product_code = "FAST_INSTANT_TRADE_PAY"
    # 创建 HTTP 请求对象
    request = AlipayTradePagePayRequest(biz_model=model)
    request.notify_url = return_url + '?t=' + out_trade_no
    request.return_url = return_url + '?t=' + out_trade_no
    # 执行 HTTP 请求
    response = client.page_execute(request, http_method="GET")
    return response
```

分析上述代码，我们将代码分为两部分：配置沙箱应用信息和调用支付接口，详细说明如下：

（1）使用 Python 内置模块 logging 创建日志对象 logger，主要用于记录每次接口的调用情况，以便统计和核算。

（2）将支付宝密钥生成器创建的应用私钥和应用公钥文件内容赋予变量 app_private_key_string 和 alipay_public_key_string，换句话说，就是将图 9-15 的文件内容写入变量 app_private_key_string 和 alipay_public_key_string。文件内容是一串已加密且不规则的字符串，在写入变量的时候，它们必须遵从以下格式：

```
# AAA 代表应用公钥的文件内容
-----BEGIN PUBLIC KEY-----AAA-----END PUBLIC KEY-----
# BBB 代表应用私钥的文件内容
-----BEGIN RSA PRIVATE KEY-----BBB-----END RSA PRIVATE KEY-----
```

（3）实例化 AlipayClientConfig() 生成 alipay_client_config 对象，设置属性 server_url、app_id、app_private_key 和 alipay_public_key，这些属性都是沙箱应用的 APPID、支付宝网关和 RSA2（SHA256）密钥。

（4）实例化 DefaultAlipayClient() 生成 client 对象，将对象 alipay_client_config 和日志对象 logger 作为 DefaultAlipayClient() 的参数。

（5）函数 get_pay 的参数 out_trade_no、total_amount 和 return_url 分别为订单号、支付金额和回调地址（回调地址即支付成功后跳转的网页地址）。函数 get_pay 首先实例化 AlipayTradePagePayModel() 对象 model，再设置属性 out_trade_no、total_amount 和 subject 等相关的支付信息；然后将对象 model 作为 AlipayTradePagePayRequest() 参数，生成 request 对象并设置属性 notify_url 和 return_url；最后由 client 对象调用 page_execute() 函数方法，并把 request 对象作为函数参数向支付接口发送 HTTP 请求，支付接口的响应内容作为函数 get_pay 的返回值，从而完成整个支付过程。

9.5 python-alipay-sdk 的安装与使用

　　除了使用支付宝官方提供的 alipay-sdk-python 之外，还可以使用第三方模块 python-alipay-sdk，它是开发人员自行封装支付接口并开源到 GitHub 社区（https://github.com/fzlee/alipay）的，在安装与使用上，读者认为 python-alipay-sdk 比 alipay-sdk-python 更为简便。

　　python-alipay-sdk 依赖 PyCryptodome 模块，其实 alipay-sdk-python 依赖的 PyCrypto 已经超过 3 年时间无人维护了，因此才会出现与 Windows 系统不兼容的情况，而 GitHub 的开发者 Varbin 在 PyCrypto 项目的 Github issue 中呼吁开发人员不要再使用 PyCrypto，应该将 PyCrypto 替换为 PyCryptodome，对于使用 PyCrypto 的已有项目而言，PyCryptodome 保持了与 PyCrypto 相当高的兼容性并且处于良好的维护状态，因此便于更换。

　　我们在本地计算机的 CMD 窗口或者 PyCharm 的 Terminal 窗口下依次安装 PyCryptodome 和 python-alipay-sdk，安装指令如下：

```
C:\WINDOWS\system32>pip install pycryptodome
C:\WINDOWS\system32>pip install python-alipay-sdk
```

　　PyCryptodome 和 python-alipay-sdk 模块安装成功后，本地系统就会将 alipay-sdk-python 模块自行删除，换句话说，一台计算机不能同时保留 alipay-sdk-python 和 python-alipay-sdk，两者只能选其一。

　　我们在 GitHub 中参考 python-alipay-sdk 的文档说明，通过修改调整文档提供的示例代码就能实现网页的在线支付功能。在项目 babys 的项目应用 shopper 中创建 pays.py 文件，在该文件中编写以下代码：

```
# 项目应用 shopper 的 pays.py
# pip install pycryptodome
# pip install python-alipay-sdk

from alipay import AliPay
import time
alipay_public_key_string = """-----BEGIN PUBLIC KEY-----
MIIBIjANBgkqhkiG9w0BAQEFAAOCAQ8AMIIBCgKCAQEAizM2r9tsEowV
mi5P5RIniEBEKvd1byAvA3p1w37oEOV8e5pEmZb51Uh3wXQgExOPXUTM
```

5vUm35CCxfNJ8aixZ7EH54ZyufL0AqwfSgwhQ0xASEK6lBxtwVJGr4H/
wfKJh1TGRbxunV/tcPdKgIuRBdc55NZgWWc1Ran0zWb3moZ6e7Nc/8E2
BsKaAdjCV8QfKtQDc0vSiqhqMwQe0SZA4CUPE8hSPVLo+jucR3Yjb8Hy
NXFCxz+TerHknIwaOoiN/hWx8GeL1XjEcpbHBLStXUD1V5fk2wJRwMRU
1v0DjfujmjYQAPsRZrnSXttePL6pRvE6dsMUHDomVRgCLXBWlQIDAQAB
-----END PUBLIC KEY-----"""
app_private_key_string = """-----BEGIN RSA PRIVATE KEY-----
MIIEogIBAAKCAQEAo5Uz9RJ0YT45zuxx6H3cNkjwnJR6leI0LcvAeXy696W
gLiymU1m9b4gXJu9bsjRe0IeeNvlv6qjFpV6lKBygojSpsUxw+MYP8GTal/
8im3L6jbgeiN7Eazl3TicJMvv2yUOZWvWfWOPWnxaf7pNQFN1JBBtyxYiqb
ntrfy4Q6RN+WNNjl+CvWoStHanrSGDv3ydsiPgsgNS0GSlCK3jtoxwQj5ga
wRdh23xQarwr4vuxhyywOtYDFrQbjmya7ij7Rev/Ke0AMlbqJeyczhYl6pP
yk49ktae6WSOGr6mW7tDMOnsKIS30VsMQCpylKB3yMmL+44RuR3xBa6/SJG
XKMwIDAQABAoIBAHP2onWaVoxVK2/oKDvzdTe6b2/gxiIY0HqilVjKNlS2w
h3ZozM1S9iT9i2wwyVKgOh9K4i3PUJx0GMR/Cy6VpmGkcFRekixR71YEaps
wKDIWpw6qNLIcR++BjiN7bSJ8AHvfPiBZSwDoDL5O/lJzxxrXoad2rfz0TY
vIh5vjqda8/v1f/XVVneBvt5C8vP5UP4O1bUSVHydCiVwXqoLBgBWEskAZ7
pFZC0v/VpmOjJyifZIxoSiWPbAB492lu/LpRNhnavuipWA2fe2mjf9X/nTH
ZKgNhozrWEVEbGOYn28kP+Ac7CdIH1sGaKUd+TjSE2ANkYSFibPCGN56dWK
j2ECgYEA/6fn3fJHQlbIo/6eY6gSDLHvmTBbqli8VrZsM98y/cy/1Br6ws6
MUmjblJR+HOow0pLDT6b9Drzm16eKJ0bSO G0xIUKv6xwthwTfX4zCWDGg3I
W/MCxYrdFx6o+JgVx25hhwLzj803BfeILp8VizK+zo4Sp32Sb7NkSSqwbLA
BECgYEAo82SEFfZJ9LMBM0b3c/tFiCxutN73604NEmomIUYsSxH7iYvuArN
2lp8kpXKoHXarXI9QgVhj5niyViWYuOv3oNfYrakhe4wInlzA4ExdslQf7x
2HUfotaxtlOz5L+//ToCAeyTupwhXAC6lhllMeQCoJ8WfHAYK/FamJYPiKg
MCgYAES4DUtLZHwgd64dMtX2x2NCMPUsWndfgsCMKGmJBVvTPXz2A5F5k55
TMTKu93cuPBFeAcHXUQ41GJe/IRONpf0AXMRj+IVp/ZLdbGlymIq8TFD6Yn
nAcdXHBqfWDVAIWq1exEjtOIhdHEx4ZAnLnd2gwLhFghGMuNnNdN8j5E0QK
BgBLwHHgJQBELnQzdDeC6PmX1h7ba5pJ4u2vILFbd5Hnvba2J+rBjh2M8XP
Sxnsiod4zgDVcJujrZBtBSjqiGPHoUZD3Mcf8OB8Ckm/iGwkpCgi0Sg/Fks
/H1KoIyV6kELVdNIg2auoDTRQO/YOHEh0PiII7gmUGrLS/5cKIbulUzAoGA
CqUhHYzewnqcJOz2CV21ozCFqNCqJ3kfgvwiTrFsIF6V6MzGg38wZ+xquBv
1gIyV+lJbjI559jjTmjBbiI1Z3UZpVIQI100q6hHXhKYNrvteWZ4hYLiy0n
5GUS8nrz/Mn7hv7Rj5i06TefE/aHrzrgglfg4raLft2bKB86UTe4Q=
-----END RSA PRIVATE KEY-----"""

```python
def get_pay(out_trade_no, total_amount, return_url):
    # 实例化支付应用
    alipay = AliPay(
        appid="2016102000726748",
        app_notify_url=None,
        app_private_key_string=app_private_key_string,
        alipay_public_key_string=alipay_public_key_string,
        sign_type="RSA2"
    )
    # 发起支付请求
    order_string = alipay.api_alipay_trade_page_pay(
        # 订单号，每次发送请求都不能一样
        out_trade_no=out_trade_no,
```

```
    # 支付金额
    total_amount=str(total_amount),
    # 交易信息
    subject=" 测试 ",
    return_url=return_url + '?t=' + out_trade_no,
    notify_url=return_url + '?t=' + out_trade_no
)
return 'https://openapi.alipaydev.com/gateway.do?'+ order_string
```

上述代码与项目应用 shopper 的 pays_new.py 中定义的函数 get_pay 对比发现，两者的函数参数完全相同，但上述代码只需实例化 AliPay() 和 api_alipay_trade_page_pay() 即可实现网页的在线支付功能。

如果从代码量、代码逻辑和模块安装对比，python-alipay-sdk 略胜一筹，但从功能解耦的角度来看，alipay-sdk-python 更有优势。两者各有优缺点，在开发中应按照实际需求选择合理的方案实现。

9.6　商城的在线支付功能

我们在项目应用 shopper 的 pays_new.py 和 pays.py 中定义了函数 get_pay，它们是通过不同模块实现支付宝的网页在线支付功能的。本书以 pays_new.py 定义的函数 get_pay 为例，讲述如何在项目中使用支付宝的支付功能。

在购物车页面看到，我们在购物车的最下方设置了"结算"按钮，单击该按钮的时候，网页会触发 JavaScript 脚本，首先获取购物车最下方的应付费用，然后将应付费用作为路由 pays 的请求参数 total，最后由浏览器访问带请求参数 total 的路由 pays。

在项目 babys 中，我们并没有设置路由 pays，因此在项目应用 shopper 的 urls.py 中定义路由 pays，路由定义过程如下：

```
# 项目应用 shopper 的 urls.py
from django.urls import path
from .views import *

urlpatterns = [
    path('.html', shopperView, name='shopper'),
    path('/login.html', loginView, name='login'),
    path('/logout.html', logoutView, name='logout'),
    path('/shopcart.html', shopcartView, name='shopcart'),
    path('/pays.html', paysView, name='pays'),
    path('/delete.html', deleteAPI, name='delete')
]
```

从上述代码看到，路由 pays 的 HTTP 请求交由视图函数 paysView 处理和响应，下一步在项目应用 shopper 的 views.py 中定义视图函数 paysView，代码如下：

```
# 项目应用 shopper 的 views.py
from django.shortcuts import redirect
from .pays_new import get_pay
def paysView(request):
    total = request.GET.get('total', 0)
    total = float(str(total).replace('¥', ''))
    if total:
        out_trade_no = str(int(time.time()))
        payInfo = dict(price=total, user_id=request.user.id, state='已支付')
        request.session['payInfo'] = payInfo
        request.session['payTime'] = out_trade_no
        return_url = 'http://' + request.get_host() + '/shopper.html'
        url = get_pay(out_trade_no, total, return_url)
        return redirect(url)
    else:
        return redirect('shopper:shopcart')
```

视图函数 paysView 从 HTTP 请求中获取请求参数 total，再对请求参数 total 进行简单的数据处理，去掉货币符号 ¥ 并对其数据进行判断处理，根据判断结果执行相应的处理，详细说明如下：

（1）如果请求参数 total 为空或等于 0，则说明当前 HTTP 请求没有设置请求参数或者购物车的应付费用等于 0，遇到这两种情况，程序将重新访问购物车页面。

（2）如果请求参数 total 大于 0，则购物车页面的应付费用大于 0，说明用户正在对某商品执行结算操作，程序使用 time 模块根据当前时间生成时间戳，将时间戳作为订单编号 out_trade_no。

（3）将请求参数 total、当前用户的主键 id 以字典格式写入变量 payInfo，变量 payInfo 代表模型 OrderInfos 的订单信息，由于订单尚未完成支付过程，因此暂时将变量 payInfo 保存在当前用户的会话 Session 中。

（4）变量 return_url 用于设置支付函数 get_pay 的回调地址，回调地址为路由 shopper。然后调用支付函数 get_pay，并将订单编号 out_trade_no、请求参数 total 和变量 return_url 作为函数参数。

（5）把支付函数 get_pay 的返回值赋予变量 url，变量 url 是成功调用支付宝 API 生成的支付页面，因此可以使用 redirect() 跳转访问变量 url 的网站地址。

整个支付流程涉及视图函数 paysView、视图函数 shopperView 和支付函数 get_pay，订单信息贯穿整个支付流程，并且在 3 个函数之间相互传递，如图 9-22 所示。

详细流程说明如下：

（1）视图函数 paysView 定义的订单编号 out_trade_no 作为支付函数 get_pay 的函数参数之一，当用户支付成功后，支付函数 get_pay 的 return_url（回调地址）将订单编号 out_trade_no 作为请求参数 t，由于 return_url（回调地址）能够跳转访问路由 shopper，因此视图函数 shopperView 能通过请求参数 t 获取订单编号 out_trade_no。

图 9-22　支付流程

（2）由于视图函数 paysView 定义的变量 payInfo 已写入用户会话 Session，视图函数 shopperView 也可以从用户会话 Session 中获取变量 payInfo，将变量 payInfo 中的 payTime 与请求参数 t 进行对比（变量 payInfo 的 payTime 与请求参数 t 均代表订单编号 out_trade_no）。

（3）在视图函数 shopperView 中，如果变量 payInfo 的 payTime 与请求参数 t 相同，则说明该订单已支付成功，订单信息 payInfo 将写入模型 OrderInfos。请求参数 t 是支付函数 get_pay 的 return_url（回调地址）的请求参数，若视图函数 shopperView 能接收到请求参数 t，则说明用户在支付宝页面完成了支付过程；会话 Session 的 payInfo 由视图函数 paysView 定义，但在视图函数 shopperView 中读取和删除，它主要用于与请求参数 t 进行校验，若校验成功，则说明用户已为当前订单完成了支付过程。

在浏览器中打开商品列表页，并单击某一商品进入该商品的详细页，选择购买数量并单击"加入购物车"按钮，如图 9-23 所示。

图 9-23　购买商品

单击"加入购物车"按钮后，浏览器将触发 JavaScript 脚本，访问购物车页面并把商品主键 id 和购买数量作为该页面的请求参数 id 和 quantity，网站获取请求参数并记录在模型 CartInfos 中，然后重新访问购物车页面，其目的是去除购物车页面的请求参数并把模型 CartInfos 的数据展示在购物车列表中，如图 9-24 所示。

图 9-24　购物车页面

在购物车页面中，选择需要结算的商品并单击"结算"按钮，浏览器将访问支付接口 pays，Django 向支付宝发起 HTTP 请求，发送当前的支付信息（支付费用、订单编号等），再由支付宝生成相应的支付页面，如图 9-25 所示。

图 9-25　支付页面

由于我们使用支付宝的沙箱应用，因此无法使用手机支付宝扫码支付，只能单击右侧的"登录账户付款"按钮，使用沙箱应用提供的虚拟账号进行支付，沙箱应用的虚拟账号可以在支付宝开放平台的沙箱应用配置中查看，如图 9-26 所示。

图 9-26　沙箱应用的虚拟账号

在支付页面输入沙箱应用的虚拟账号和密码，单击"下一步"按钮，如图 9-27 所示，当账号登录成功后，再次输入支付宝的支付密码，单击"确认付款"按钮，如图 9-28 所示，等待完成支付即可。支付成功后，浏览器将自动访问个人中心页面，并将订单信息显示在个人中心页面右侧。

图 9-27　用户登录

图 9-28　输入支付密码

💠 9.7　本章小结　⫷⫷⫷

购物车页面主要实现商品的购买费用核算，其功能说明如下：

（1）在商品详细页单击"加入购物车"按钮，程序会触发 JavaScript 脚本代码，通过脚本代码访问购物车页面并把商品详细页的"数量"和商品的主键 id 作为购物车页面的请求参数。

（2）当浏览器访问购物车页面的时候，程序将获取路由地址的请求参数 id 和 quantity，然后将这些参数写入模型 CartInfos，记录当前用户的购物车信息。

（3）在购物车页面中，购物车列举了多条商品信息，每条信息设置复选框、商品主图、名称、单价、数量、总价和"删除"按钮。复选框用于勾选需要购买付款的商品；总价是当前商品的单价乘以数量计算得出的；"删除"按钮可以删除当前的商品信息，即删除模型 CartInfos 对应的数据内容。

（4）购物车的最下方设有复选框、"删除全部"按钮、应付费用和"结算"按钮，复选框是对所有商品进行勾选操作，如果商品较多，用户只需单击该复选框即可选中全部商品，无须在每个商品前面的复选框逐个单击；"删除全部"按钮用于删除当前用户的全部商品信息；应付费用是对已勾选的商品进行价格汇总；"结算"按钮用于执行支付功能，即向支付宝发起支付请求。

从购物车页面看到，每一条商品信息设有"删除"按钮，并且在购物车最下方还设有"删除全部"按钮，换句话说，删除购物车的商品信息可分为两种情况：单独删除某条商品信息和删除全部商品信息。

无论是哪一种商品删除方式，我们都可以将两者放在同一个功能中实现，只需设置不同的删除条件，从而执行不同的删除操作。删除商品可以使用采用 Ajax 实现，无须重新加载整个网页，只要更新部分网页内容即可，既能提高用户体验，又能减少网页加载时间。

支付宝的支付接口配置步骤如下：

（1）使用支付宝账号入驻开放平台，平台身份可以选择"系统服务商 ISV"或"自研开发者"。

（2）在线支付分为两种模式：上线应用和沙箱应用。每个应用设有 3 个重要参数：APPID、支付宝网关和 RSA2（SHA256）密钥。

（3）下载安装支付宝密钥生成器，并使用支付宝密钥生成器创建应用私钥和应用公钥。

（4）将应用公钥复制到沙箱应用的 RSA2（SHA256）密钥，然后单击"保存设置"按钮即可。

支付宝的 SDK 有 python-alipay-sdk 和 alipay-sdk-python，两者各有优缺点。如果从代码量、代码逻辑和模块安装对比，python-alipay-sdk 略胜一筹，但从功能解耦的角度来看，alipay-sdk-python 更有优势。

整个支付流程涉及视图函数 paysView、视图函数 shopperView 和支付函数 get_pay，订单信息贯穿整个支付流程，并且在 3 个函数之间相互传递。支付流程的设计并不是唯一的，只要支付宝的支付接口能衔接网站数据即可。

9.8　动手练习

（1）将商城的支付函数改用 pays.py 定义的 get_pay（使用 python-alipay-sdk 模块实现支付功能）。

（2）支付之前将支付信息写入 Session，当支付成功之后，支付宝会自动跳转到商城的个人中心页面，并且路由地址将会携带支付信息，Django 根据 Session 的支付信息与路由地址的支付信息进行匹配，从而完成支付过程。如果不使用 Session 存储支付信息，改用 MySQL 数据库或 Redis 存储支付信息，请编写详细的实现过程。

第10章 Chapter 10

后台管理系统

Admin 后台系统也称为后台管理系统，主要用于对网站的信息进行管理，如文字、图片、影音和其他日常使用的文件的发布、更新、删除等操作，也包括数据信息的统计和管理，如用户信息、订单信息和商品信息等。

简单来说，后台管理系统是对网站数据库和文件进行快速操作和管理的系统，以使网页内容能够及时得到更新和调整。

10.1 Admin 基本配置

当一个网站上线之后，网站管理员通过网站后台系统对网站进行管理和维护。Django 已内置 Admin 后台系统，在创建 Django 项目的时候，可以从配置文件 settings.py 中看到项目已默认启用了 Admin 后台系统，如图 10-1 所示。

从图 10-1 中看到，在 INSTALLED_APPS 中已配置了 Admin 后台系统，如果网站不需要 Admin 后台系统，那么可以将配置信息删除，这样可以减少程序对系统资源的占用。此外，在 babys 文件夹的 urls.py 中可以看到 Admin 后台系统的路由信息，只要运行 babys 并在浏览器上输入 127.0.0.1:8000/admin 就能访问 Admin 后台系统，如图 10-2 所示。

图 10-1 Admin 的配置信息

图 10-2 Admin 登录页面

在访问 Admin 后台系统时，需要用户的账号和密码才能登录后台管理页面。创建用户的账号和密码之前，必须确保项目已执行数据迁移，在数据库中已创建相应的数据表。以 babys 项目为例，项目的数据表如图 10-3 所示。

如果 Admin 后台系统以英文的形式显示,那么我们还需要在项目的 settings.py 中设置中间件 MIDDLEWARE,将后台内容以中文形式显示。添加的中间件是有先后顺序的,具体可回顾 2.4.3 节,如图 10-4 所示。

图 10-3 数据表信息

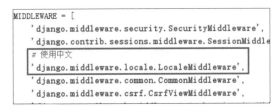
图 10-4 设置中文显示

完成上述设置后,下一步创建超级管理员的账号和密码,创建方法由 Django 的内置指令 createsuperuser 完成。在 PyCharm 的 Terminal 模式下输入创建指令,代码如下:

```
F:\babys>python manage.py createsuperuser
System check identified some issues:
Username (leave blank to use '001'): admin
Email address:
Password:
Password (again):
The password is too similar to the username.
This password is too short. It must contain at least 8 characters.
This password is too common.
Bypass password validation and create user anyway? [y/N]: y
Superuser created successfully.
```

在创建用户时,用户名和邮箱地址可以为空,如果用户名为空,就默认使用计算机的用户名,而设置用户密码时,输入的密码不会显示在屏幕上。如果密码过短,Django 就会提示密码过短并提示是否继续创建。若输入 Y,则强制创建用户;若输入 N,则重新输入密码。完成用户的创建后,打开数据表 auth_user 可以看到新增了一条用户信息,如图 10-5 所示。

在浏览器上再次访问 Admin 的路由地址,在登录页面上使用刚刚创建的账号和密码登录,即可进入 Admin 后台系统,如图 10-6 所示。

图 10-5 数据表 auth_user

图 10-6 进入 Admin 后台系统

在 Admin 后台系统中可以看到,网页布局分为站点管理、认证和授权、用户和组,分别说明如下:

（1）站点管理是整个 Admin 后台的主体页面，整个项目的项目应用定义的模型都会在此页面显示。

（2）认证和授权是 Django 内置的用户认证系统，包括用户信息、权限管理和用户组设置等功能。

（3）认证和授权的用户和组分别对应内置模型 User 和 Group，它们对应数据表 auth_user 和 auth_user_groups。

10.2 配置项目应用与模型

我们在项目 babys 中已简单设置了 Admin 后台系统，下一步根据项目 babys 的目录结构深入设置 Admin 后台系统。项目 babys 设有 3 个项目应用，分别为 index、commodity 和 shopper，其中项目应用 commodity 和 shopper 分别定义了模型 Types、CommodityInfos 和 CartInfos、OrderInfos，因此我们将项目应用 commodity 和 shopper 配置到 Admin 后台系统。

因为 Admin 后台系统是对项目的数据表进行维护和管理，项目应用 commodity 和 shopper 定义了数据模型，所以必须将它们配置到 Admin 后台系统，而项目应用 index 没有定义数据模型，所以无须配置到 Admin 后台系统。

在 Admin 后台系统配置项目应用与模型，只需在项目应用的 __init__.py、apps.py 和 admin.py 文件中编写功能代码即可。我们分别在 commodity 和 shopper 的 __init__.py、apps.py 和 admin.py 文件中编写 以下代码：

```
# 项目应用 commodity 的 __init__.py
from .apps import CommodityConfig
default_app_config = 'commodity.CommodityConfig'

# 项目应用 commodity 的 apps.py
from django.apps import AppConfig
class CommodityConfig(AppConfig):
    name = 'commodity'
    verbose_name = '商品管理'

# 项目应用 commodity 的 admin.py
from django.contrib import admin
from .models import *
admin.site.register(Types)
admin.site.register(CommodityInfos)

# 项目应用 shopper 的 __init__.py
from .apps import ShopperConfig
default_app_config = 'shopper.ShopperConfig'

# 项目应用 shopper 的 apps.py
from django.apps import AppConfig
```

```
class ShopperConfig(AppConfig):
    name = 'shopper'
    verbose_name = '订单管理'

# 项目应用 shopper 的 admin.py
from django.contrib import admin
from .models import *
admin.site.register(CartInfos)
admin.site.register(OrderInfos)
```

在上述代码中，__init__.py 和 apps.py 文件用于设置项目应用在 Admin 后台系统的名称，admin.py 文件用于将模型注册并绑定到 Admin 后台系统，详细说明如下：

（1）__init__.py 是项目应用的初始化文件，在文件中设置属性 default_app_config 指向 apps.py 时定义 AppConfig 类。

（2）apps.py 用于定义 AppConfig 类，通过设置类属性 verbose_name 来设置项目应用在 Admin 后台系统的名称，如图 10-7 所示。

（3）admin.py 用于将项目应用定义的模型注册并绑定到 Admin 后台系统，模型在 Admin 后台系统显示的名称由模型属性 Meta 的 verbose_name 和 verbose_name_plural 设置，如图 10-8 所示。如果在模型的 Meta 属性中分别设置 verbose_name 和 verbose_name_plural，Django 就优先显示 verbose_name_plural 的值。

图 10-7 设置项目应用名称   图 10-8 设置模型名称

在 admin.py 文件中使用 admin.site.register() 方法将模型注册并绑定到 Admin 后台系统，但在实际开发中不建议使用此方法实现，因为功能扩展性太差，无法满足开发需求。除此之外，还可以通过类的继承方式实现模型的注册绑定，我们在项目应用 commodity 和 shopper 的 admin.py 中重新编写以下代码：

```
# 项目应用 commodity 的 admin.py
from django.contrib import admin
from .models import *

# 修改 title 和 header
admin.site.site_title = '母婴后台系统'
admin.site.site_header = '母婴电商后台管理系统'
```

```
admin.site.index_title = '母婴平台管理'

@admin.register(Types)
class TypesAdmin(admin.ModelAdmin):
    list_display = [x for x in list(Types._meta.
                _forward_fields_map.keys())]
    search_fields = ['firsts', 'seconds']
    list_filter = ['firsts']

@admin.register(CommodityInfos)
class CommodityInfosAdmin(admin.ModelAdmin):
    list_display = [x for x in list(CommodityInfos._meta.
                _forward_fields_map.keys())]
    search_fields = ['name']
    date_hierarchy = 'created'

    def formfield_for_dbfield(self, db_field, **kwargs):
        if db_field.name == 'types':
            db_field.choices = [(x['seconds'], x['seconds'])
                            for x in Types.objects.values('seconds')]
        return super().formfield_for_dbfield(db_field, **kwargs)

# 项目应用 shopper 的 admin.py
from django.contrib import admin
from .models import *

@admin.register(CartInfos)
class CartInfosAdmin(admin.ModelAdmin):
    list_display = ['id', 'quantity']

@admin.register(OrderInfos)
class OrderInfosAdmin(admin.ModelAdmin):
    list_display = ['id', 'price', 'created', 'state']
    list_filter = ['state']
    date_hierarchy = 'created'
```

在项目应用 commodity 的 admin.py 中分别设置 admin.site.site_title、admin.site.site_header 和 admin.site.index_title，这些属性用于设置 Admin 后台系统的网页标题，网页效果如图 10-9 所示。

图 10-9　网页效果

定义的 TypesAdmin、CommodityInfosAdmin、CartInfosAdmin 和 OrderInfosAdmin 都是继承 Django 内置的 ModelAdmin，分别对应模型 Types、CommodityInfos、CartInfos 和 OrderInfos。每个模型对应的 ModelAdmin 类都重写了父类的属性和方法，通过这种方式可以满足各种复杂的开发需求。

以 CommodityInfosAdmin 为例，它设置了类属性 list_display、search_fields 和 date_hierarchy，

并且重新定义了函数方法 formfield_for_dbfield()。我们在 Admin 后台系统的首页单击"商品信息"，进入模型 CommodityInfos 的数据列表页，CommodityInfosAdmin 设置类属性的网页效果如图 10-10 所示。

图 10-10　网页效果

在模型 CommodityInfos 的数据列表页右上方找到"增加商品信息"按钮，单击该按钮可以进入数据新增页，如图 10-11 所示。

我们知道，模型字段 types 为字符串类型（models.CharField），但该字段的数据信息是关联模型 Types 的 seconds 字段，在设计数据结构的时候，模型字段 types 和模型字段 seconds 是一对多的数据关系，但两者并没有使用外键关联，这是为了降低两个模型之间的耦合性。

图 10-11　数据新增页

在模型 CommodityInfos 的数据新增页中，为了使用模型字段 types 关联模型字段 seconds，我们重写了 ModelAdmin 的函数方法 formfield_for_dbfield()，函数参数 db_field 代表模型的每个字段信息，当 db_field.name == 'types'（模型字段等于 types）的时候，我们对模型字段 types 设置下拉框，下拉框的数据来自模型 Types，并且以二维元组或列表格式表示。

Django 内置的 ModelAdmin 还定义了许多属性和函数方法，通过类的继承和重写可以实现各种复杂的功能需求，下一节将从源码的角度深入分析 ModelAdmin 的底层原理。

10.3　分析 ModelAdmin 的底层原理

ModelAdmin 的作用是将模型注册并绑定到 Admin 后台系统，它定义了许多属性和函数方法，开发者通过类的继承和重写可以开发各种复杂的网页功能，我们在 PyCharm 中打开 ModelAdmin 的源码文件，如图 10-12 所示。

图 10-12 ModelAdmin 的源码文件

从图 10-12 看到，ModelAdmin 继承自 BaseModelAdmin，而父类 BaseModelAdmin 的元类为 MediaDefiningClass，因此 Admin 系统的属性和方法来自 ModelAdmin 和 BaseModelAdmin。由于定义的属性和方法较多，因此这里只说明日常开发中常用的属性和方法。

- fields：由 BaseModelAdmin 定义，格式为列表或元组，在新增或修改模型数据时，设置可编辑的字段。
- exclude：由 BaseModelAdmin 定义，格式为列表或元组，在新增或修改模型数据时，隐藏字段，使字段不可编辑，同一个字段不能与 fields 共同使用，否则提示异常。
- fieldsets：由 BaseModelAdmin 定义，格式为二元的列表或元组（列表或元组的嵌套使用），改变新增或修改页面的网页布局，不能与 fields 和 exclude 共同使用，否则提示异常。
- radio_fields：由 BaseModelAdmin 定义，格式为字典，如果新增或修改的字段数据以下拉框的形式展示，那么该属性可将下拉框改为单选按钮。
- readonly_fields：由 BaseModelAdmin 定义，格式为列表或元组，在数据新增或修改页面设置只读的字段，使字段不可编辑。
- ordering：由 BaseModelAdmin 定义，格式为列表或元组，设置排序方式，比如以字段 id 排序，['id'] 为升序，['-id'] 为降序。
- sortable_by：由 BaseModelAdmin 定义，格式为列表或元组，设置数据列表页的字段是否可排序显示，比如数据列表页显示模型字段 id、name 和 age，如果单击字段 name，数据就以字段 name 进行升序（降序）排列，该属性可以设置某些字段是否具有排序功能。
- formfield_for_choice_field()：由 BaseModelAdmin 定义，如果模型字段设置 choices 属性，那么重写此方法可以更改或过滤模型字段的属性 choices 的值。
- formfield_for_foreignkey()：由 BaseModelAdmin 定义，如果模型字段为外键字段（一对一关系或一对多关系），那么重写此方法可以更改或过滤模型字段的可选值（下拉框的数据）。
- formfield_for_manytomany()：由 BaseModelAdmin 定义，如果模型字段为外键字段（多对多关系），那么重写此方法可以更改或过滤模型字段的可选值。
- get_queryset()：由 BaseModelAdmin 定义，重写此方法可自定义数据的查询方式。
- get_readonly_fields()：由 BaseModelAdmin 定义，重写此方法可自定义模型字段的只读属性，比如根据不同的用户角色来设置模型字段的只读属性。
- list_display：由 ModelAdmin 定义，格式为列表或元组，在数据列表页设置显示在页面上的模型字段。
- list_display_links：由 ModelAdmin 定义，格式为列表或元组，为模型字段设置路由地址，由该路由地址进入数据修改页。
- list_filter：由 ModelAdmin 定义，格式为列表或元组，在数据列表页的右侧添加过滤器，用于筛选和查找数据。

- list_per_page：由 ModelAdmin 定义，格式为整数类型，默认值为 100，在数据列表页设置每一页显示的数据量。
- list_max_show_all：由 ModelAdmin 定义，格式为整数类型，默认值为 200，在数据列表页设置每一页显示的最大上限的数据量。
- list_editable：由 ModelAdmin 定义，格式为列表或元组，在数据列表页设置字段的编辑状态，可以在数据列表页直接修改某行数据的字段内容并保存，该属性不能与 list_display_links 共存，否则会提示异常信息。
- search_fields：由 ModelAdmin 定义，格式为列表或元组，在数据列表页的搜索框设置搜索字段，根据搜索字段可快速查找相应的数据。
- date_hierarchy：由 ModelAdmin 定义，格式为字符类型，在数据列表页设置日期选择器，只能设置日期类型的模型字段。
- save_as：由 ModelAdmin 定义，格式为布尔型，默认为 False，若改为 True，则在数据修改页添加"另存为"功能按钮。
- actions：由 ModelAdmin 定义，格式为列表或元组，列表或元组的元素为自定义函数，函数在"动作"栏生成操作列表。
- actions_on_top 和 actions_on_bottom：由 ModelAdmin 定义，格式为布尔型，设置"动作"栏的位置。
- save_model()：由 ModelAdmin 定义，重写此方法可自定义数据的保存方式。
- delete_model()：由 ModelAdmin 定义，重写此方法可自定义数据的删除方式。

为了更好地理解 ModelAdmin 的属性功能，以项目 babys 为例，在项目应用 commodity 的 admin.py 中重新定义 CommodityInfosAdmin，代码如下：

```python
# 项目应用 commodity 的 admin.py
@admin.register(CommodityInfos)
class CommodityInfosAdmin(admin.ModelAdmin):
    # 在数据新增页或数据修改页设置可编辑的字段
    # fields = ['name','sezes','types','price','discount']

    # 在数据新增页或修改页设置不可编辑的字段
    # exclude = []

    # 改变数据新增页或数据修改页的网页布局
    fieldsets = (
        ('商品信息', {
            'fields': ('name','sezes','types','price','discount')
        }),
        ('收藏数量', {
            # 设置隐藏与显示
            'classes': ('collapse',),
            'fields': ('likes',),
        }),
    )

    # 将下拉框改为单选按钮
    # admin.HORIZONTAL 是水平排列
    # admin.VERTICAL 是垂直排列
    radio_fields = {'types': admin.HORIZONTAL}
```

```
# 在数据新增页或数据修改页设置可读的字段，不可编辑
# readonly_fields = ['sold',]

# 设置排序方式，['id'] 为升序，降序为 ['-id']
ordering = ['id']

# 设置数据列表页的每列数据是否可排序显示
sortable_by = ['price','discount']

# 在数据列表页设置显示的模型字段
list_display = ['id','name','sezes','types','price','discount']

# 为数据列表页的字段 id 和 name 设置路由地址，该路由地址可进入数据修改页
# list_display_links = ['id', 'name']

# 设置过滤器，若有外键，则使用双下画线连接两个模型的字段
list_filter = ['types']

# 在数据列表页设置每一页显示的数据量
list_per_page = 100

# 在数据列表页设置每一页显示的最大上限的数据量
list_max_show_all = 200

# 为数据列表页的字段 name 设置编辑状态
list_editable = ['name']

# 设置可搜索的字段
search_fields = ['name', 'types']

# 在数据列表页设置日期选择器
date_hierarchy = 'created'

# 在数据修改页添加"另存为"功能
save_as = True

# 设置"动作"栏的位置
actions_on_top = False
actions_on_bottom = True
```

CommodityInfosAdmin 演示了如何使用 ModelAdmin 的常用属性。运行项目 babys，在浏览器上访问模型 CommodityInfos 的数据列表页，页面的样式和布局变化如图 10-13 所示。

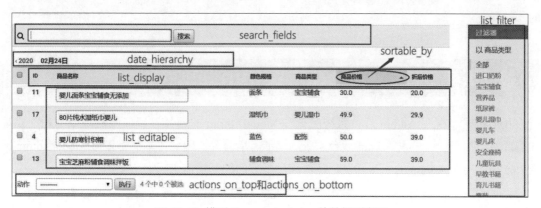

图 10-13　模型 CommodityInfos 的数据列表页

在模型 CommodityInfos 的数据列表页的右上方单击"增加商品信息"按钮，浏览器将访问模型 CommodityInfos 的数据新增页，该页面的样式和布局的变化情况如图 10-14 所示。

![商品信息 fieldsets 新增页表单，包含商品名称、颜色规格、商品类型、商品价格、折后价格字段，以及收藏数量(隐藏) fieldsets 和收藏数量字段，右侧标注 fields、exclude或readonly_fields]

图 10-14 模型 CommodityInfos 的数据新增页

最后在模型 CommodityInfos 的数据列表页中单击某行数据的 ID 字段，由 ID 字段的链接进入模型 CommodityInfos 的数据修改页，该页面的样式和布局的变化情况与数据新增页有相同之处，如图 10-15 所示。

图 10-15 模型 CommodityInfos 的数据修改页

通过 10.2 节定义的 CommodityInfosAdmin 与本节定义的 CommodityInfosAdmin 对比发现，ModelAdmin 的属性主要用来设置 Admin 后台页面的样式和布局，使模型数据以特定的形式展示在 Admin 后台系统。下一节将会讲述如何重写 ModelAdmin 的方法，实现 Admin 后台系统的二次开发。

10.4 自定义 ModelAdmin 的函数方法 ◀◀◀

我们已经掌握了 Admin 后台系统配置和 ModelAdmin 的属性设置，但是每个网站的功能和需求并不相同，这导致 Admin 后台系统的功能有所差异。因此，本节将重写 ModelAdmin 的函数方法，实现 Admin 的二次开发，从而满足多方面的开发需求。

为了更好地演示 Admin 的二次开发所实现的功能，在 Admin 后台系统中创建非超级管理员账号。在 Admin 首页的"认证和授权"下单击用户后的"增加"按钮，设置用户名为 root，密码为 mydjango123，用户密码的长度和内容有一定的规范要求，如果不符合要求，就无法创建用户，如图 10-16 所示。

图 10-16　创建用户

用户创建后，浏览器将访问用户修改页面，我们需勾选当前用户的人员状态，否则新建的用户无法登录 Admin 后台系统，如图 10-17 所示。

图 10-17　设置人员状态

除了设置人员状态之外，还需要为当前用户设置相应的访问权限，我们将 Admin 的所有功能的权限都赋予 root 用户，如图 10-18 所示，最后单击"保存"按钮，完成用户设置。

图 10-18　设置用户权限

10.4.1　数据只读函数 get_readonly_fields()

已知 get_readonly_fields() 函数是由 BaseModelAdmin 定义的，它获取 readonly_fields 的属性值，从而将模型字段设为只读属性，通过重写此函数可以自定义模型字段的只读属性，比如根据不同的用户角色来设置模型字段的只读属性。

以项目 babys 为例，在 CommodityInfosAdmin 中重写 get_readonly_fields() 函数，根据当前访问的用户角色设置模型字段的只读属性，代码如下：

```python
# 项目应用 commodity 的 admin.py
from django.contrib import admin
from .models import *
@admin.register(CommodityInfos)
class CommodityInfosAdmin(admin.ModelAdmin):
# 在数据列表页设置显示的模型字段
list_display = [x for x in list(Types._meta._forward_fields_map.keys())]

# 重写 get_readonly_fields 函数
# 设置超级管理员和普通用户的权限
def get_readonly_fields(self, request, obj=None):
    if request.user.is_superuser:
        self.readonly_fields = []
    else:
        self.readonly_fields = ['types']
    return self.readonly_fields
```

函数 get_readonly_fields 首先判断当前发送请求的用户是否为超级管理员，如果符合判断条件，就将属性 readonly_fields 设为空列表，使当前用户具有全部字段的编辑权限；如果不符合判断条件，就将模型字段 types 设为只读状态，使当前用户无法编辑模型字段 types（只有只读权限）。

函数参数 request 是当前用户的请求对象，参数 obj 是模型对象，默认值为 None，代表当前网页为数据新增页，否则为数据修改页。函数必须设置返回值，并且返回值为属性 readonly_fields，否则提示异常信息。

运行 babys，使用不同的用户角色登录 Admin 后台系统，在模型 CommodityInfos 的数据新增页或数据修改页看到，不同的用户角色对模型字段 types 的操作权限有所不同，比如分别切换用户 admin 和 root 进行登录，查看是否对模型字段 types 具有编辑权限。

10.4.2 设置字段样式

在 Admin 后台系统预览模型 CommodityInfos 的数据信息时，数据列表页显示的模型字段是由属性 list_display 设置的，每个字段的数据都来自数据表，并且数据以固定的字体格式显示在网页上。若要对某些字段的数据进行特殊处理，如设置数据的字体颜色，以模型 CommodityInfos 的字段 types 为例，将该字段的数据设置为不同的颜色，实现代码如下：

```python
# 项目应用 commodity 的 models.py
from django.db import models
from django.utils.html import format_html

class CommodityInfos(models.Model):
    id = models.AutoField(primary_key=True)
    name = models.CharField('商品名称', max_length=100)
    sezes = models.CharField('颜色规格', max_length=100)
```

```
types = models.CharField(' 商品类型 ', max_length=100)
price = models.FloatField(' 商品价格 ')
discount = models.FloatField(' 折后价格 ')
stock = models.IntegerField(' 存货数量 ')
sold = models.IntegerField(' 已售数量 ')
likes = models.IntegerField(' 收藏数量 ')
created = models.DateField(' 上架日期 ', auto_now_add=True)
img = models.FileField(' 商品主图 ', upload_to=r'imgs')
details = models.FileField(' 商品介绍 ', upload_to=r'details')

def __str__(self):
    return str(self.id)

class Meta:
    verbose_name = ' 商品信息 '
    verbose_name_plural = ' 商品信息 '

# 自定义函数，设置字体颜色
def colored_name(self):
    if ' 童装 ' in self.types:
        color_code = 'red'
    else:
        color_code = 'blue'
    return format_html(
        '<span style="color: {};">{}</span>',
        color_code,
        self.types,
    )
# 设置 Admin 的字段名称
colored_name.short_description = ' 带颜色的商品类型 '
```

在模型 CommodityInfos 的定义过程中，我们自定义函数 colored_name()，函数实现的功能说明如下：

（1）通过判断模型字段 types 的值来设置变量 color_code，如果字段的值含有关键词"童装"，那么变量 color_code 等于 red，否则为 blue。

（2）将变量 color_code 和模型字段 types 的值以 HTML 表示，这是设置模型字段 types 的数据颜色，函数返回值使用 Django 内置的 format_html 方法执行 HTML 转义处理。

（3）为函数 colored_name 设置 short_description 属性，使该函数以字段的形式显示在 Admin 后台系统的模型 CommodityInfos 的数据列表页。

模型 CommodityInfos 的自定义函数 colored_name 作为模型的虚拟字段，它在数据表中没有对应的表字段，数据由模型字段 types 提供。若将自定义函数 colored_name 显示在 Admin 后台系统，则可以在 CommodityInfosAdmin 的 list_display 属性中添加函数 colored_name，代码如下：

```
# 在属性 list_display 中添加自定义字段 colored_name
# colored_name 来自模型 CommodityInfos
list_display.append('colored_name')
```

运行 babys，在浏览器上访问模型 CommodityInfos 的数据列表页，发现该页面新增了"带颜色的商品类型"字段，如图 10-19 所示。

颜色规格	商品类型	商品价格	折后价格	带颜色的商品类型
粉色	童装	199.0	188.0	童装
玫红	童装	121.0	66.0	童装
原木色	婴儿床	1099.0	999.0	婴儿床
蓝色	配饰	50.0	39.0	配饰

图 10-19 新增"带颜色的商品类型"字段

10.4.3 数据查询函数 get_queryset()

函数 get_queryset() 用于查询模型的数据信息，然后在 Admin 的数据列表页展示。默认情况下，该函数执行全表数据查询，若要改变数据的查询方式，则可重新定义该函数，比如根据不同的用户角色执行不同的数据查询，以 CommodityInfosAdmin 为例，实现代码如下：

```
# 项目应用 commodity 的 admin.py
# 根据当前用户名设置数据访问权限
def get_queryset(self, request):
    qs = super().get_queryset(request)
    if request.user.is_superuser:
        return qs
    else:
        return qs.filter(id__lt=2)
```

分析上述代码可知，自定义函数 get_queryset 的代码说明如下：

（1）通过 super 方法获取父类 ModelAdmin 的函数 get_queryset 生成的模型查询对象，该对象用于查询模型 CommodityInfos 的全部数据。

（2）判断当前用户角色，如果为超级管理员，函数就返回模型 CommodityInfos 的全部数据，否则返回模型字段 id 小于 2 的数据。

运行 babys，使用普通用户 root 登录 Admin 后台系统，打开模型 CommodityInfos 的数据列表页，页面上只显示 id 等于 1 的数据信息，如图 10-20 所示。

	ID	商品名称		颜色规格
☐	1	婴儿衣服加厚连体衣		粉色

动作 ┌──────┐ ▼ │执行│ 1 个中 0 个被选

1 商品信息

图 10-20 模型 CommodityInfos 的数据列表页

10.4.4　下拉框设置函数 formfield_for_choice_field()

如果模型字段设置了参数 choices，并且字段类型为 CharField，比如模型 CommodityInfos 的 types 字段，在 Admin 后台系统为模型 CommodityInfos 新增或修改某行数据的时候，模型字段 types 就以下拉框的形式表示，它根据模型字段的参数 choices 生成下拉框的数据列表。

若想改变非外键字段的下拉框数据，则可以重写函数 formfield_for_choice_field()。以模型 CommodityInfos 的字段 types 为例，在 Admin 后台系统为字段 types 过滤下拉框数据，实现代码如下：

```
# 项目应用 commodity 的 admin.py
# db_field.choices 获取模型字段的属性 choices 的值
def formfield_for_choice_field(self,db_field,request,**kwargs):
    if db_field.name == 'types':
        # 减少字段 types 可选的选项
        kwargs['choices'] = (('童装', '童装'),
                             ('进口奶粉', '进口奶粉'),)
    return super().formfield_for_choice_field(db_field,request,**kwargs)
```

formfield_for_choice_field() 函数设有 3 个参数，每个参数说明如下：

- 参数 db_field 代表当前模型的字段对象，由于一个模型可定义多个字段，因此需要对特定的字段进行判断处理。
- 参数 request 是当前用户的请求对象，可以从该参数中获取当前用户的所有信息。
- 形参 **kwargs 为空字典，它可以设置参数 widget 和 choices。widget 是表单字段的小部件（表单字段的参数 widget），能够设置字段的 CSS 样式；choices 是模型字段的参数 choices，可以设置字段的下拉框数据。

自定义函数 formfield_for_choice_field() 用于判断当前模型字段是否为 types，若判断结果为 True，则重新设置形参 **kwargs 的参数 choices，并且参数 choices 有固定的数据格式，最后调用 super 方法使函数继承并执行父类函数 formfield_for_choice_field()，这样能为模型字段 types 过滤下拉框数据。

运行 babys，在 Admin 后台系统打开模型 CommodityInfos 的数据新增页或数据修改页，单击打开字段 types 的下拉框数据，如图 10-21 所示。

图 10-21　字段 types 的下拉框数据

formfield_for_choice_field() 只能过滤已存在的下拉框数据，如果要对字段的下拉框新增数据内容，只能自定义内置函数 formfield_for_dbfield()，如果在 admin.py 中重写了 formfield_for_dbfield() 和 formfield_for_choice_field()，Django 优先执行函数 formfield_for_dbfield()，然后执行函数 formfield_for_choice_field()，所以字段的下拉框数据最终应以 formfield_for_choice_field() 为准。

10.4.5　保存函数 save_model()

函数 save_model() 是在新增或修改数据的时候，单击"保存"按钮所触发的功能，该函数主要对输入的数据进行入库或修改处理。若想在这个功能中加入一些特殊功能，则可对函数 save_model() 进行重写。比如对数据的修改实现日志记录，以 CommodityInfosAdmin 为例，函数 save_model() 的实现代码如下：

```python
# 项目应用 commodity 的 admin.py
def save_model(self, request, obj, form, change):
    if change:
        # 获取当前用户名
        user = request.user.username
        # 使用模型获取数据，pk 代表具有主键属性的字段
        name = self.model.objects.get(pk=obj.pk).name
        # 使用表单获取数据
        types = form.cleaned_data['types']
        # 写入日志文件
        f = open('d://log.txt', 'a')
        f.write(name+' 商品类型: '+types+'，被 '+user+' 修改 '+'\r\n')
        f.close()
    else:
        pass
    # 使用 super 在继承父类已有功能的情况下新增自定义功能
    super().save_model(request, obj, form, change)
```

save_model() 函数设有 4 个参数，每个参数说明如下：

- 参数 request 代表当前用户的请求对象。
- 参数 obj 是模型的数据对象，比如修改模型 CommodityInfos 的某行数据（称为数据 A），参数 obj 代表数据 A 的数据对象，如果为模型 CommodityInfos 新增数据，参数 obj 就为 None。
- 参数 form 代表模型表单，它是 Django 自动创建的模型表单，比如在模型 CommodityInfos 中新增或修改数据，Django 自动为模型 CommodityInfos 创建表单 CommodityInfosForm。
- 参数 change 用于判断当前请求是来自数据修改页还是来自数据新增页，如果来自数据修改页，就代表用户执行数据修改，参数 change 为 True，否则为 False。

无论是修改数据还是新增数据，都会调用函数 save_model() 实现数据保存，因此函数会对当前操作进行判断，如果参数 change 为 True，就说明当前操作为数据修改，否则为新增数据。

如果当前操作是修改数据，就从函数参数 request、obj 和 form 中获取当前数据的修改内容，然后将修改内容写入 D 盘的 log.txt 文件，最后调用 super 方法使函数继承并执行父类的函数 save_model()，实现数据的入库或修改处理。若不调用 super 方法，则当执行数据保存时，程序只执行日志记录功能，并不执行数据入库或修改处理。

运行 babys，使用超级管理员登录 Admin 后台系统并打开模型 CommodityInfos 的数据修改页，单击"保存"按钮实现数据修改，在 D 盘下打开并查看日志文件 log.txt，如图 10-22 所示。

如果执行数据删除操作，Django 就调用函数 delete_model() 实现，该函数设有参数 request 和 obj，参数的数据类型与函数 save_model() 的参数相同。若要重新定义函数 delete_model()，则定义过程可参考函数 save_model()，此处不再重复讲述。

图 10-22　日志文件 log.txt

10.4.6　数据批量处理

模型 CommodityInfos 的数据列表页设有"动作"栏，单击"动作"栏右侧的下拉框可以看到数据删除操作。只要选中某行数据前面的复选框，在"动作"栏右侧的下拉框选择"删除所选的商品信息"并单击"执行"按钮，即可实现数据删除，如图 10-23 所示。

图 10-23　删除数据

从上述的数据删除方式来看，这种操作属于数据批量处理，因为每次可以删除一行或多行数据，若想对数据执行批量操作，则可在"动作"栏自定义函数，实现数据批量操作。比如实现数据的批量导出功能，以模型 CommodityInfos 为例，在 CommodityInfosAdmin 中定义数据批量导出函数，代码如下：

```
# 项目应用 commodity 的 admin.py
# 数据批量操作
def get_datas(self, request, queryset):
    temp = []
    for d in queryset:
        t=[d.name,d.types,str(d.discount)]
        temp.append(t)
    f = open('d://data.txt', 'a')
    for t in temp:
        f.write(','.join(t) + '\r\n')
    f.close()
# 设置提示信息
self.message_user(request, '数据导出成功！')

# 设置函数的显示名称
get_datas.short_description = '导出所选数据'
# 添加到"动作"栏
actions = ['get_datas']
```

数据批量操作函数 get_datas() 可自行命名函数名，参数 request 代表当前用户的请求对象，参数 queryset 代表已被勾选的数据对象。函数实现的功能说明如下：

（1）遍历参数 queryset，从已被勾选的数据对象中获取模型字段的数据内容，每行数据以列表 t 表示，并且将列表 t 写入列表 temp。

（2）在 D 盘下创建 data.txt 文件，并遍历列表 temp，将每次遍历的数据写入 data.txt 文件，最后调用内置方法 message_user 提示数据导出成功。

（3）为函数 get_datas() 设置 short_description 属性，该属性用于设置"动作"栏右侧的下拉框的数据内容。

（4）将函数 get_datas() 绑定到 ModelAdmin 的内置属性 actions，在"动作"栏生成数据批量处理功能。

运行 babys，在模型 CommodityInfos 的数据列表页全选当前数据，打开"动作"栏右侧的下拉框，选择"导出所选数据"，单击"执行"按钮执行数据导出操作，如图 10-24 所示。

图 10-24 数据批量导出

10.5 本章小结

Admin 后台系统也称为后台管理系统，主要用于对网站的信息进行管理，如文字、图片、影音和其他日常使用的文件的发布、更新、删除等操作，也包括数据信息的统计和管理，如用户信息、订单信息和商品信息等。简单来说，后台管理系统是对网站数据库和文件进行快速操作和管理的系统，以使网页内容能够及时得到更新和调整。

Admin 系统的属性和方法来自 ModelAdmin 和 BaseModelAdmin，其定义的属性和方法比较多，日常开发中常用的属性和方法如下。

- fields：由 BaseModelAdmin 定义，格式为列表或元组，在新增或修改模型数据时，设置可编辑的字段。
- exclude：由 BaseModelAdmin 定义，格式为列表或元组，在新增或修改模型数据时，隐藏字段，使字段不可编辑，同一个字段不能与 fields 共同使用，否则提示异常。
- fieldsets：由 BaseModelAdmin 定义，格式为二元的列表或元组（列表或元组的嵌套使用），改变新增或修改页面的网页布局，不能与 fields 和 exclude 共同使用，否则提示异常。

- radio_fields：由 BaseModelAdmin 定义，格式为字典，如果新增或修改的字段数据以下拉框的形式展示，那么该属性可将下拉框改为单选按钮。

- readonly_fields：由 BaseModelAdmin 定义，格式为列表或元组，在数据新增或修改的页面设置只读的字段，使字段不可编辑。

- ordering：由 BaseModelAdmin 定义，格式为列表或元组，设置排序方式，比如以字段 id 排序，['id'] 为升序，['-id'] 为降序。

- sortable_by：由 BaseModelAdmin 定义，格式为列表或元组，设置数据列表页的字段是否可排序显示，比如数据列表页显示模型字段 id、name 和 age，如果单击字段 name，数据就以字段 name 进行升序（降序）排列，该属性可以设置某些字段是否具有排序功能。

- formfield_for_choice_field()：由 BaseModelAdmin 定义，如果模型字段设置 choices 属性，那么重写此方法可以更改或过滤模型字段的属性 choices 的值。

- formfield_for_foreignkey()：由 BaseModelAdmin 定义，如果模型字段为外键字段（一对一关系或一对多关系），那么重写此方法可以更改或过滤模型字段的可选值（下拉框的数据）。

- formfield_for_manytomany()：由 BaseModelAdmin 定义，如果模型字段为外键字段（多对多关系），那么重写此方法可以更改或过滤模型字段的可选值。

- get_queryset()：由 BaseModelAdmin 定义，重写此方法可自定义数据的查询方式。

- get_readonly_fields()：由 BaseModelAdmin 定义，重写此方法可自定义模型字段的只读属性，比如根据不同的用户角色来设置模型字段的只读属性。

- list_display：由 ModelAdmin 定义，格式为列表或元组，在数据列表页设置显示在页面上的模型字段。

- list_display_links：由 ModelAdmin 定义，格式为列表或元组，为模型字段设置路由地址，由该路由地址进入数据修改页。

- list_filter：由 ModelAdmin 定义，格式为列表或元组，在数据列表页的右侧添加过滤器，用于筛选和查找数据。

- list_per_page：由 ModelAdmin 定义，格式为整数类型，默认值为 100，在数据列表页设置每一页显示的数据量。

- list_max_show_all：由 ModelAdmin 定义，格式为整数类型，默认值为 200，在数据列表页设置每一页显示的最大上限的数据量。

- list_editable：由 ModelAdmin 定义，格式为列表或元组，在数据列表页设置字段的编辑状态，可以在数据列表页直接修改某行数据的字段内容并保存，该属性不能与 list_display_links 共存，否则提示异常信息。

- search_fields：由 ModelAdmin 定义，格式为列表或元组，在数据列表页的搜索框设置搜索字段，根据搜索字段可快速查找相应的数据。

- date_hierarchy：由 ModelAdmin 定义，格式为字符类型，在数据列表页设置日期选择器，只能设置日期类型的模型字段。

- save_as：由 ModelAdmin 定义，格式为布尔型，默认为 False，若改为 True，则在数据修改页添加"另存为"功能按钮。

- actions：由 ModelAdmin 定义，格式为列表或元组，列表或元组的元素为自定义函数，函数在"动作"栏生成操作列表。

- actions_on_top 和 actions_on_bottom：由 ModelAdmin 定义，格式为布尔型，设置"动作"栏的位置。

- save_model()：由 ModelAdmin 定义，重写此方法可自定义数据的保存方式。
- delete_model()：由 ModelAdmin 定义，重写此方法可自定义数据的删除方式。

10.6　动手练习

（1）在后台管理系统中，以不改变订单模型 Order 的 price 字段的数据结构为前提，在字段 price 的数值前面添加人民币符号（¥）。

（2）为模型 Order 设置数据删除权限，只有超级管理员才能删除数据，如果当前用户不是超级管理员，但具备模型 Order 数据删除权限，也不能删除模型 Order 的数据（提示：建议分析 ModelAdmin 的 delete_view()、_delete_view() 或 delete_model() 等相关内置函数）。

（3）为模型 CommodityInfos 的字段 price 和 discount 只设置超级管理员可见，其他用户一律不可见（提示：参考内置函数 get_list_display()）。

前后端分离架构

前后端分离是指一种开发模式，也是一种系统架构，它明确前后端开发人员的开发任务，提升开发效率，同时能降低前后端耦合。

实现前后端分离必须遵循统一的规范（产品原型及 API 文档），在开发之前，前后端开发人员必须按照需求明确 API 的数据格式，因为 API 的数据格式直接影响前后端的代码逻辑。

前后端分离模式必须根据产品需求、技术成熟度以及开发人员的技术水平进行选型，并且选择合适的分离模式，例如是仅业务分离、仅代码分离、后端渲染静态页面和业务处理分离，还是真正的前后端分离。

11.1　为什么要前后端分离

我们从前面章节实现的商城项目发现，整个项目的网页地址（路由定义）、业务处理（视图函数或视图类）、网页数据渲染和展示（模板语法渲染数据）都是由 Django 实现的，也就是说整个项目 80% 的功能都是由后端负责完成的，其中 20% 的功能是由前端完成的，前端主要编写静态网页的布局、CSS 样式、JavaScript 动态交互等，在项目开发过程中，前端调整页面必须依赖后端程序，否则网页真实数据无法正常展示。

在传统开发模式（前后端不分离）中，前后端具备高耦合，导致前后端开发人员的功能不能同步进行，例如前端开发人员必须完成静态页面开发，后端开发人员才能开发网页数据渲染和展示；后端开发人员完成网页数据渲染和展示，前端开发人员才能调整网页功能。每个开发环节只能一步一步按序执行，只要在某个环节出现问题，就会拖延整个项目的开发进度。

前后端分离的开发模式已经发展成为当前主流的 Web 开发方式，它具备以下优点：

- 使前后端开发人员分工明确。原本由后端开发人员负责的数据渲染和展示将交由前端开发人员完成，后端开发人员主要负责业务逻辑处理和提供 API，前端开发人员主要负责 UI 界面设计和网页数据渲染展示。

- 解除前后端耦合。将前端 UI 界面和后端服务数据分离，使后端的 API 能分别服务于不同的前端 UI 界面，例如传统 PC 网页、移动端 H5、App 等，提高了后端服务的可复用性和可维护性，同时也有利于后端向分布式微服务架构的演变。
- 提高开发效率。前后端开发人员可以同时进行开发，互不干扰，只要双方遵循统一规范（产品原型及 API 文档）就能各自独立开发，开发完成后进行联合测试（俗称联调）。

前后端分离虽然是当前主流的 Web 开发方式，但任何事情都没有绝对的好与坏，前后端分离也存在一些缺点，笔者认为主要问题在于开发人员之间的沟通与协调，详细说明如下：

- 由于前端需要承担页面设计和数据渲染的工作，数据需要通过调用后端提供的 API 获取，因此 API 文档就成为前端和后端的主要枢纽，但随着需求调整以及项目的快速迭代，页面功能和 API 也会随之出现变动，这时导致双方之间的沟通成本大大增加。如果没有良好的沟通机制和 API 文档管理规范，将会导致双方因为过错而互相推诿，影响产品周期和团队建设。
- 虽然前后端的开发任务可以同时进行，但是前端开发还是离不开后端 API 的数据支持。为了解决前后端这种依赖关系，前端可以借助 Mock Server（Mock Server 是通过模拟真实的 API 服务提供 HTTP 请求与响应的）暂时获取数据支持，从而完成基本的数据渲染功能。
- 搭建 Mock Server 必须按照 API 文档进行，否则前后端联调很容易出现各种问题。但是 Mock Server 很难完全覆盖到后端所有 API 的业务逻辑，因此前后端之间还需要联调。在联调过程中，也会因为某些问题出现推诿与争吵，例如某个按钮的隐藏与显示，前端开发人员可以根据 API 的多个字段进行判断，但是前端开发人员觉得这样实现比较麻烦，特意让后端开发人员生成一个新的字段，而后端开发人员觉得这样做没必要，从而出现彼此之间的推诿与争吵。

综上所述，前后端分离对比传统开发（前后端不分离）更具优势，虽然增加了开发人员之间的沟通成本，但只要在开发初期规范整个开发流程，完全可以避免。

11.2 API 规范与设计

应用程序编程接口（Application Programming Interface，API）是应用程序对外提供的一个数据入口，它（数据入口）可以是一个函数或类方法，也可以是一个 URL 地址或者一个网络地址。当客户端调用数据入口时，应用程序会执行对应的代码操作，为客户端完成相对应的功能。

为了在团队内部形成共识，防止个人习惯差异引起的混乱，团队需要找到一种规范能够让后端开发人员编写的接口一目了然，减少前后端开发人员之间的合作成本。目前主流的 API 规范有 RPC 和 RESTful API，两者说明如下：

- RPC（Remote Procedure Call，远程过程调用）并不是一个网络协议，而是一种调用方式，它是让客户端通过 API 调用服务器的某个函数方法，服务器会将调用结果返回给客户端。
- RESTful API 用于定义 API 设计风格，它基于 HTTP 实现，使用 XML 或 JSON 格式传递数据。这种设计理念认为后端开发任务就是提供数据服务，并支持数据资源的对外访问功能，当客户端访问 API 时，表示操作相应的数据资源，操作数据资源分别使用 POST、DELETE、GET、PUT 等请求方式实现对数据的增、删、查、改。

11.2.1　规范请求方式

前后端分离架构主要使用 RESTful API 实现数据的传递与交互，同一个 API 使用不同的请求方式可以实现数据的增、删、查、改操作，POST 请求实现数据新增，DELETE 请求实现数据删除，GET 请求实现数据读取，PUT/PATCH 请求实现数据修改。我们以读写学生信息为例，API 设计如表 11-1 所示。

表11-1　API设计表

请求方式	URL地址	数据操作
GET	xxx/api/students/	获取学生信息
POST	xxx/api/students	新增学生信息
DELETE	xxx/api/students/<id>/	删除某个学生信息，<id>代表某个学生的主键id
PUT/PATCH	xxx/api/students/<id>/	修改某个学生信息，<id>代表某个学生的主键id

在实际开发中，一个 API 可以只使用一种或两种请求方式，并且以 GET 或 POST 请求为主，GET 请求执行数据读取，POST 请求则执行数据新增、修改或删除。对于同一数据模型的增、删、改操作，可以使用不同的 API 实现，或者在同一个 API 设置不同请求参数的实现。

虽然这种设计方法不太符合 RESTful API 的设计规范，但在业界使用较为广泛，例如 CSDN 提交博客评论和删除博客评论的 API，如图 11-1 所示。

图 11-1　CSDN 提交博客评论和删除博客评论的 API

如果使用业界常用的 API 设计方式，我们继续以读写学生信息为例，API 设计如表 11-2 所示。

表11-2　API设计表

请求方式	URL地址	数据操作
GET	xxx/api/students/list/	获取所有学生信息
POST	xxx/api/students/add/	新增学生信息，如果请求参数的学生信息在数据库中不存在，则执行新增，否则提示新增失败
POST	xxx/api/students/delete/	删除某个学生信息，请求参数必须含有某个学生的主键id，否则删除失败
POST	xxx/api/students/edit/	修改学生信息，请求参数必须含有某个学生的主键id，否则提示修改失败

综上所述，RESTful API 不同的请求方式执行不同的数据操作，其中 POST 请求允许同时实现数据的增、删、改操作。在一个项目中，必须统一规范所有 API 的请求方法，不能出现不同 API 使用不同请求方式执行数据新增操作，例如使用 POST 请求修改学生信息，使用 PUT 请求修改课程信息。

11.2.2　规范 URL 命名

URL 地址是 API 的访问入口，URL 地址的命名规则含有域名、版本和路径，详细说明如下：

- 域名尽量使用 API 专用域名，例如 https://api.example.com，如果 API 数量不多，并且不会有太多扩展，也可以考虑放在主域名，例如 https://www.example.com/api/。

- 版本代表 API 的迭代信息，在版本更新过程中，新旧版本的 API 允许同时存在，便于用户逐步迁移。如果 API 没有版本信息，并且 API 的业务逻辑变更太大，更新 API 很可能导致用户在访问过程中出现异常。

API 的版本信息通常放入 URL 地址，详细示例如下：

```
http://www.example.com/v1/students
http://www.example.com/v2/students
```

除了将版本信息放入 URL 地址之外，还可以将版本号放在 HTTP 的请求头中，但没有放入 URL 地址方便和直观。

- 路径代表资源路径，可以理解为读写某个数据资源的具体路径。RESTful API 推荐使用小写英文单词的复数形式表示。一般情况下，资源路径写在版本号后面，例如 CSDN 的博客点赞接口（https://blog.csdn.net//phoenix/web/v1/article/like），URL 的 v1 代表版本，v1 后面的 article 代表博客文件，article 后面的 like 代表点赞。

在资源路径中，我们还可以使用变量设置，即添加 Django 的路由变量，例如给用户添加角色或修改用户密码：

```
# 用户添加角色
/v1/users/{user_id}/roles/{role_id}/
# 修改用户密码
/v1/users/{user_id}/password/modify/
```

总的来说，资源路径建议写在版本号后面，并且推荐使用小写英文单词的复数形式表示，整个项目的资源路径命名尽量保持统一，例如 CSDN 的提交博客评论和删除博客评论切勿改为 xxx/v1/comment/submit 和 xxx/v1/delete/comment/，应保证每个 URL 的动名词排序一致，如图 11-1 所示。

11.2.3　规范响应结果

API 的响应结果是后端返回前端的数据，响应结果包含状态码，它主要分为 5 大类，不同状态码代表不同含义，详细说明如表 11-3 所示。

表11-3　HTTP状态码

HTTP状态码	说　明
1XX	表示当前本次请求正在持续，还没结束
2XX	表示当前本次请求成功
3XX	表示当前本次请求成功，但是服务器进行代理操作或重定向

（续表）

HTTP状态码	说　明
4XX	表示当前本次请求失败，主要是客户端发生了错误
5XX	表示当前本次请求失败，主要是服务器发生了错误

除了状态码之外，响应结果主要是响应数据，响应数据的格式尽量使用 JSON，避免使用 XML，并且每个 API 返回的响应数据格式应保持一致。

在 RESTful API 规范中，当访问 API 失败时，应根据失败原因设置相应的 HTTP 状态码和响应数据，例如 CSDN 博客点赞 API，如果在用户未登录状态下单击点赞按钮，API 应该返回 400 状态码以及异常信息提示，或者返回 301（302）状态码以及用户登录提示。

但在业界，同一个 API 只有 200 个状态码，API 调用失败或出现异常信息都会写入响应数据的某个字段。以 CSDN 博客点赞 API 为例，我们直接在 API 管理软件中调用 API，响应结果的状态码为 200，响应数据的 code 字段等于 400，如图 11-2 所示。

图 11-2　博客点赞 API 调用失败

如果在正常状态（用户已登录状态）下单击博客点赞按钮，API 返回响应结果的状态码为 200，响应数据的 code 字段等于 200，如图 11-3 所示。

图 11-3　博客点赞 API 调用成功

虽然上述设计方法不太符合 RESTful API 的设计规范，但在业界使用较为广泛，笔者认为广泛使用的原因在于无论 API 调用失败还是成功，前端都要获取响应数据进行处理，将响应状态码直接写入响应数据，前端无须再获取响应状态码进行判断。

11.3 商城 API 设计方案

我们知道商城一共分为 6 个页面：网站首页、商品列表页、商品详细页、购物车页面、个人中心页面、用户登录注册页面，每个页面所需的 API 说明如下。

- 网站首页一共划分了 5 个不同的功能区域：商品搜索功能、网站导航、广告轮播、商品分类热销、网站尾部，其中只有商品分类热销需要后端提供 API 获取真实数据。商品分类热销又分为今日必抢和分类商品：今日必抢是在所有商品中获取销量前 10 名的商品进行排序；分类商品是在某分类的商品中获取销量前 5 名的商品进行排序。
- 商品列表页分为 4 个功能区域：商品搜索功能、网站导航、商品分类和商品列表信息，其中只有商品列表信息需要后端提供 API 获取真实数据，并且支持销量、价格、上架时间和收藏数量的排序方式，商品默认以销量排序，并设置分页功能，每一页只显示 6 条商品信息。
- 商品详细页分为 5 个功能区域：商品搜索功能、网站导航、商品基本信息、商品详细介绍和热销推荐，其中商品基本信息（包含商品收藏功能和加入购物车）、商品详细介绍和热销推荐需要后端提供 API 支持。
- 购物车页面分为 3 个功能区域：商品搜索功能、网站导航、商品的购买费用核算，其中商品的购买费用核算需要后端提供 API 支持，分别用于获取购物车商品列表、删除商品和实现在线支付。
- 个人中心页面分为 4 个功能区域：商品搜索功能、网站导航、用户基本信息和订单信息，其中用户基本信息和订单信息需要后端提供 API 获取真实数据。
- 用户登录注册页面分为 3 个功能区域：商品搜索功能、网站导航、登录注册表单，其中登录注册表单的"注册登录"按钮会触发后端的 API 请求。

根据上述分析得知，我们分别为每个页面设计相应的 API，详细设计方案说明如下。

网站首页的商品分类热销 API 以 GET 请求方式进行访问，API 无须请求参数；响应状态码以 200 表示，响应数据存放在 data 字段。详细的 API 文档如下：

```
URL: 127.0.0.1:8000/api/v1/home/
请求方式: GET
请求参数: 无
响应失败: {"state": "success", "msg": "获取成功", "data": {}}
响应成功: {
    "state": "success",
    "msg": "获取成功",
    "data": {
        # 今日必抢
        "commodityInfos": [
            [{
                "id": 17,
                "name": "80 片纯水湿纸巾婴儿",
                "sezes": "湿纸巾",
                "types": "婴儿湿巾",
                "price": 49.9,
```

```
            "discount": 29.9,
            "stock": 1235,
            "sold": 5674,
            "likes": 2317,
            "created": "2020-02-24",
            "img": "/media/imgs/p17.jpg",
            "details": "/media/details/p17_details.jpg"
        }],
        [{
            "id": 13,
            "name": "宝宝芝麻粉辅食调味拌饭",
            "sezes": "辅食调味",
            "types": "宝宝辅食",
            "price": 59.0,
            "discount": 39.0,
            "stock": 1234,
            "sold": 3453,
            "likes": 2321,
            "created": "2020-02-24",
            "img": "/media/imgs/p13.jpg",
            "details": "/media/details/p13_details.jpg"
        }]
    ],
    # 分类商品
    "clothes": [{
        "id": 1,
        "name": "婴儿衣服加厚连体衣",
        "sezes": "粉色",
        "types": "童装",
        "price": 199.0,
        "discount": 188.0,
        "stock": 1314,
        "sold": 1666,
        "likes": 666,
        "created": "2020-02-24",
        "img": "/media/imgs/p1.jpg",
        "details": "/media/details/p1_details.jpg"
    }],
    # 分类商品
    "food": [{
        "id": 11,
        "name": "婴儿面条宝宝辅食无添加",
        "sezes": "面条",
        "types": "宝宝辅食",
        "price": 30.0,
        "discount": 20.0,
        "stock": 3211,
        "sold": 1231,
        "likes": 2152,
        "created": "2020-02-24",
        "img": "/media/imgs/p11.jpg",
```

```
        "details": "/media/details/p11_details.jpg"
        }],
    # 分类商品
    "goods": [{
        "id": 17,
        "name": "80 片纯水湿纸巾婴儿 ",
        "sezes": " 湿纸巾 ",
        "types": " 婴儿湿巾 ",
        "price": 49.9,
        "discount": 29.9,
        "stock": 1235,
        "sold": 5674,
        "likes": 2317,
        "created": "2020-02-24",
        "img": "/media/imgs/p17.jpg",
        "details": "/media/details/p17_details.jpg"
    }]
  }
}
```

商品列表页的商品列表信息 API 以 GET 请求方式进行访问，请求参数分别为 types、search、sort；响应状态码以 200 表示，响应数据存放在 data 字段。详细的 API 文档如下：

```
URL: 127.0.0.1:8000/api/v1/commodity/list/
请求方式: GET
请求参数: /api/v1/commodity/list/?types=xx&search=xx&sort=xx
         types: 参数类型为 String，非必填参数，它是获取某个分类的商品列表信息。
         search: 参数类型为 String，非必填参数，它是获取符合搜索框内容的商品列表信息。
         sort: 参数类型为 String，非必填参数，它是商品列表信息排序显示，默认以销量排序。
响应失败: {"state": "success", "msg": " 获取成功 ", "data": {}}
响应成功: {
    "state": "success",
    "msg": " 获取成功 ",
    "data": {
        # 商品分类列表
        "types": [{
            "name": " 孕妈专区 ",
            "value": [
                " 孕妇装 ",
                " 孕妇护肤 ",
                " 孕妇用品 "
            ]
        }],
        # 商品列表信息
        "commodityInfos": {
            "data": [{
                "id": 5,
                "name": " 婴儿秋冬连体衣冬装衣服 ",
                "sezes": " 粉色 ",
                "types": " 童装 ",
                "price": 145.0,
```

```
            "discount": 111.0,
            "stock": 1341,
            "sold": 3412,
            "likes": 2356,
            "created": "2020-02-24",
            "img": "/media/imgs/p5.jpg",
            "details": "/media/details/p5_details.jpg"
        }],
        "previous": 0,    # 前一页的页数
        "next": 2,         # 下一页的页数
        "count": 18,      # 商品总数
        "pageCount": 3     # 当前页数
    }
  }
}
```

商品详细页的商品信息 API 以 GET 请求方式进行访问，API 无须请求参数；响应状态码以 200 表示，响应数据存放在 data 字段。详细的 API 文档如下：

```
URL: 127.0.0.1:8000/api/v1/detail/<int:id>/
请求方式：GET
请求参数：无
响应失败：{"state": "success", "msg": "获取成功", "data": {}}
响应成功：{
    "state": "success",
    "msg": "获取成功",
    "data": {
        # 商品信息
        "commoditys": {
            "id": 1,
            "name": "婴儿衣服加厚连体衣",
            "sezes": "粉色",
            "types": "童装",
            "price": 199.0,
            "discount": 188.0,
            "stock": 1314,
            "sold": 1666,
            "likes": 666,
            "created": "2020-02-24",
            "img": "/media/imgs/p1.jpg",
            "details": "/media/details/p1_details.jpg"
        },
        # 推荐商品列表
        "recommend": [
            {
                "id": 17,
                "name": "80片纯水湿纸巾婴儿",
                "sezes": "湿纸巾",
                "types": "婴儿湿巾",
                "price": 49.9,
                "discount": 29.9,
```

```
            "stock": 1235,
            "sold": 5674,
            "likes": 2317,
            "created": "2020-02-24",
            "img": "/media/imgs/p17.jpg",
            "details": "/media/details/p17_details.jpg"
        }
    ],
    # 判断商品是否已收藏
    "likes": false
}
}
```

商品详细页的收藏功能 API 以 POST 请求方式进行访问，请求参数以 JSON 格式表示，参数 id 代表商品的主键 id；响应状态码以 200 表示，响应数据的字段 state 等于 fail 代表收藏失败，等于 success 代表收藏成功。详细的 API 文档如下：

```
URL: 127.0.0.1:8000/api/v1/commodity/collect/
请求方式：POST
请求参数：{"id": xxx}
        id：参数类型为 Int，必填参数，它是代表某个商品主键 ID。
响应失败：{"state": "fail", "msg": " 收藏失败 "}
响应成功：{"state": "success", "msg": " 收藏成功 "}
```

商品详细页的加入购物车 API 以 POST 请求方式进行访问，请求参数以 JSON 格式表示，参数 id 代表商品的主键 id，参数 quantity 代表购买数量；响应状态码以 200 表示，响应数据的字段 state 等于 fail 代表加购失败，等于 success 代表加购成功。详细的 API 文档如下：

```
URL: 127.0.0.1:8000/api/v1/shopper/shopcart/
请求方式：POST
请求参数：{"id": xxx, "quantity": xxx}
        id：参数类型为 Int，必填参数，它是代表某个商品主键 ID。
        quantity：参数类型为 Int，必填参数，它是购买商品的数量。
响应失败：{"state": "fail", "msg": " 加购失败 "}
响应成功：{"state": "success", "msg": " 加购成功 "}
```

购物车页面的商品列表 API 以 POST 请求方式进行访问，无须设置请求参数，它会根据当前用户登录状态获取相应的购物车信息；响应状态码以 200 表示，购物车信息存放在 data 字段。详细的 API 文档如下：

```
URL: 127.0.0.1:8000/api/v1/shopper/shopcart/
请求方式：GET
请求参数：无
响应失败：{"state": "success", "msg": " 获取成功 ", "data": []}
响应成功：{
    "state": "success",
    "msg": " 获取成功 ",
    "data": [
        {
            "id": 35,
```

```
            "quantity": 1,
            "user_id": 1,
            "commodityInfos_id": {
                "id": 14,
                "name": " 纽曼思海藻油 DHA 软胶囊 ",
                "sezes": "DHA 软胶囊 ",
                "types": " 营养品 ",
                "price": 499.0,
                "discount": 399.0,
                "stock": 3231,
                "sold": 3412,
                "likes": 1234,
                "created": "2020-02-24",
                "img": "/media/imgs/p14.jpg",
                "details": "/media/details/p14_details.jpg"
            }
        }
    ]
}
```

购物车页面的删除商品 API 以 POST 请求方式进行访问，请求参数分别为 username 或 carId，两个参数选其一进行设置；响应状态码以 200 表示，响应数据的字段 state 等于 fail 代表删除失败，等于 success 代表删除成功，详细的 API 文档如下：

```
URL: 127.0.0.1:8000/api/v1/shopper/delete/
请求方式：POST
请求参数：{"username": xxx} 或者 {"carId": xxx}
        username: 参数类型为 String，非必填参数，它是删除当前用户整个购物车信息。
        carId: 参数类型为 Int，非必填参数，它是当前用户某行购物车信息。
响应失败：{"state": "fail", "msg": " 删除失败 "}
响应成功：{"state": "success", "msg": " 删除成功 "}
```

购物车页面的在线支付 API 以 POST 请求方式进行访问，请求参数 total 代表结算金额，参数值可以带有人民币符号￥或整数类型；响应状态码以 200 表示，响应数据的字段 data 是支付宝支付页面链接，便于前端进行跳转。详细的 API 文档如下：

```
URL: 127.0.0.1:8000/api/v1/shopper/pays/
请求方式：POST
请求参数：{"total": xxx}
        total: 参数类型为 String 或 Int，必填参数，它是当前购物车结算总价。
响应失败：{"state": "fail", "msg": " 支付失败 ", "data": ""}
响应成功：{"state": "success", "msg": " 支付成功 ", "data": "xxx"}
        响应数据的字段 data 是支付宝支付页面链接
```

个人中心页面的用户退出 API 以 POST 请求方式进行访问，无须设置请求参数；响应状态码以 200 表示，响应数据的字段 state 等于 fail 代表退出失败，等于 success 代表退出成功。详细的 API 文档如下：

```
URL: 127.0.0.1:8000/api/v1/shopper/logout/
请求方式：POST
```

```
请求参数：无
响应失败：{"state": "fail", "msg": " 退出失败 "}
响应成功：{"state": "success", "msg": " 退出成功 "}
```

个人中心页面的订单信息 API 以 GET 请求方式进行访问，请求参数 t 代表支付完成后，支付宝跳转个人中心页面设置的订单编号，后端通过获取请求参数 t 写入订单数据；响应状态码以 200 表示，订单信息存放在 data 字段。详细的 API 文档如下：

```
URL：127.0.0.1:8000/api/v1/shopper/home/
请求方式：GET
请求参数：api/v1/shopper/home/?t=xx
        t：参数类型为 String，非必填参数，它是完成支持的订单编号。
响应失败：{"state": "success", "msg": " 获取成功 ", "data": {}}
响应成功：{
    "state": "success",
    "msg": " 获取成功 ",
    "data": {
        "orders": [
            {
                "id": 1,
                "price": 99.9,
                "created": "2020-03-29",
                "user_id": 1,
                "state": " 已支付 "
            }
        ]
    }
}
```

用户登录注册页面的登录注册 API 以 POST 请求方式进行访问，请求参数为 username 和 password，分别代表用户名和密码；响应状态码以 200 表示，响应数据的字段 state 等于 fail 代表注册或登录失败，等于 success 代表注册或登录成功。详细的 API 文档如下：

```
URL：127.0.0.1:8000/api/v1/shopper/login/
请求方式：POST
请求参数：{"username": xx, "password": xx}
        username：参数类型为 String，必填参数，它代表用户注册登录的用户名。
        password：参数类型为 String，必填参数，它代表用户注册登录的密码。
响应失败：{"state": "fail", "msg": " 注册或登录失败 "}
响应成功：{"state": "success", "msg": " 登录成功 "}
        {"state": "success", "msg": " 注册成功 "}
```

综上所述，整个商城 API 设计方案说明如下：

（1）商城一共定义了 10 个 API，每个 API 根据用途设置不同的请求方式和请求参数，其中购物车 API（/api/v1/shopper/shopcart/）定义 POST 和 GET 请求，分别实现商品加购和获取购物车信息。

（2）所有 API 的响应状态码以 200 表示，如果 API 用于获取数据，则判断响应数据的字段 data 是否为空，若 data 的值等于空，则代表获取失败，否则代表获取成功；如果 API 用于执行数据操作,则判断响应数据的字段 state,state 等于 fail 代表操作失败,state 等于 success 代表操作成功。

11.4 搭建 Mock Server

Mock Server 是简单搭建模拟服务器的框架工具,它可以模拟 HTTP、HTTPS、Socket 等协议。在前后端分离的开发模式中,搭建 Mock Server 可以实现前后端同步开发,在后端还没完成 API 开发之前,前端能通过 Mock Server 获取 API 的响应数据,当后端完成 API 开发之后,前端只需更换 API 的请求地址就能进行联合测试(俗称联调)。

从本质分析,Mock Server 是一个简单的后端服务,并且不具备业务逻辑,每个 API 有明确的请求参数和固定格式的响应数据,前端能通过 API 请求获取响应数据,因此 API 的请求方式、请求参数和响应数据的数据格式必须在开发初期落实规范。

搭建 Mock Server 可以借助第三方工具完成,例如 Postman 或 Apipost 等 API 管理软件,搭建过程以界面操作为主,操作过程较为简单。以 Apipost 为例,Apipost 支持 Windows、Linux 和 Mac 安装,软件下载和安装本书不做详细讲述。

在 Windows 系统中打开 Apipost 软件,当前版本为 7.0,其界面如图 11-4 所示。

图 11-4 Apipost 软件

打开界面的 API 设计,单击"新建 Http 接口",软件出现 API 配置界面。以项目首页的 API 为例,在 API 配置界面分别配置 API 的请求方式、请求参数和响应数据,如图 11-5 所示。

虽然 Apipost 能为我们快速搭建 Mock Server,但 API 的响应数据难以满足开发需求,当响应数据返回 JSON 格式时,数据中含有数组,数组只能创建一个数组元素,不能生成多个数组元素。

除了使用第三方 API 管理软件搭建 Mock Server 之外,还能自己搭建 Mock Server。我们以 Flask 框架为例讲述如何搭建简单的 Mock Server。

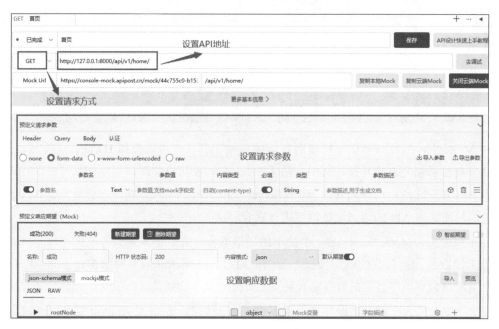

图 11-5 API 配置界面

首先在 E 盘创建 mocks.py 文件，在 PyCharm 中打开 mocks.py，使用 Flask 框架开发项目首页的 API 接口示例代码如下：

```python
from flask import jsonify, Flask

app = Flask(__name__)
# 增加配置，支持中文显示
app.config['JSON_AS_ASCII'] = False
res = {
    "state": "success",
    "msg": "获取成功",
    "data": {
        "commodityInfos": [...],
        "clothes": [...],
        "food": [...],
        "goods": [...]
    }
}

@app.route('/api/v1/home/', methods=['GET'])
def indexViews():
    return jsonify(res)

if __name__ == '__main__':
    app.run(
        host='0.0.0.0',
        port=8000,
        debug=True
    )
```

从上述代码得知，我们使用 Flask 定义首页 API（/api/v1/home/），它以 GET 请求方式进行调用，响应数据的数值和格式是固定不变的。

综上所述，Mock Server 是将后端的 API 进行简化处理，以便前端临时调用，使前端开发工作不再依赖后端的开发进度。

 ## 11.5　本章小结

前后端分离已经成为当前主流的 Web 开发方式，它具备以下优点：

- 使前后端人员分工明确。原本由后端开发人员负责的数据渲染和展示将交由前端开发人员完成，后端开发人员主要负责业务逻辑处理和提供 API，前端开发人员主要负责 UI 界面设计和网页数据渲染展示。
- 解除前后端耦合。将前端 UI 界面和后端服务数据分离，使后端的 API 能分别服务于不同的前端 UI 界面，例如传统 PC 网页、移动端 H5、App 等，提高了后端服务的可复用性和可维护性，同时也有利于后端向分布式微服务架构的演变。
- 提高开发效率。前后端人员可以同时进行开发，互不干扰，只要双方遵循统一规范（产品原型及 API 文档）就能各自独立开发，开发完成后进行联合测试（俗称联调）。

目前主流的 API 规范有 RPC 和 RESTful API，两者说明如下：

- RPC（Remote Procedure Call，远程过程调用）并不是一个网络协议，而是一种调用方式，它是让客户端通过 API 调用服务器的某个函数方法，服务器将调用结果返回给客户端。
- RESTful API 用于定义 API 设计风格，它基于 HTTP 实现，使用 XML 或 JSON 格式传递数据。这种设计理念认为后端开发任务就是提供数据服务，并支持数据资源的对外访问功能，当客户端访问 API 时，表示操作相应的数据资源，操作数据资源分别使用 POST、DELETE、GET、PUT 等请求方式实现对数据的增、删、查、改。

Mock Server 是简单搭建模拟服务器的框架工具，它可以模拟 HTTP、HTTPS、Socket 等协议。在前后端分离的开发模式中，搭建 Mock Server 可以实现前后端同步开发，在后端还没完成 API 开发之前，前端能通过 Mock Server 获取 API 的响应数据，当后端完成 API 开发之后，前端只需更换 API 的请求地址就能进行联合测试（俗称联调）。

 ## 11.6　动手练习

（1）在商城项目需求不变的前提下，重新制定或优化 API 设计方案。

（2）使用 Postman 或 Apipost 搭建 Mock Server，服务器必须包含项目所有 API。

（3）使用 Django 或 Flask 搭建 Mock Server，服务器必须包含项目所有 API。

第12章 ← Chapter 12

接口开发

使用 Django 开发 API 可以采用 Django 原生语法和 DRF（Django REST Framework）实现。Django 原生语法在开发 API 的过程中使用 Django 内置的 model_to_dict、JsonResponse 和分页功能就能实现简单的 API 功能；DRF 是在 Django 原有功能上进行二次封装，主要功能有序列化、视图类、视图集、用户认证、权限验证、缓存、限流、过滤等，可以满足大部分 API 的开发需求。

12.1 Django 原生语法开发接口 <<<

使用 Django 原生语法开发 API 与前后端不分离的开发模式大致相同，只是 Django 的响应数据从模板文件变为 JSON 数据。在开发 API 的过程中使用 Django 内置的 model_to_dict、JsonResponse 和分页功能就能实现简单的 API 功能。model_to_dict 是将模型字段转为字典格式，JsonResponse 是将字典转为 JSON 格式并作为当前请求的响应数据，分页功能支持模型对象或列表进行分页处理。

12.1.1 模型转字典格式

我们知道 model_to_dict 是将模型字段转换为字典格式，它以函数进行定义，函数设有 3 个参数，每个参数说明如下：

- 参数 instance 是必填参数，代表模型实例化对象。
- 参数 fields 是可选参数，代表模型某些字段转为字典格式，默认值为 None，默认模型的所有字段都能转为字典格式，如需设置，参数值为列表或元组格式，列表（元组）的每个元素为模型字段名。
- 参数 exclude 是可选参数，代表模型的某些字段不能转为字典格式，默认值为 None，默认允许模型所有字段转换为字典格式。

在 Django 源码文件找到并打开函数 model_to_dict 的定义过程，如图 12-1 所示。

```
def model_to_dict(instance, fields=None, exclude=None):
    """...."""
    opts = instance._meta
    data = {}
    for f in chain(opts.concrete_fields, opts.private_fields, opts.many_to_many):
        if not getattr(f, "editable", False):
            continue
        if fields is not None and f.name not in fields:
            continue
        if exclude and f.name in exclude:
            continue
        data[f.name] = f.value_from_object(instance)
    return data
```

图 12-1　model_to_dict 的定义过程

分析图 12-1 的代码得知：

● model_to_dict 定义在 Django 的表单对象中，整个转换过程是模型→模型表单对象→字典。函数参数 instance 调用 _meta 生成对象 opts，这样能获取模型表单信息。

● 通过对象 opts 调用 concrete_fields、private_fields 和 many_to_many，分别获取模型表单的所有字段、私有字段和多对多关系字段。其中私有字段可以在模型表单的 Meta 类中设置属性 private_fields，如图 12-2 所示。

```
class LoginModelForm(forms.ModelForm):
    class Meta:
        private_fields = ['username']
        model = User
        fields = ('username', 'password')
        labels = {
            'username': '请您输入手机号',
            'password': '请您输入密码',
        }
```

图 12-2　设置模型私有字段

● 最后使用内置模块 itertools 的 chain() 对模型表单字段进行循环遍历，每次循环会对当前模型表单字段进行判断，判断模型表单字段是否可编辑，以及模型表单字段名是否存在函数参数 fields 和 exclude。如果模型表单字段符合全部判断条件，则写入字典 data，并且字典 data 作为函数返回值，从而实现模型转换为字典功能。

12.1.2　使用 JsonResponse 返回响应结果

JsonResponse 是将字典转为 JSON 格式并作为当前请求的响应数据，它以类进行定义，设有多个实例化参数，每个参数说明如下：

● 参数 data 是必填参数，代表响应数据，参数值为字典或数组格式。
● 参数 encoder 是可选参数，用于设置 JSON 编码器，默认值是 Django 自定义的 DjangoJSONEncoder。
● 参数 json_dumps_params 是可选参数，用于设置数据编码，参数值设为 {'ensure_ascii': False} 能正常显示中文内容。
● 参数 safe 是可选参数，参数值默认为 True，代表参数 data 只能为字典格式，参数值设为 False，代表参数 data 可以设为字典或数组格式。
● 参数 status 是可选参数，用于设置响应状态码。
● 参数 headers 是可选参数，用于设置响应请求头。
● 参数 content_type 是可选参数，用于设置响应数据格式，默认格式为 application/json。

在 Django 源码文件中找到并打开函数 JsonResponse 的定义过程，如图 12-3 所示。

```python
class JsonResponse(HttpResponse):
    """An HTTP response class that consumes data to be serialized to

    def __init__(
        self,
        data,
        encoder=DjangoJSONEncoder,
        safe=True,
        json_dumps_params=None,
        **kwargs,
    ):
        if safe and not isinstance(data, dict):
            raise TypeError(
                "In order to allow non-dict objects to be serialized
                "safe parameter to False."
            )
        if json_dumps_params is None:
            json_dumps_params = {}
        kwargs.setdefault("content_type", "application/json")
        data = json.dumps(data, cls=encoder, **json_dumps_params)
        super().__init__(content=data, **kwargs)
```

图 12-3 JsonResponse 的定义过程

我们分析 JsonResponse 的定义过程得知：

- JsonResponse 继承自 HttpResponse，而 HttpResponse 继承自 HttpResponseBase。
- 对比 Django 其他响应函数，例如 render()，它通过模板引擎读取模板文件并完成数据渲染，再由实例化 HttpResponse 执行响应过程，最终将网页信息直接返回给用户。
- JsonResponse 与 render() 对比发现，两者都是由 HttpResponse → HttpResponseBase 执行响应过程的，JsonResponse 是将数据转为 JSON 格式作为响应数据，render() 是对模板文件进行数据渲染并作为响应数据，两者除了响应数据格式不同之外，其他方面都相同。

12.1.3　封装数据分页功能

我们在 7.2 节通过源码的角度分析了 Django 内置的分页功能，在开发 API 的过程中，数据分页主要用于列表数据，除了返回分页后的列表数据之外，还要分别返回总页数、上一页和下一页的页数。

为了进一步简化分页功能，我们可以对 Django 内置分页功能进行封装处理，封装代码如下：

```python
from django.core.paginator import Paginator
from django.core.paginator import EmptyPage
from django.core.paginator import PageNotAnInteger


def get_page_data(ojb, p, page_count=10):
    '''
    封装 Django 内置分页功能
    :param ojb: 分页对象，数据类型：列表或模型对象
    :param p: 页数，获取当前页数对应的数据
    :param page_count: 每页的数据量，默认一页有 10 行数据
```

```
    :return:
    '''
    previous, next = 0, 0
    ps = Paginator(ojb, page_count, 0)
    try:
        pages = ps.get_page(p)
    except PageNotAnInteger:
        # 如果参数 p 的数据类型不是整型，就返回第一页的数据
        pages = ps.get_page(1)
    except EmptyPage:
        # 若用户访问的页数大于实际页数，则返回最后一页的数据
        pages = ps.get_page(ps.num_pages)
    # 上一页和下一页的页数
    if pages.has_previous():
        previous = pages.previous_page_number()
    if pages.has_next():
        next = pages.next_page_number()
    count = ps.count
    # 将分页对象转为列表格式返回
    pages = pages.object_list
    return pages, previous, next, count
```

分析上述代码得知：

- 函数参数 ojb 是需要进行分页的数据，参数值为列表或模型对象，分页后生成分页对象 pages。
- 函数参数 p 代表分页后的某一页数，例如 p=5 表示获取分页后第 5 页的数据，参数 p 的值直接影响分页对象 pages 的数据，如果参数 p 的值大于总页数或者数据类型不是整型，那么分页对象 pages 分别获取最后一页和第一页的数据。
- 函数参数 page_count 是每一页的数据量，默认一页有 10 行数据。
- 返回值 pages 是分页对象 pages 调用 object_list，将分页对象转为列表格式。
- 返回值 previous 是当前分页的上一页的页数，例如参数 p=5，返回值 previous 等于 4。
- 返回值 next 是当前分页的下一页的页数，例如参数 p=5，返回值 next 等于 6。
- 返回值 count 是分页后的总页数，例如分页前的数据有 100 行，每页 10 行数据，那么总页数 count 等于 10。

12.1.4 开发商品列表接口

我们已分析 Django 内置的 model_to_dict、JsonResponse 和分页功能，本章将讲述如何使用 Django 原生语法快速开发 API。

以商城项目 babys 为例，在 babys 的 urls.py 和项目应用 commodity 的 urls.py 中定义路由 commodity，然后在 commodity 的 views.py 中定义分页函数 get_page_data 和视图函数 commodityView，详细代码如下：

```
# babys 的 urls.py
from django.contrib import admin
from django.urls import path, include, re_path
```

```python
from django.views.static import serve
from django.conf import settings

urlpatterns = [
    path('admin/', admin.site.urls),
    path('api/v1/commodity/',
         include(('commodity.urls', 'commodity'),
                 namespace='commodity')),
    # 配置媒体资源的路由信息
    re_path('media/(?P<path>.*)', serve,
            {'document_root':settings.MEDIA_ROOT}, name='media'),
    # 定义静态资源的路由信息
    re_path('static/(?P<path>.*)', serve,
            {'document_root':settings.STATIC_ROOT}, name='static'),
]

# commodity 的 urls.py
from django.urls import path
from .views import *

urlpatterns = [
    path('list/', commodityView, name='commodity'),
]

# commodity 的 views.py
from django.core.paginator import Paginator
from django.core.paginator import EmptyPage
from django.core.paginator import PageNotAnInteger
from django.http import JsonResponse
from django.forms.models import model_to_dict
from commodity.models import Types, CommodityInfos

def get_page_data(ojb, p, page_count=10):
    '''
    封装 Django 内置的分页功能
    :param ojb: 分页对象，数据类型：列表或模型对象
    :param p: 页数，获取当前页数对应的数据
    :param page_count: 每页的数据量，默认一页有 10 行数据
    :return:
    '''
    previous, next = 0, 0
    ps = Paginator(ojb, page_count, 0)
    try:
        pages = ps.get_page(p)
    except PageNotAnInteger:
        # 如果参数 p 的数据类型不是整型，就返回第一页的数据
        pages = ps.get_page(1)
    except EmptyPage:
        # 若用户访问的页数大于实际页数，则返回最后一页的数据
        pages = ps.get_page(ps.num_pages)
    # 上一页和下一页的页数
    if pages.has_previous():
        previous = pages.previous_page_number()
```

```
    if pages.has_next():
        next = pages.next_page_number()
    count = ps.count
    # 将分页对象转为列表格式返回
    pages = pages.object_list
    return pages, previous, next, count
def commodityView(request):
    '''
    商品列表 API
    '''
    types = request.GET.get('types', '')
    search = request.GET.get('search', '')
    sort = request.GET.get('sort', 'sold')
    p = request.GET.get('p', 1)
    context = {'state': 'success', 'msg': '获取成功', 'data': {}}
    context['data']['types'] = []
    firsts = Types.objects.values_list('firsts', flat=True).distinct()
    for f in firsts:
        t = Types.objects.filter(firsts=f).values_list(
                            'seconds', flat=True).all()
        context['data']['types'].append(dict(name=f, value=list(t)))
    cf = CommodityInfos.objects.all()
    if types:
        cf = cf.filter(types=types)
    if sort:
        cf = cf.order_by('-' + sort)
    if search:
        cf = cf.filter(name__contains=search)
    result = []
    for c in cf.all():
        d = model_to_dict(c)
        d['created'] = c.created.strftime('%Y-%m-%d')
        d['img'] = c.img.url
        d['details'] = c.details.url
        result.append(d)
    pages, previous, nexts, pageCount = get_page_data(result, p)
    context['data']['commodityInfos']=dict(data=pages,previous=previous,
                            next=nexts, count=cf.count(),
                            pageCount=pageCount)
    return JsonResponse(context, safe=False,
                    json_dumps_params={'ensure_ascii': False})
```

分析上述代码得知：

- 视图函数 commodityView 从 HTTP 请求对象 request 获取请求参数 types、search、sort 和 p。
- 再从模型 Types 查找所有商品分类，并写入变量 context；根据请求参数 types、search、sort 对模型 CommodityInfos 进行数据查询，查询结果存放在变量 cf 中。
- 对查询结果 cf 进行遍历，每次遍历都会调用 model_to_dict 将模型字段转为字典格式，并写入列表 result。如果模型字段格式为日期或文件类型，那么 model_to_dict 将字段分别转为日期对象和文件对象，但是 JsonResponse 无法将日期对象和文件对象转为 JSON 格式，因此对于一些特殊模型字段需要自行转换。

- 调用分页函数 get_page_data，将列表 result 作为分页对象，分别得到分页数据、上一页页数、下一页页数和总页数，并写入变量 context；通过实例化 JsonResponse 将变量 context 作为响应数据。

12.2 使用 DRF 构建接口

DRF 是在 Django 的基础上实现 API 快速构建的第三方扩展框架。DRF 的使用方式比 Django 更为规范，并对常用功能实现可配置化，使用 DRF 开发 API 可以减少代码冗余，还可以规范代码的编写格式，这对企业级开发来说很有必要，毕竟每个开发人员的编程风格存在一定的差异，开发规范化可以方便其他开发人员查看和修改。

12.2.1 DRF 的安装与配置

在使用 DRF 之前，首先安装 DRF，建议使用 pip 完成安装，安装指令如下：

```
pip install djangorestframework
```

框架安装成功后，通过简单的例子来讲述如何在 Django 中配置 DRF 的功能。以 MyDjango 为例，在项目应用 index 中创建 serializers.py 文件，该文件用于定义 DRF 的序列化类，然后在 MyDjango 的 settings.py 中进行功能配置，功能配置如下：

```
# MyDjango 的 settings.py
INSTALLED_APPS = [
    'django.contrib.admin',
    'django.contrib.auth',
    'django.contrib.contenttypes',
    'django.contrib.sessions',
    'django.contrib.messages',
    'django.contrib.staticfiles',
    'index',
    # 添加 Django Rest Framework 框架
    'rest_framework'
]
# Django Rest Framework 框架设置信息
# 分页设置
REST_FRAMEWORK = {'DEFAULT_PAGINATION_CLASS':
    'rest_framework.pagination.PageNumberPagination',
    # 每页显示多少条数据
    'PAGE_SIZE': 2
}
```

上述配置信息用于实现 DRF 的功能配置，配置说明如下：

（1）在 INSTALLED_APPS 中添加 API 框架的功能配置，这样能使 Django 在运行过程中自动加载 DRF 的功能。

（2）配置属性 REST_FRAMEWORK 以字典的形式表示，用于设置 Django REST Framework 的分页功能。

完成 settings.py 的配置后，下一步定义项目的数据模型。在 index 的 models.py 中分别定义模型 PersonInfo 和 Vocation，代码如下：

```python
# index的models.py
from django.db import models
class PersonInfo(models.Model):
    id = models.AutoField(primary_key=True)
    name = models.CharField(max_length=20)
    age = models.IntegerField()
    hireDate = models.DateField()
    def __str__(self):
        return self.name
    class Meta:
        verbose_name = '人员信息'

class Vocation(models.Model):
    id = models.AutoField(primary_key=True)
    job = models.CharField(max_length=20)
    title = models.CharField(max_length=20)
    payment = models.IntegerField(null=True, blank=True)
    name = models.ForeignKey(PersonInfo,on_delete=models.Case)
    def __str__(self):
        return str(self.id)
    class Meta:
        verbose_name = '职业信息'
```

将定义好的模型执行数据迁移，在项目的 db.sqlite3 数据库文件中生成数据表，并对数据表 index_personinfo 和 index_vocation 添加数据内容，如图 12-4 所示。

图 12-4　数据表 index_personinfo 和 index_vocation

12.2.2　序列化类 Serializer

项目环境搭建完成后，我们将使用 DRF 快速开发 API。首先在项目应用 index 的 serializers.py 中定义序列化类 MySerializer，代码如下：

```python
# index的serializers.py
from rest_framework import serializers
from .models import PersonInfo, Vocation
```

```
# 定义 Serializer 类
# 设置模型 Vocation 的字段 name 的下拉内容
nameList = PersonInfo.objects.values('name').all()
NAME_CHOICES = [item['name'] for item in nameList]
class MySerializer(serializers.Serializer):
    id = serializers.IntegerField(read_only=True)
    job = serializers.CharField(max_length=100)
    title = serializers.CharField(max_length=100)
    payment = serializers.CharField(max_length=100)
    # name=serializers.ChoiceField(choices=NAME_CHOICES,default=1)
    # 模型 Vocation 的字段 name 是外键字段，它指向模型 PersonInfo
    # 因此，外键字段可以使用 PrimaryKeyRelatedField
    name = serializers.PrimaryKeyRelatedField(queryset=nameList)

    # 重写 create 函数，将 API 数据保存到数据表 index_vocation 中
    def create(self, validated_data):
        return Vocation.objects.create(**validated_data)

    # 重写 update 函数，将 API 数据更新到数据表 index_vocation 中
    def update(self, instance, validated_data):
        return instance.update(**validated_data)
```

自定义序列化类 MySerializer 继承父类 Serializer，父类 Serializer 是由 Django REST Framework 定义的，它的定义过程与表单类 Form 十分相似。在 PyCharm 中打开父类 Serializer 的源码文件，分析序列化类 Serializer 的定义过程，如图 12-5 所示。

图 12-5 Serializer 的定义过程

从图 12-5 得知，Serializer 继承父类 BaseSerializer，装饰器 add_metaclass 设置元类 SerializerMetaclass。我们以流程图的形式说明 Serializer 的继承关系，如图 12-6 所示。

图 12-6 Serializer 的继承关系

自定义序列化类 MySerializer 的字段对应模型 Vocation 的字段，序列化字段的数据类型可以在 Django REST Framework 的源码文件 fields.py 中找到定义过程，它们都继承自父类 Field，序列化字段的数据类型与表单字段的数据类型相似，此处不再详细讲述。

在定义序列化字段的时候，每个序列化字段允许设置参数信息，我们分析父类 Field 的初始化参数，它们适用于所有序列化字段的参数设置，参数说明如下。

- read_only：设置序列化字段的只读属性。
- write_only：设置序列化字段的编辑属性。
- required：设置序列化字段的数据是否为空，默认值为 True。
- default：设置序列化字段的默认值。
- initial：设置序列化字段的初始值。
- source：为序列化字段指定一个模型字段来源，如 (email='user.email')。
- label：用于生成 label 标签的网页内容。
- help_text：设置序列化字段的帮助提示信息。
- style：以字典格式表示，控制模板引擎如何渲染序列化字段。
- error_messages：设置序列化字段的错误信息，以字典格式表示，包含 null、blank、invalid、invalid_choice、unique 等键值。
- validators：与表单类的 validators 相同，用于自定义数据验证规则，以列表格式表示，列表元素为数据验证的函数名。
- allow_null：设置序列化字段是否为 None，若为 True，则序列化字段的值允许为 None。

自定义序列化类 MySerializer 还定义了关系字段 name，重写了父类 BaseSerializer 的 create 和 update 函数。关系字段可以在源码文件 relations.py 中找到定义过程，每个关系字段都有代码注释说明，本节不再重复讲述。

下一步使用序列化类 MySerializer 实现 API 开发，在 index 的 urls.py 中分别定义路由 myDef 和路由 myClass，路由信息的代码如下：

```python
# index 的 urls.py
from django.urls import path
from .views import *
urlpatterns = [
    # 视图函数
    path('', vocationDef, name='myDef'),
    # 视图类
    path('myClass/',vocationClass.as_view(),name='myClass'),
]
```

路由 myDef 对应视图函数 vocationDef，它以视图函数的方式使用 MySerializer 实现模型 Vocation 的 API 接口；路由 myClass 对应视图类 vocationClass，它以视图类的方式使用 MySerializer 实现模型 Vocation 的 API 接口。因此，视图函数 vocationDef 和视图类 vocationClass 的定义过程如下：

```python
# index 的 views.py
from .models import PersonInfo, Vocation
from .serializers import MySerializer
from rest_framework.views import APIView
from rest_framework.response import Response
from rest_framework import status
from rest_framework.pagination import PageNumberPagination
from rest_framework.decorators import api_view
@api_view(['GET', 'POST'])
def vocationDef(request):
```

```python
    if request.method == 'GET':
        q = Vocation.objects.all()
        # 分页查询，需要在 settings.py 中设置 REST_FRAMEWORK 属性
        pg = PageNumberPagination()
        p=pg.paginate_queryset(queryset=q, request=request)
        # 将分页后的数据传递给 MySerializer，生成 JSON 数据对象
        serializer = MySerializer(instance=p, many=True)
        # 返回对象 Response 由 Django Rest Framework 实现
        return Response(serializer.data)
    elif request.method == 'POST':
        # 获取请求数据
        data = request.data
        id = data['name']
        data['name']=PersonInfo.objects.filter(id=id).first()
        instance = Vocation.objects.filter(id=data.get('id', 0))
        if instance:
            # 修改数据
            MySerializer().update(instance, data)
        else:
            # 创建数据
            MySerializer().create(data)
        return Response('Done', status=status.HTTP_201_CREATED)

class vocationClass(APIView):
    # GET 请求
    def get(self, request):
        q = Vocation.objects.all()
        # 分页查询，需要在 settings.py 中设置 REST_FRAMEWORK 属性
        pg = PageNumberPagination()
        p=pg.paginate_queryset(queryset=q,request=request,view=self)
        # 将分页后的数据传递给 MySerializer，生成 JSON 数据对象
        serializer = MySerializer(instance=p, many=True)
        # 返回对象 Response 由 Django Rest Framework 实现
        return Response(serializer.data)

    # POST 请求
    def post(self, request):
        data = request.data
        id = data['name']
        data['name'] = PersonInfo.objects.filter(id=id).first()
        instance = Vocation.objects.filter(id=data.get('id', 0))
        if instance:
            # 修改数据
            MySerializer().update(instance, data)
        else:
            # 创建数据
            MySerializer().create(data)
        return Response('Done', status=status.HTTP_201_CREATED)
```

视图函数 vocationDef 和视图类 vocationClass 实现的功能是一致的，若使用视图函数
开发 API 接口，则必须对视图函数使用装饰器 api_view；若使用视图类，则必须继承父类

APIView，这是 DRF 明确规定的。上述的视图函数 vocationDef 和视图类 vocationClass 对 GET 请求和 POST 请求进行不同的处理。

当用户在浏览器上访问路由 myDef 或路由 myClass 的时候，视图函数 vocationDef 或视图类 vocationClass 将接收 GET 请求，该请求的处理过程说明如下：

（1）视图函数 vocationDef 或视图类 vocationClass 查询模型 Vocation 的所有数据，并将数据进行分页处理。

（2）分页功能由 DRF 的 PageNumberPagination 实现，它是在 Django 内置分页功能的基础上进行封装的，分页属性设置在 settings.py 的 REST_FRAMEWORK 中。

（3）分页后的数据传递给序列化类 MySerializer，转化成 JSON 数据，最后由 DRF 的 Response 完成用户响应。

运行 MyDjango，分别访问路由 myDef 和路由 myClass，发现两者返回的网页内容是一致的。如果在路由地址中设置请求参数 page，就可以获取某分页的数据信息，如图 12-7 所示。

图 12-7　运行结果

用户向路由 myDef 或路由 myClass 发送 POST 请求时，视图函数 vocationDef 或视图类 vocationClass 的处理过程说明如下。

（1）视图函数 vocationDef 或视图类 vocationClass 获取请求参数，将请求参数 id 作为模型字段 id 的查询条件，在模型 Vocation 中进行数据查询。

（2）如果存在查询对象，就说明模型 Vocation 已存在相应的数据信息，当前 POST 请求将视为修改模型 Vocation 的已有数据。

（3）如果不存在查询对象，就把当前请求的数据信息添加在模型 Vocation 中。

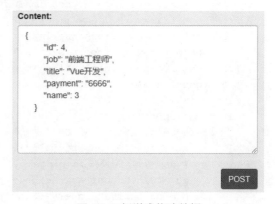

在图 12-7 的网页正下方找到 Content 文本框，以模型 Vocation 的字段编写单个 JSON 数据，单击 POST 按钮即可实现数据的新增或修改，如图 12-8 所示。

图 12-8　新增或修改数据

12.2.3　模型序列化类 ModelSerializer

序列化类 Serializer 可以与模型结合使用，从而实现模型的数据读写操作。但序列化类 Serializer 定义的字段必须与模型字段相互契合，否则在使用过程中很容易提示异常信息。为了简化序列化类 Serializer 的定义过程，DRF 定义了模型序列化类 ModelSerializer，它与模型表单 ModelForm 的定义和使用十分相似。

以 12.2.2 节的 MyDjango 为例，将自定义的 MySerializer 改为 VocationSerializer，序列化类 VocationSerializer 继承父类 ModelSerializer，它能与模型 Vocation 完美结合，无须开发者定义序列化字段。在 index 的 serializers.py 中定义 VocationSerializer，代码如下：

```
# index 的 serializers.py
from rest_framework import serializers
from .models import Vocation
# 定义 ModelSerializer 类
class VocationSerializer(serializers.ModelSerializer):
    class Meta:
        model = Vocation
        fields = '__all__'
        # fields=('id','job','title','payment','name')
```

分析 VocationSerializer 得知：

- 属性 model 将模型 Vocation 与 ModelSerializer 进行绑定。
- 属性 fields 用于设置哪些模型字段转换为序列化字段。
- 属性值 __all__ 代表模型所有字段转换为序列化字段，如果只设置部分模型字段，属性 fields 的值就可以使用元组或列表表示，元组或列表的每个元素代表一个模型字段。

下一步重新定义视图函数 vocationDef 和视图类 vocationClass，使用模型序列化类 VocationSerializer 实现模型 Vocation 的 API 接口。视图函数 vocationDef 和视图类 vocationClass 的代码如下：

```
# index 的 views.py
from .models import PersonInfo, Vocation
from .serializers import VocationSerializer
from rest_framework.views import APIView
from rest_framework.response import Response
from rest_framework import status
from rest_framework.pagination import PageNumberPagination
from rest_framework.decorators import api_view
@api_view(['GET', 'POST'])
def vocationDef(request):
    if request.method == 'GET':
        q = Vocation.objects.all().order_by('id')
        # 分页查询，需要在 settings.py 中设置 REST_FRAMEWORK 属性
        pg = PageNumberPagination()
        p = pg.paginate_queryset(queryset=q, request=request)
        # 将分页后的数据传递给 MySerializer，生成 JSON 数据对象
        serializer = VocationSerializer(instance=p, many=True)
        # 返回对象 Response 由 Django Rest Framework 实现
        return Response(serializer.data)
    elif request.method == 'POST':
        # 获取请求数据
        id = request.data.get('id', 0)
        # 判断请求参数 id 在模型 Vocation 中是否存在
        # 若存在，则执行数据修改；否则新增数据
```

```
        operation = Vocation.objects.filter(id=id).first()
        # 数据验证
        serializer = VocationSerializer(data=request.data)
        if serializer.is_valid():
            if operation:
                data = request.data
                id = data['name']
                data['name']=PersonInfo.objects.filter(id=id).first()
                serializer.update(operation, data)
            else:
                # 保存到数据库
                serializer.save()
            # 返回对象 Response 由 Django Rest Framework 实现
            return Response(serializer.data)
        return Response(serializer.errors, status=404)


class vocationClass(APIView):
    # GET 请求
    def get(self, request):
        q = Vocation.objects.all().order_by('id')
        # 分页查询，需要在 settings.py 中设置 REST_FRAMEWORK 属性
        pg = PageNumberPagination()
        p=pg.paginate_queryset(queryset=q,request=request,view=self)
        serializer = VocationSerializer(instance=p, many=True)
        # 返回对象 Response 由 Django Rest Framework 实现
        return Response(serializer.data)


    # POST 请求
    def post(self, request):
        # 获取请求数据
        id = request.data.get('id', 0)
        operation = Vocation.objects.filter(id=id).first()
        # 数据验证
        serializer = VocationSerializer(data=request.data)
        if serializer.is_valid():
            if operation:
                data = request.data
                id = data['name']
                data['name']=PersonInfo.objects.filter(id=id).first()
                serializer.update(operation, data)
            else:
                # 保存到数据库
                serializer.save()
            # 返回对象 Response 由 Django Rest Framework 实现
            return Response(serializer.data)
        return Response(serializer.errors, status=404)
```

　　视图函数 vocationDef 和视图类 vocationClass 的业务逻辑与 12.2.2 节的业务逻辑是相同的，而对于 POST 请求的处理过程，本节与 12.2.2 节实现的功能一致，但使用的函数方法有所不同。

12.2.4　序列化的嵌套使用

在开发过程中，我们需要对多个 JSON 数据进行嵌套使用，比如将模型 PersonInfo 和 Vocation 的数据组合存放在同一个 JSON 数据中，两个模型的数据通过外键字段 name 进行关联。

模型之间必须存在数据关系才能实现数据嵌套，数据关系可以是一对一、一对多或多对多的，不同的数据关系对数据嵌套的读写操作会有细微的差异。以 12.2.3 节的 MyDjango 为例，在 index 的 serializers.py 中定义 PersonInfoSerializer 和 VocationSerializer，分别对应模型 PersonInfo 和 Vocation，模型序列化类的定义如下：

```python
# index 的 serializers.py
from rest_framework import serializers
from .models import Vocation, PersonInfo
# 定义 ModelSerializer 类
class PersonInfoSerializer(serializers.ModelSerializer):
    class Meta:
        model = PersonInfo
        fields = '__all__'

# 定义 ModelSerializer 类
class VocationSerializer(serializers.ModelSerializer):
    name = PersonInfoSerializer()
    class Meta:
        model = Vocation
        fields = ('id', 'job', 'title', 'payment', 'name')

    def create(self, validated_data):
        # 从 validated_data 中获取模型 PersonInfo 的数据
        name = validated_data.get('name', '')
        id = name.get('id', 0)
        p = PersonInfo.objects.filter(id=id).first()
        # 根据 id 判断模型 PersonInfo 是否存在数据对象
        # 若存在数据对象，则只对 Vocation 新增数据
        # 若不存在，则先对模型 PersonInfo 新增数据
        # 再对模型 Vocation 新增数据
        if not p:
            p = PersonInfo.objects.create(**name)
        data = validated_data
        data['name'] = p
        v = Vocation.objects.create(**data)
        return v

    def update(self, instance, validated_data):
        # 从 validated_data 中获取模型 PersonInfo 的数据
        name = validated_data.get('name', '')
        id = name.get('id', 0)
        p = PersonInfo.objects.filter(id=id).first()
        # 判断外键 name 是否存在模型 PersonInfo
        if p:
            # 若存在，则先更新模型 PersonInfo 的数据
```

```
PersonInfo.objects.filter(id=id).update(**name)
# 再更新模型 Vocation 的数据
data = validated_data
data['name'] = p
id = validated_data.get('id', '')
v = Vocation.objects.filter(id=id).update(**data)
return v
```

从上述代码看到，序列化类 VocationSerializer 对 PersonInfoSerializer 进行实例化并赋值给变量 name，而属性 fields 的 name 代表模型 Vocation 的外键字段 name，同时也是变量 name。换句话说，序列化字段 name 代表模型 Vocation 的外键字段 name，而变量 name 作为序列化字段 name 的数据内容。

变量 name 的名称必须与模型外键字段名称或者序列化字段名称一致，否则模型外键字段或者序列化字段无法匹配变量 name，从而提示异常信息。

序列化类 VocationSerializer 还重写了数据的新增函数 create 和修改函数 update，因为不同数据关系的数据读写方式各不相同，并且不同的开发需求可能导致数据读写方式有所不同。新增函数 create 和修改函数 update 的业务逻辑较为相似，业务逻辑说明如下：

（1）从用户的请求参数（函数参数 validated_data）获取模型 PersonInfo 的主键 id，根据主键 id 查询模型 PersonInfo 是否已存在数据对象。

（2）如果存在模型 PersonInfo 的数据对象，那么 update 函数首先修改模型 PersonInfo 的数据，然后修改模型 Vocation 的数据。

（3）如果不存在模型 PersonInfo 的数据对象，那么 create 函数在模型 PersonInfo 中新增数据，然后在模型 Vocation 中新增数据，确保模型 Vocation 的外键字段 name 不为空，使两个模型之间构成一对多的数据关系。

下一步对视图函数 vocationDef 和视图类 vocationClass 的代码进行调整，代码的业务逻辑与 12.2.3 节的相同，代码调整如下：

```python
# index 的 views.py
from .models import Vocation
from .serializers import VocationSerializer
from rest_framework.views import APIView
from rest_framework.response import Response
from rest_framework.pagination import PageNumberPagination
from rest_framework.decorators import api_view
@api_view(['GET', 'POST'])
def vocationDef(request):
    if request.method == 'GET':
        q = Vocation.objects.all().order_by('id')
        # 分页查询，需要在 settings.py 中设置 REST_FRAMEWORK 属性
        pg = PageNumberPagination()
        p = pg.paginate_queryset(queryset=q, request=request)
        # 将分页后的数据传递给 MySerializer，生成 JSON 数据对象
        serializer = VocationSerializer(instance=p, many=True)
```

```python
        # 返回对象 Response 由 DRF 实现
        return Response(serializer.data)
    elif request.method == 'POST':
        # 获取请求数据
        id = request.data.get('id', 0)
        # 判断请求参数 id 在模型 Vocation 中是否存在
        # 若存在，则执行数据修改；否则新增数据
        operation = Vocation.objects.filter(id=id).first()
        # 数据验证
        serializer = VocationSerializer(data=request.data)
        if serializer.is_valid():
            if operation:
                serializer.update(operation, request.data)
            else:
                # 保存到数据库中
                serializer.save()
            # 返回对象 Response 由 DRF 实现
            return Response(serializer.data)
        return Response(serializer.errors, status=404)

class vocationClass(APIView):
    # GET 请求
    def get(self, request):
        q = Vocation.objects.all().order_by('id')
        # 分页查询，需要在 settings.py 中设置 REST_FRAMEWORK 属性
        pg = PageNumberPagination()
        p=pg.paginate_queryset(queryset=q,request=request,view=self)
        serializer = VocationSerializer(instance=p, many=True)
        # 返回对象 Response 由 DRF 实现
        return Response(serializer.data)

    # POST 请求
    def post(self, request):
        # 获取请求数据
        id = request.data.get('id', 0)
        operation = Vocation.objects.filter(id=id).first()
        # 数据验证
        serializer = VocationSerializer(data=request.data)
        if serializer.is_valid():
            if operation:
                serializer.update(operation, request.data)
            else:
                # 保存到数据库
                serializer.save()
            # 返回对象 Response 由 DRF 实现
            return Response(serializer.data)
        return Response(serializer.errors, status=404)
```

最后运行 MyDjango，在浏览器上访问 127.0.0.1:8000，模型 Vocation 的每行数据嵌套了模型 PersonInfo 的单行数据，两个模型的数据嵌套主要由模型 Vocation 的外键字段 name 实现关联，如图 12-9 所示。

图 12-9　数据嵌套

12.2.5　基于类的视图

我们使用 DRF 构建 API，视图可以采用函数或类的方式进行定义，如果使用类的方式定义视图，可以根据视图实现的业务逻辑选择相应的视图类。DRF 定义了 11 种不同类型的视图类，每种视图类的功能说明如下。

- APIView：继承 Django 内置的视图类 View，它是 DRF 所有视图类的基础类，也可以用于编写视图。
- GenericAPIView：继承 APIView，它是 DRF 的通用视图类，实现模型的数据查询、过滤和分页等功能。
- CreateAPIView：继承 GenericAPIView，实现模型的数据新增功能。
- ListAPIView：继承 GenericAPIView，实现模型的列表查询功能，用于查询模型的数据集合。
- RetrieveAPIView：继承 GenericAPIView，实现模型的检索功能，用于查询模型的单行数据。
- DestroyAPIView：继承 GenericAPIView，实现模型的数据删除功能。
- UpdateAPIView：继承 GenericAPIView，实现模型的数据修改功能。
- ListCreateAPIView：继承 GenericAPIView，实现模型的列表查询和数据新增功能。
- RetrieveUpdateAPIView：继承 GenericAPIView，实现模型的数据查询和数据修改功能。
- RetrieveDestroyAPIView：继承 GenericAPIView，实现模型的数据查询和数据删除功能。
- RetrieveUpdateDestroyAPIView：继承 GenericAPIView，实现模型的数据查询、数据修改和数据删除功能。

按照上述分析，我们以图解方式列举所有视图类的继承关系，如图 12-10 所示。

在日常开发中，视图类 APIView 和 GenericAPIView 的使用频率最高，因为类的封装程度越低，使用灵活性越高，能根据不同需求灵活调整视图的业务功能。在 12.2.4 节中，我们演示了如何使用视图类 APIView，本节将讲述如何使用视图类 GenericAPIView。

以 12.2.4 节的 MyDjango 为例，将项目应用 index 的 views.py 的视图类 vocationClass 继承视图类 GenericAPIView，在需求不变的前提下修改功能代码，详细实现过程如下：

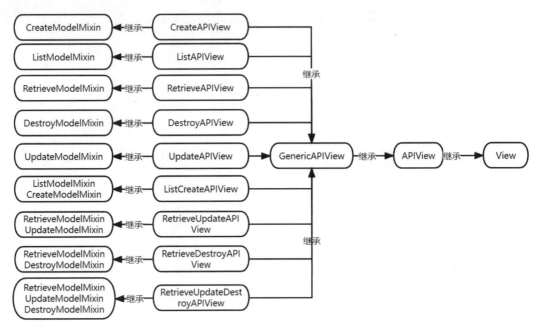

图 12-10 视图类的继承关系

```python
# index 的 views.py
from .models import Vocation
from .serializers import VocationSerializer
from rest_framework.response import Response
from rest_framework import generics

class vocationClass(generics.GenericAPIView):
    queryset = Vocation.objects.all().order_by('id')
    serializer_class = VocationSerializer

    # GET 请求
    def get(self, request):
        # 获取请求参数
        job = request.GET.get('job', '')
        data = self.get_queryset()
        if job:
            data = data.filter(job=job)
        # 数据分页处理
        data = self.paginate_queryset(data)
        serializer = self.get_serializer(data, many=True)
        # 返回分页的前一页、后一页和总数据量
        res = self.get_paginated_response(serializer.data)
        # 返回对象 Response 由 DRF 实现
        return res

    # POST 请求
    def post(self, request):
        # 获取请求数据
        id = request.data.get('id', 0)
        operation = self.get_queryset().filter(id=id).first()
```

```
    serializer = self.get_serializer(data=request.data)
    serializer.is_valid(raise_exception=True)
    if operation:
        # 修改数据
        serializer.update(operation, request.data)
    else:
        # 新增数据
        serializer.save()
    # 返回对象 Response 由 DRF 实现
    return Response(serializer.data)
```

我们将 12.2.4 节的视图类 vocationClass 与上述代码的视图类 vocationClass 对比发现：

- 继承 APIView 的视图类（12.2.4 节的视图类 vocationClass）需要自行通过模型对象查询模型数据，数据序列化也要自行调用序列化类创建序列化对象，数据分页也要调用数据分页类 PageNumberPagination 创建分页对象。
- 继承 GenericAPIView 的视图类（上述代码的视图类 vocationClass）通过设置属性 queryset 和 serializer_class 可以指定模型查询对象和序列化类，再通过调用类的方法 get_queryset()、paginate_queryset()、get_paginated_response()、get_serializer() 分别获取模型查询对象、数据分页对象、数据分页的响应对象、数据序列化对象。

综上所述，视图类 GenericAPIView 是在视图类 APIView 的基础上对数据分页、数据查询、数据序列化等功能进行封装处理，减少业务代码冗余。如果想更深入地了解 DRF 的视图类，读者不妨查阅相应源码进行分析。

12.2.6 视图集

视图集可以实现一个视图响应多种重复的 HTTP 请求，简单来说，视图集就是多个视图集合，从概念上难以理解视图集，我们不妨通过示例加以说明。

假如路由 A 和路由 B 分别查询同一模型数据，路由 A 查询模型的列表数据，路由 B 查询模型的单行数据，两者虽然都是查询数据，但查询过程和返回的查询结果截然不同。

查询数据时以 GET 请求为主，如果使用视图类定义 GET 请求，正常情况下，路由 A 和路由 B 分别对应视图 A 和视图 B，如果将视图 A 和视图 B 整合到同一个视图中，则可以使用视图集实现。

DRF 一共定义了 4 种不同类型的视图集，每种视图集说明如下。

- ViewSet：继承 ViewSetMixin 和 APIView，它是 DRF 所有视图集封装程度最低的，视图集的视图能使用视图类 APIView 进行定义。
- GenericViewSet：继承 ViewSetMixin 和 GenericAPIView，它是 DRF 的通用视图集，视图集的视图能使用视图类 GenericAPIView 进行定义。
- ReadOnlyModelViewSet：继承 RetrieveModelMixin、ListModelMixin 和 GenericViewSet，它是在视图集 GenericViewSet 的基础上进行封装的，分别实现模型数据列表查询、模型数据单行查询功能。

- ModelViewSet：继承 CreateModelMixin、RetrieveModelMixin、UpdateModelMixin、Destroy-ModelMixin、ListModelMixin 和 GenericViewSet，它是在视图集 GenericViewSet 的基础上进行封装的，分别实现模型数据查询、数据更新、数据删除和数据新增功能。

以 12.2.5 节的 MyDjango 为例，将项目应用 index 的 views.py 的视图类 vocationClass 改为视图集 vocationSet，并继承通用视图集 GenericViewSet，然后分别实现数据列表查询、单行数据查询、数据新增和数据修改功能，详细实现过程如下：

```python
# index 的 views.py
from .models import Vocation
from .serializers import VocationSerializer
from rest_framework.response import Response
from rest_framework import viewsets

class vocationSet(viewsets.GenericViewSet):
    queryset = Vocation.objects.all().order_by('id')
    serializer_class = VocationSerializer

    def get_all_data(self, request):
        '''
        获取所有数据
        '''
        res = {'state': 'success', 'msg': ' 获取成功 ', 'data': []}
        data = self.get_queryset()
        # 数据分页处理
        data = self.paginate_queryset(data)
        serializer = self.get_serializer(data, many=True)
        # 返回分页的前一页、后一页和总数据量
        r = self.get_paginated_response(serializer.data)
        res['data'] = r.data
        return Response(res)

    def get_one_data(self, request):
        '''
        获取单行数据
        '''
        res = {'state': 'success', 'msg': ' 获取成功 ', 'data': {}}
        id = request.GET.get('id', '')
        if id:
            data = self.get_queryset().filter(id=id).first()
            if data:
                serializer = self.get_serializer(data)
                res['data'] = serializer.data
        return Response(res)

    def create_data(self, request):
        '''
        新增数据
        '''
        res = {'state': 'fail', 'msg': ' 新增失败 '}
        serializer = self.get_serializer(data=request.data)
        if serializer.is_valid():
```

```
            serializer.save()
            res = {'state': 'success', 'msg': '新增成功'}
        return Response(res)

    def update_data(self, request):
        '''
        修改数据
        '''
        res = {'state': 'fail', 'msg': '修改失败'}
        id = request.data.get('id', 0)
        operation = self.get_queryset().filter(id=id).first()
        serializer = self.get_serializer(data=request.data)
        serializer.is_valid(raise_exception=True)
        if operation:
            # 修改数据
            serializer.update(operation, request.data)
            res = {'state': 'success', 'msg': '修改成功'}
        return Response(res)
```

从上述代码分析视图集 vocationSet 得知：

- 类属性 queryset 和 serializer_class 分别设置模型查询对象和序列化对象，它来自视图类 GenericAPIView。
- 类的方法 get_all_data()、get_one_data()、create_data() 和 update_data() 是自定义方法，方法名可自行命名。
- get_all_data() 用于查询模型所有数据并进行分页，实现了数据列表的查询功能；get_one_data() 用于查询模型的某一行数据对象；create_data() 用于实现模型数据新增功能；update_data() 用于实现模型数据修改功能。

我们已在视图集 vocationSet 中分别自定义了方法 get_all_data()、get_one_data()、create_data() 和 update_data()，下一步根据不同 HTTP 请求方式设置相应请求处理，在 index 的 urls.py 中分别重新定义路由 all_data 和 one_data，详细定义过程如下：

```python
# index 的 urls.py
from django.urls import path
from .views import *

urlpatterns = [
    # 视图类
    path('', vocationSet.as_view({
        'get': 'get_all_data',
    }), name='all_data'),

    path('details/', vocationSet.as_view({
        'get': 'get_one_data',
        'post': 'create_data',
        'put': 'update_data'
    }), name='one_data'),
]
```

分析上述代码得知：

- 路由 all_data 和 one_data 都由视图集 vocationSet 进行响应处理，视图集 vocationSet 调用方法 as_view()，并设置参数 actions。
- 参数 actions 是字典格式，每个键-值对分别代表 HTTP 请求方式和对应的响应方法，例如 {'get': 'get_all_data'} 的 get 代表 HTTP 的 GET 请求，get_all_data 是视图集 vocationSet 的自定义方法 get_all_data()，也就是说，路由 all_data 的 GET 请求由视图集 vocationSet 的 get_all_data() 进行响应处理。

对比视图类和视图集，我们得知两者的差异如下：

- 视图类处理 HTTP 请求是在视图类中定义相应方法，如 GET 请求需要在视图类中定义 get() 方法，POST 请求则需要在视图类中定义 post() 方法。
- 视图集是在路由定义过程中，在 as_view() 中设置参数 actions，根据不同请求方式设置对应的响应方法，响应方法在视图集中自定义，并且方法名可以自行命名。

12.2.7　用户认证和权限验证

用户认证和权限验证是网站开发的基本功能之一，DRF 的用户认证和权限验证都是开箱即用，只需在 settings.py 的 REST_FRAMEWORK、视图函数或视图类中进行配置即可，详细配置如下：

```python
# settings.py 的 REST_FRAMEWORK
REST_FRAMEWORK = {
    ...
    # 设置用户认证方式
    'DEFAULT_AUTHENTICATION_CLASSES': [
        # 如不设置，默认使用 Session 认证
        # BasicAuthentication 和 SessionAuthentication 使用 Session 认证
        'rest_framework.authentication.BasicAuthentication',
        'rest_framework.authentication.SessionAuthentication',
        # TokenAuthentication 使用 Token 认证
        # 'rest_framework.authentication.TokenAuthentication',
    ],
    # 设置权限验证
    'DEFAULT_PERMISSION_CLASSES': [
        # 如不设置，默认使用 AllowAny，即不进行权限验证
        'rest_framework.permissions.AllowAny',
        # IsAuthenticated 是全局设置权限验证
        'rest_framework.permissions.IsAuthenticated',
    ]
}

# 视图函数
from rest_framework.decorators import api_view
from rest_framework.decorators import permission_classes
from rest_framework.decorators import authentication_classes
from rest_framework.permissions import IsAuthenticated
```

```
@api_view(['GET'])
# authentication_classes 设置用户认证方式
@authentication_classes([SessionAuthentication,BasicAuthentication])
# permission_classes 设置权限验证
@permission_classes([IsAuthenticated])
def views(request):
    pass

# 视图类
from rest_framework.authentication import SessionAuthentication
from rest_framework.authentication import BasicAuthentication
from rest_framework.permissions import IsAuthenticated
from rest_framework.views import APIView

class ClassView(APIView):
    # authentication_classes 用于设置用户认证方式
    # SessionAuthentication 和 BasicAuthentication 是 Session 认证
    # 设置用户认证方式
    authentication_classes=[SessionAuthentication,BasicAuthentication]
    # 设置权限验证
    permission_classes = [IsAuthenticated]
```

分析上述配置得知：

- 用户认证和权限验证允许全局或局部配置，如果在settings.py 的 REST_FRAMEWORK 中配置，则视为全局配置；如果在视图函数或视图类中配置，则视为局部配置。
- 如果全局和局部都配置了用户认证或权限验证，则优先执行视图函数或视图类的配置，也就是说局部配置的优先级大于全局配置。
- 用户认证的 Session 和 Token 方式是常用的认证方式，此外，DRF 还定义了远程用户认证方式 RemoteUserAuthentication，详细内容建议查看官方文档或源码说明。
- 权限验证的 AllowAny 和 IsAuthenticated 是常用的验证方式，此外，DRF 还定义了 IsAdminUser、IsAuthenticatedOrReadOnly、DjangoModelPermissions、DjangoObjectPermissions、DjangoModel-PermissionsOrAnonReadOnly 等多种验证方式，详细内容建议查看官方文档或源码说明。

DRF 的 Session 方式的用户认证和权限验证的实现原理是在 Django 内置 Session 和 Auth 的基础上进行二次封装，因此 DRF 的 Session 方式的用户认证和权限验证只需进行相关配置即可。

如果使用 Token 方式的用户认证，除了进行功能配置之外，还要执行相应的程序操作才能完成 Token 认证。以 12.2.6 节的 MyDjango 为例，在 settings.py 的 INSTALLED_APPS 中添加项目应用 authtoken，在 REST_FRAMEWORK 中添加配置属性，配置代码如下：

```
# MyDjango 的 settings.py
INSTALLED_APPS = [
    ...
    'index',
    # 添加 DRF 框架
    'rest_framework',
    # 添加 DRF 的项目应用 authtoken
    'rest_framework.authtoken'
]
```

```
REST_FRAMEWORK = {
    ...
    # 设置用户认证方式
    'DEFAULT_AUTHENTICATION_CLASSES': [
        # TokenAuthentication 是使用 Token 认证
        'rest_framework.authentication.TokenAuthentication',
    ],
    # 设置权限验证
    'DEFAULT_PERMISSION_CLASSES': [
        # IsAuthenticated 是全局设置权限验证
        'rest_framework.permissions.IsAuthenticated',
    ]
}
```

由于项目应用 authtoken 定义了模型 Token，主要用于存储 Token 信息，因此需要执行数据迁移（python manage.py migrate），为模型 Token 创建数据表 authtoken_token。

数据迁移完成后，我们继续使用 createsuperuser 指令（python manage.py createsuperuser）创建超级用户 admin。

最后在 index 的 urls.py 和 views.py 中分别定义路由 userSet 和视图集 userSet，详细代码如下：

```
# index 的 urls.py
from django.urls import path
from .views import *

urlpatterns = [
    # 视图类
    path('', userSet.as_view({
        'post': 'login_user',
        'get': 'check_user'
    }), name='userSet')
]

index 的 views.py
import json
from django.contrib.auth.models import User
from rest_framework.response import Response
from rest_framework import viewsets
from rest_framework.authtoken.models import Token
from rest_framework.authentication import TokenAuthentication
from rest_framework.permissions import IsAuthenticated

class userSet(viewsets.ViewSet):
    authentication_classes = [TokenAuthentication]
    permission_classes = [IsAuthenticated]

    def get_authenticators(self):
        ''' 重写用户认证 '''
        authenticators = []
```

```
            if self.request.method == 'GET':
                authenticators = [a() for a in self.authentication_classes]
        return authenticators

    def get_permissions(self):
        '''
        重写权限验证
        '''
        permissions = []
        if self.request.method == 'GET':
            permissions = [p() for p in self.permission_classes]
        return permissions

    def login_user(self, request):
        '''
        用户登录
        '''
        res = {'state': 'success', 'msg': '获取成功', 'data': ''}
        token = ''
        if request.method == 'POST':
            json_str = json.loads(request.body.decode())
            username = json_str.get('username', '')
            user = User.objects.filter(username=username).first()
            if user:
                d = dict(user=user)
                t, _ = Token.objects.update_or_create(d, user=user)
                token = t.key
        res['data'] = token
        return Response(res)

    def check_user(self, request):
        '''
        检测用户
        '''
        res = {'state': 'success', 'msg': '获取成功', 'data': ''}
        username = request.user.username
        res['data'] = username
        return Response(res)
```

分析上述代码得知:

- 路由 userSet 的 GET 请求由视图集 userSet 的自定义方法 check_user() 负责响应处理,它从请求对象 request 获取用户信息,并写入字典 res,如果 request.user.username 不为空,那么说明用户认证成功。
- 路由 userSet 的 POST 请求由视图集 userSet 的自定义方法 login_user() 负责响应处理,它从请求对象 request 获取请求参数 username,并在模型 User 中查询对应的用户信息,然后在模型 Token 中创建或更新用户的 Token 信息,并将 Token 写入响应数据。
- 视图集 userSet 的属性 authentication_classes 设为 TokenAuthentication,permission_classes 设为 IsAuthenticated,因此视图集的每个自定义方法都会执行用户认证和权限验证。

- 视图集 userSet 通过重写方法 get_authenticators() 对不同的请求方式设置不同的用户认证，重写方法 get_permissions() 对不同的请求方式设置不同的权限验证。

上述示例完成了 DRF 的 Token 认证和权限验证，运行 MyDjango，通过 API 管理软件向路由 userSet 发送 POST 请求，请求信息如图 12-11 所示。

我们从图 12-11 的响应数据获取 Token，在 API 管理软件中向路由 userSet 发送 GET 请求，并设置请求头属性 Authorization，属性值为 Token 8c460fff3dfcdfce9750b63f6ace9eb101ded7d9（属性值的字符串 Token 前后需要使用空格隔开，这是 DRF 的格式要求），请求信息如图 12-12 所示。

图 12-11 POST 请求信息

图 12-12 GET 请求信息

DRF 除了用户认证和权限验证之外，还为我们提供了缓存、限流、过滤、自动生成 API 文档等功能，详细内容建议读者自行查阅官方文档或源码说明。

12.3 本章小结

本章分别讲述 Django 原生语法和 DRF 开发 API。Django 原生语法在开发 API 的过程中使用 Django 内置的 model_to_dict、JsonResponse 和分页功能就能实现简单的 API 功能；DRF 是在 Django 原有功能上进行二次封装，主要功能有序列化、视图类、视图集、用户认证、权限验证、缓存、限流、过滤等，可以满足大部分 API 开发需求。

Django 原生语法在开发 API 的过程中使用 Django 内置的 model_to_dict、JsonResponse 和分页功能就能实现简单的 API 功能，三者说明如下：

（1）model_to_dict 是将模型字段转为字典格式，它以函数进行定义，函数设有 3 个参数，每个参数说明如下：

- 参数 instance 是必填参数，代表模型实例化对象。
- 参数 fields 是可选参数，代表模型某些字段转为字典格式，默认值为 None，默认模型的所有字段都能转为字典格式，如需设置，参数值为列表或元组格式，列表（元组）的每个元素为模型字段名。

- 参数 exclude 是可选参数，代表模型的某些字段不能转为字典格式，默认值为 None，默认允许模型所有字段转换为字典格式。

（2）JsonResponse 是将字典转为 JSON 格式并作为当前请求的响应数据，它以类进行定义，设有多个实例化参数，每个参数说明如下：

- 参数 data 是必填参数，代表响应数据，参数值为字典或数组格式。
- 参数 encoder 是可选参数，用于设置 JSON 编码器，默认值是 Django 自定义的 DjangoJSONEncoder。
- 参数 json_dumps_params 是可选参数，用于设置数据编码，参数值设为 {'ensure_ascii': False} 能正常显示中文内容。
- 参数 safe 是可选参数，参数值默认为 True，代表参数 data 只能为字典格式，参数值设为 False，代表参数 data 可以设为字典或数组格式。
- 参数 status 是可选参数，用于设置响应状态码。
- 参数 headers 是可选参数，用于设置响应请求头。
- 参数 content_type 是可选参数，用于设置响应数据格式，默认格式为 application/json。

（3）分页功能是 Django 的内置 Paginator 类进行二次封装，封装以函数方式呈现。函数参数分别为数据列表（必选参数）、当前页数（必选参数）和每页数据量（可选参数，默认等于 10），通过函数调用获取多个函数返回值，分别为分页后的数据列表、上一页页码、下一页页码和总页数。

DRF 是在 Django 的原有功能上进行二次封装，主要功能有序列化、视图类、视图集、用户认证、权限验证、缓存、限流、过滤等。其中序列化、视图类、视图集、用户认证、权限验证最为常用，详细说明如下：

序列化是 DRF 的核心功能之一，大部分功能都是在序列化的基础上实现的，它分别定义了序列化类 Serializer 和模型序列化类 ModelSerializer，其定义过程与 Django 的表单定义十分相似。

视图类也是 DRF 的核心功能之一，虽然 DRF 的视图都能支持视图函数和视图类，但视图类具有较高的扩展性和灵活性，因此日常开发建议使用视图类实现。DRF 定义了 11 种不同类型的视图类，每种视图类的功能说明如下。

- APIView：继承 Django 内置的视图类 View，它是 DRF 所有视图类的基础类，也可以用于编写视图。
- GenericAPIView：继承 APIView，它是 DRF 的通用视图类，实现模型的数据查询、过滤和分页等功能。
- CreateAPIView：继承 GenericAPIView，实现模型的数据新增功能。
- ListAPIView：继承 GenericAPIView，实现模型的列表查询功能，用于查询模型的数据集合。
- RetrieveAPIView：继承 GenericAPIView，实现模型的检索功能，用于查询模型的单行数据。
- DestroyAPIView：继承 GenericAPIView，实现模型的数据删除功能。
- UpdateAPIView：继承 GenericAPIView，实现模型的数据修改功能。

- ListCreateAPIView：继承 GenericAPIView，实现模型的列表查询和数据新增功能。
- RetrieveUpdateAPIView：继承 GenericAPIView，实现模型的数据查询和数据修改功能。
- RetrieveDestroyAPIView：继承 GenericAPIView，实现模型的数据查询和数据删除功能。
- RetrieveUpdateDestroyAPIView：继承 GenericAPIView，实现模型的数据查询、数据修改和数据删除功能。

视图集可以实现一个视图响应多种重复的 HTTP 请求，简单来说，视图集就是多个视图集合，DRF 一共定义了 4 种不同类型的视图集，每种视图集说明如下。

- ViewSet：继承 ViewSetMixin 和 APIView，它是 DRF 所有视图集封装程度最低的，视图集的视图能使用视图类 APIView 进行定义。
- GenericViewSet：继承 ViewSetMixin 和 GenericAPIView，它是 DRF 的通用视图集，视图集的视图能使用视图类 GenericAPIView 进行定义。
- ReadOnlyModelViewSet：继承 RetrieveModelMixin、ListModelMixin 和 GenericViewSet，它是在视图集 GenericViewSet 的基础上进行封装的，分别实现模型数据列表查询、模型数据单行查询功能。
- ModelViewSet：继承 CreateModelMixin、RetrieveModelMixin、UpdateModelMixin、DestroyModelMixin、ListModelMixin 和 GenericViewSet，它是在视图集 GenericViewSet 的基础上进行封装的，分别实现模型数据查询、数据更新、数据删除和数据新增功能。

DRF 的用户认证方式分为 Session、Token 和 RemoteUserAuthentication，其中 Session 和 Token 在日常开发中最为常用。Session 是在 Django 原有功能上进行二次封装，Token 是 DRF 自定义的认证功能。

DRF 的权限验证是在 Django 原有功能上进行二次封装，定义了 7 种验证方式：AllowAn、IsAuthenticated、IsAdminUser、IsAuthenticatedOrReadOnly、DjangoModelPermissions、DjangoObjectPermissions 和 DjangoModelPermissionsOrAnonReadOnly，其中 AllowAn 和 IsAuthenticated 最为常用。

12.4 动手练习

（1）分别使用序列化类 Serializer 和模型序列化类 ModelSerializer 对商城的模型进行定义。

（2）根据 12.1.4 节的开发需求，尝试使用 DRF 框架开发商城的商品列表 API。

（3）根据 DRF 官方文档教程，尝试使用 DRF 的缓存、限流、过滤和自动生成 API 文档功能。

使用 DRF 开发商城接口

开发 API 可以选择 Django 原生语法或 DRF 实现，无论选择哪一种实现方式，项目级别的开发对代码格式都有明确的要求，例如命名规范、业务逻辑封装方式、代码目录等。本章以 DRF 为例，讲述如何使用 DRF 实现企业级项目开发。

13.1 项目配置与调整

在开发 API 之前，我们必须对项目进行功能配置和调整，因为前后端分离会存在跨域问题。虽然后端和前端都能解决跨域问题，在最好的情况下，在前后端都搭建跨域访问配置。

Django 解决跨域问题需要借助第三方模块 Django Cors Headers 实现，打开 PyCharm 的 Terminal 或 CMD 窗口，使用 pip 指令安装 Django Cors Headers，指令如下：

```
pip install django-cors-headers
```

在项目 babys 的配置文件 settings.py 中添加第三方功能应用 Django Cors Headers。首先在配置属性 INSTALLED_APPS 中添加 corsheaders，然后在配置属性 MIDDLEWARE 中添加中间件 CorsMiddleware，最后设置 Django Cors Headers 的配置属性，整个配置过程如下：

```python
# settings.py
INSTALLED_APPS = [
    ...
    'rest_framework',
    'index',
    'commodity',
    'shopper',
    'corsheaders'
]

MIDDLEWARE = [
    'corsheaders.middleware.CorsMiddleware',
    ...
]
```

```
# 设置跨域访问
# 指定所有域名 (IP) 都可以访问，默认为 False
CORS_ORIGIN_ALLOW_ALL = True
# 设置允许携带 Cookie
CORS_ALLOW_CREDENTIALS = True
# 设置允许访问的域名 (IP)
# 如果 CORS_ORIGIN_ALLOW_ALL=True，则无须设置
CORS_ORIGIN_WHITELIST = []
# 允许执行的请求方式
CORS_ALLOW_METHODS = (
    'DELETE',
    'GET',
    'OPTIONS',
    'PATCH',
    'POST',
    'PUT',
    'VIEW',
)
# 允许执行的请求头
CORS_ALLOW_HEADERS = (
    'accept',
    'accept-encoding',
    'authorization',
    'content-type',
    'dnt',
    'origin',
    'user-agent',
    'x-csrftoken',
    'x-requested-with',
)
```

在上述配置信息中，Django Cors Headers 的配置说明如下。

（1）CORS_ORIGIN_ALLOW_ALL： 默 认 值 为 False， 只 允 许 CORS_ORIGIN_ WHITELIST 设置的域名列表发送 HTTP 请求；若为 True，则允许所有域名发送 HTTP 请求。

（2）CORS_ALLOW_CREDENTIALS：设置 HTTP 请求是否允许携带 Cookies 信息，默认值为 False。

（3）CORS_ORIGIN_WHITELIST：默认值为空列表，设置允许发送 HTTP 请求的域名，即部署 Vue 的服务器 IP 地址或域名。

（4）CORS_ALLOW_METHODS：设置 HTTP 的请求方式，如 POST、GET 或 PATCH 等。

（5）CORS_ALLOW_HEADERS：设置非标准的 HTTP 请求头。

下一步将调整模型 CartInfos，把模型字段 commodityInfos_id 的数据类型 IntegerField 改为 ForeignKey，外键关联模型 CommodityInfos，模型定义如下：

```
# shopper 的 models.py
class CartInfos(models.Model):
```

```
id = models.AutoField(primary_key=True)
quantity = models.IntegerField('购买数量')
commodityInfos_id = models.ForeignKey(CommodityInfos,
                    on_delete=models.SET_NULL,
                    db_constraint=False,
                    null=True, blank=True)
user_id = models.IntegerField('用户ID')

def __str__(self):
    return str(self.id)

class Meta:
    verbose_name = '购物车'
    verbose_name_plural = '购物车'
```

从模型 CartInfos 定义得知：

- 模型字段 commodityInfos_id 原数据类型为 IntegerField，用于记录模型 CommodityInfos 的主键 id，数据关联是通过程序实现的。
- 将 commodityInfos_id 的数据类型改为 ForeignKey，由 Django 的 ORM 自动实现外键关联，字段属性 db_constraint=False 不会在数据库创建外键约束，并且能使用 ORM 的外键查询语法实现多表查询。此外，还能实现 DRF 多个序列化对象的嵌套查询功能。

模型 CartInfos 调整后，建议重新执行数据迁移，确保程序在运行过程中能正确识别模型字段类型。最后在 settings.py 中配置 DRF 的 REST_FRAMEWORK，配置信息如下：

```
# settings.py
REST_FRAMEWORK = {
    # 配置分页器
    'DEFAULT_PAGINATION_CLASS': 'rest_framework.pagination.
                                PageNumberPagination',
    # 每页的数据量
    'PAGE_SIZE': 6,
    # 用户认证方式
    'DEFAULT_AUTHENTICATION_CLASSES': (
        'rest_framework.authentication.SessionAuthentication',
        'rest_framework.authentication.BasicAuthentication',
    ),
}
```

13.2　定义序列化对象

商城一共定义了 4 个模型对象，分别为商品信息表、商品类别表、购物车信息表和订单信息表。根据不同模型定义相应的序列化类，在项目 babys 的项目应用 commodity 和 shopper 中分别创建文件 serializers.py，然后在 commodity 的 serializers.py 中定义序列化类 TypesSerializer 和 CommodityInfosSerializer，在 shopper 的 serializers.py 中定义序列化类 CartInfosSerializer 和 OrderInfosSerializer，详细定义过程如下：

```python
# commodity 的 serializers.py
from rest_framework import serializers
from .models import *
# 定义 ModelSerializer 类
class TypesSerializer(serializers.ModelSerializer):
    class Meta:
        model = Types
        fields = '__all__'

class CommodityInfosSerializer(serializers.ModelSerializer):
    class Meta:
        model = CommodityInfos
        fields = '__all__'

# shopper 的 serializers.py
from rest_framework import serializers
from .models import *
# 定义 ModelSerializer 类
class CartInfosSerializer(serializers.ModelSerializer):
    class Meta:
        model = CartInfos
        fields = '__all__'
        # depth 根据外键关联实现序列化嵌套功能
        depth = 1

class OrderInfosSerializer(serializers.ModelSerializer):
    class Meta:
        model = OrderInfos
        fields = '__all__'
```

从上述序列化类的定义得知：

- 所有序列化类继承 ModelSerializer，并且只设置 Meta 的 model 和 fields。属性 model 代表模型对象；属性 fields 等于 __all__，代表所有模型字段会转为序列化字段。
- 序列化类 CartInfosSerializer 设置 Meta 的 depth，该属性根据模型的外键关联实现序列化嵌套功能。

13.3 开发首页与异常接口

网站首页一共划分了 5 个不同的功能区域：商品搜索功能、网站导航、广告轮播、商品分类热销、网站尾部。其中商品分类热销需要后端提供数据支持，也就是说，首页的 API 需要提供商品分类热销的数据信息。

商品分类热销细分为今日必抢和分类商品，今日必抢按照总销量分为两组数据进行排序展示；分类商品按照商品类别和销量进行排序展示，商品类别有儿童服饰、奶粉辅食和儿童用品。根据上述业务需求，首页 API 的实现过程如下：

```python
# babys 的 urls.py
from django.contrib import admin
from django.urls import path, include, re_path
from django.views.static import serve
from django.conf import settings

urlpatterns = [
    path('admin/', admin.site.urls),
    path('api/v1/', include(('index.urls', 'index'), namespace='index')),
    path('api/v1/commodity/', include(('commodity.urls',
                                       'commodity'), namespace='commodity')),
    path('api/v1/shopper/', include(('shopper.urls',
                                     'shopper'), namespace='shopper')),
    # 配置媒体资源的路由信息
    re_path('media/(?P<path>.*)', serve,
            {'document_root': settings.MEDIA_ROOT}, name='media'),
    # 定义静态资源的路由信息
    re_path('static/(?P<path>.*)', serve,
            {'document_root': settings.STATIC_ROOT}, name='static'),
]

# 设置 404 和 500
from index import views
handler404 = views.page_not_found
handler500 = views.page_error

# index 的 urls.py
from django.urls import path
from .views import *

urlpatterns = [
    path('home/', indexView.as_view(), name='index'),
]

# index 的 views.py
from rest_framework.views import APIView
from rest_framework.response import Response
from commodity.serializers import *

class indexView(APIView):
    '''
    首页
    '''
    # GET 请求
    def get(self, request):
        context = {'state': 'success', 'msg': ' 获取成功 ', 'data': {}}
        context['data']['commodityInfos'] = []
        c = CommodityInfos.objects.order_by('-sold')[:8].all()
        context['data']['commodityInfos'].append(
            CommodityInfosSerializer(instance=c[0:4], many=True).data)
        context['data']['commodityInfos'].append(
            CommodityInfosSerializer(instance=c[4:8], many=True).data)
        types = Types.objects.all()
        # 儿童服饰
```

```
cl = [x.seconds for x in types if x.firsts == '儿童服饰']
clothes = CommodityInfos.objects.filter(types__in=cl).
                                  order_by('-sold')[:5].all()
context['data']['clothes'] = CommodityInfosSerializer(
                                  instance=clothes,many=True).data
# 奶粉辅食
fl = [x.seconds for x in types if x.firsts == '奶粉辅食']
food = CommodityInfos.objects.filter(types__in=fl).
                                  order_by('-sold')[:5].all()
context['data']['food'] = CommodityInfosSerializer(
                                  instance=food, many=True).data
# 儿童用品
gl = [x.seconds for x in types if x.firsts == '儿童用品']
goods = CommodityInfos.objects.filter(types__in=gl).
                                  order_by('-sold')[:5].all()
context['data']['goods'] = CommodityInfosSerializer(
                                  instance=goods, many=True).data
return Response(context)
```

分析上述代码得知：

- babys 的 urls.py 实现 Django 的路由配置和路由分发功能，分别定义了 Admin 路由、index 的 urls.py、commodity 的 urls.py、shopper 的 urls.py、媒体资源的路由和静态资源的路由。
- index 的 urls.py 是 babys 的 urls.py 的路由分发的，index 的 urls.py 定义的路由 index 会自动汇总到 babys 的 urls.py。
- 视图类 indexView 继承 DRF 的 APIView，并定义方法 get() 处理路由 index 的 GET 请求，变量 context 作为响应数据，其数据格式按照 11.3 节的 API 设计方案执行。其中 context['data']['commodityInfos'] 代表今日必抢的数据信息，context['data']['clothes']、context['data']['food'] 和 context['data']['goods'] 是分类商品的数据信息。

我们在 babys 的 urls.py 中还定义了 404 和 500 的异常 API，接口由 index 的 views.py 的视图函数 page_not_found 和 page_error 进行响应处理，视图函数的定义过程如下：

```
# index 的 views.py
from rest_framework.response import Response

def page_not_found(request, exception):
    data = {'state': 'fail', 'msg': '页面丢失了'}
    return Response(data, status=404)

def page_error(request):
    data = {'state': 'fail', 'msg': '服务器异常'}
    return Response(data, status=500)
```

至此，我们已完成首页和异常接口开发，运行项目 babys，在浏览器中访问路由 index 查看 API 的响应数据，如图 13-1 所示。

由于异常接口需要在特定环境下才能测试，例如将 settings.py 的 DEBUG 改为 False，用于测试异常 404，因此具体测试过程不再详细讲述。

图 13-1　首页接口信息

13.4　开发商品信息接口

商品信息包括商品列表信息、商品详细信息和商品收藏。我们按照 11.3 节的 API 设计方案，首先在 commodity 的 urls.py 中分别定义路由 list、路由 detail 和路由 collect，定义过程如下：

```python
# commodity 的 urls.py
from django.urls import path
from .views import *

urlpatterns = [
    path('list/', commodityView.as_view(), name='list'),
    path('detail/<int:id>/', detailView.as_view(), name='detail'),
    path('collect/', collectView.as_view(), name='collect')
]
```

从路由定义得知，路由 list 定义商品列表信息 API；路由 detail 定义商品详细信息 API，并且接口设置路由变量 id，代表商品主键 id；路由 collect 定义商品收藏 API。

根据路由 list 的定义过程，在 commodity 的 views.py 中定义视图类 commodityView，定义过程如下：

```python
# commodity 的 views.py
import json
from django.db.models import F
from rest_framework.pagination import PageNumberPagination
from rest_framework.views import APIView
from rest_framework.response import Response
from .serializers import *

class commodityView(APIView):
    '''
```

```
商品列表页
'''
authentication_classes = []
permission_classes = []
# GET 请求
def get(self, request):
    types = request.GET.get('types', '')
    search = request.GET.get('search', '')
    sort = request.GET.get('sort', 'sold')
    context = {'state': 'success', 'msg': '获取成功', 'data': {}}
    context['data']['types'] = []
    firsts=Types.objects.values_list('firsts',flat=True).distinct()
    for f in firsts:
        t = Types.objects.filter(firsts=f).values_list(
                            'seconds', flat=True).all()
        context['data']['types'].append(dict(name=f, value=t))
    cf = CommodityInfos.objects.all()
    if types:
        cf = cf.filter(types=types)
    if sort:
        cf = cf.order_by('-' + sort)
    if search:
        cf = cf.filter(name__contains=search)
    count = cf.count()
    # 分页查询，需要在 settings.py 中设置 REST_FRAMEWORK 属性
    pg = PageNumberPagination()
    p = pg.paginate_queryset(queryset=cf, request=request)
    # 将分页后的数据传递给 MySerializer，生成 JSON 数据对象
    c = CommodityInfosSerializer(instance=p, many=True)
    # 获取前一页、后一页和总页的页数
    pageCount = pg.page.paginator.num_pages
    try:
        next = pg.page.next_page_number()
    except:
        next = pageCount
    try:
        previous = pg.page.previous_page_number()
    except:
        previous = 0
    d = dict(data=c.data, previous=previous,
            next=next, count=count, pageCount=pageCount)
    context['data']['commodityInfos'] = d
    return Response(context)
```

　　视图类 commodityView 继承 DRF 的 APIView，主要处理路由 list 的 GET 请求，整个响应过程说明如下：

- 从请求对象 request 获取请求参数 types、search 和 sort，实现商品列表的筛选和排序。参数 types 筛选商品类别，参数 search 筛选商品关键词，参数 sort 代表商品销量、收藏等排序，如图 13-2 所示。

- 根据请求参数先后查询模型 Types 和 CommodityInfos，并得到 CommodityInfos 的模型对象 cf，调用 DRF 的 PageNumberPagination 对模型对象 cf 进行分页处理，得到分页对象 p、前一页页数 previous、后一页页数 next 和总页数 pageCount。
- 将分页对象 p 作为 CommodityInfosSerializer 的序列化参数 instance 生成序列化对象 c，再由序列化对象 c 调用 data 获取分页数据，与其他分页信息一并写入变量 context 完成响应过程。

图 13-2 路由 list 的参数说明

下一步按照路由 detail 的定义过程，在 commodity 的 views.py 中定义视图类 detailView，定义过程如下：

```python
# commodity 的 views.py
class detailView(APIView):
    '''
    商品详情页
    '''
    authentication_classes = []
    permission_classes = []
    # GET 请求
    def get(self, request, id):
        context = {'state': 'success', 'msg': '获取成功', 'data': {}}
        c = CommodityInfos.objects.filter(id=id).first()
        context['data']['commoditys'] = CommodityInfosSerializer(
                                            instance=c).data
        r = CommodityInfos.objects.exclude(id=id).order_by('-sold')[:5]
        context['data']['recommend'] = CommodityInfosSerializer(
                                            instance=r, many=True).data
        if id in request.session.get('likes', []):
            context['data']['likes'] = True
        else:
            context['data']['likes'] = False
        return Response(context)
```

视图类 detailView 继承 DRF 的 APIView，主要处理路由 detail 的 GET 请求，整个响应过程说明如下：

- 获取函数参数 id，参数 id 来自路由 detail 的路由变量 id；在模型 CommodityInfos 中查询参数 id 所对应的数据，生成模型对象 c，由 CommodityInfosSerializer 对模型对象 c 进行序列化，并写入 context['data']['commoditys']。

- 在模型 CommodityInfos 中查询销量前 5 位的商品信息，执行数据序列化并写入 context['data']['recommend']。
- 从当前会话对象 Session 获取列表 likes，如果参数 id 在列表 likes 中，那么说明当前用户已收藏商品，context['data']['likes'] 等于 True；如果参数 id 不在列表 likes 中，那么说明当前用户没有收藏商品，context['data']['likes'] 等于 False，前端通过该字段值控制页面样式。

最后按照路由 collect 的定义过程，在 commodity 的 views.py 中定义视图类 collectView，定义过程如下：

```python
# commodity 的 views.py
class collectView(APIView):
    '''
    商品收藏
    '''
    authentication_classes = []
    permission_classes = []
    def post(self, request):
        json_str = json.loads(request.body.decode())
        id = json_str.get('id', '')
        context = {'state': 'fail', 'msg': ' 收藏失败 '}
        likes = request.session.get('likes', [])
        if id and not int(id) in likes:
            # 对商品的收藏数量执行自增 1
            CommodityInfos.objects.filter(id=id).update(likes=F('likes')+1)
            # 根据 Session 信息判断用户是否已收藏
            request.session['likes'] = likes + [int(id)]
            context = {'state': 'success', 'msg': ' 收藏成功 '}
        return Response(context)
```

视图类 collectView 继承 DRF 的 APIView，主要处理路由 collect 的 POST 请求，整个响应过程说明如下：

- 从请求对象 request 获取请求参数 id，它代表商品主键 id。由于请求参数以 JSON 格式表示，因此获取请求参数 id 之前还需要使用 json.loads 将 JSON 字符串转为字典格式。
- 在请求对象 request 的会话对象 Session 中获取数据 likes，用于记录当前用户收藏的商品信息，如果参数 id 不在列表 likes 中，那么说明用户还没有收藏；如果参数 id 在列表 likes 中，那么说明用户已收藏。
- 如果用户还没有收藏商品并且参数 id 不为空，那么在模型 CommodityInfos 中查询当前商品，对模型字段 likes 自增 1，同时将参数 id 写入会话对象 Session 的 likes 中。

综上所述，视图类 commodityView、detailView、collectView 用于实现模型 CommodityInfos 的数据查询或修改处理，并且取消了用户认证（authentication_classes=[]）和权限验证（permission_classes=[]），也就是说，用户在无登录状态下也能查看商品数据。

13.5　开发购物车与订单接口

购物车与订单功能包括用户登录与注册、退出用户登录、个人中心、购物车、在线支付和购物车删除商品。按照 11.3 节的 API 设计方案，首先在 shopper 的 urls.py 中分别定义路由 login、路由 logout、路由 home、路由 shopcart、路由 pays 和路由 delete，定义过程如下：

```python
# shopper 的 urls.py
from django.urls import path
from .views import *

urlpatterns = [
    path('login/', loginView.as_view(), name='login'),
    path('logout/', logoutView.as_view(), name='logout'),
    path('home/', shopperView.as_view(), name='home'),
    path('shopcart/', shopcartView.as_view(), name='shopcart'),
    path('pays/', paysView.as_view(), name='pays'),
    path('delete/', deleteView.as_view(), name='delete')
]
```

我们根据上述路由定义，分别讲述每个路由对应视图类的详细实现过程。在 shopper 的 views.py 中定义路由 login 的视图类 loginView，定义过程如下：

```python
# shopper 的 views.py
import json
import time
from django.contrib.auth import logout, login, authenticate
from rest_framework.response import Response
from rest_framework.views import APIView
from rest_framework.authentication import SessionAuthentication
from rest_framework.authentication import BasicAuthentication
from rest_framework.permissions import IsAuthenticated
from .models import *
from .form import *
from .pays_new import get_pay
from .serializers import OrderInfosSerializer,CartInfosSerializer

class loginView(APIView):
    '''
    用户登录与注册
    '''
    # 取消所有认证
    authentication_classes = []
    permission_classes = []

    def post(self, request):
        context = {'state': 'fail', 'msg': '注册或登录失败'}
        json_str = json.loads(request.body.decode())
```

```
    infos = LoginModelForm(data=json_str)
    d = infos.data
    username = d['username']
    password = d['password']
    last_login = ''
    # 若用户存在，则进行登录验证
    if User.objects.filter(username=username).first():
        user=authenticate(username=username,password=password)
        if user:
            login(request, user)
            last_login = user.last_login
            context = {'state': 'success', 'msg': '登录成功'}
    else:
        # 若用户不存在，则进行用户注册
        context = {'state': 'success', 'msg': '注册成功'}
        d = dict(username=username, password=password,
                is_staff=1, is_active=1)
        user = User.objects.create_user(**d)
        user.save()
        login(request, user)
    context['username'] = username
    context['last_login'] = last_login
    return Response(context)
```

视图类 loginView 继承 DRF 的 APIView，主要处理路由 login 的 POST 请求，整个响应过程说明如下：

- 从请求对象 request 获取请求参数并写入模型表单 LoginModelForm，由模型表单验证参数 username 和 password 的数据格式。
- 将参数 username 作为模型 User 的查询条件，查找相应的用户信息，如果用户存在，则调用内置函数 login() 登录用户；如果用户不存在，则在模型 User 中创建用户并执行用户登录。
- 用户注册登录成功后，将用户信息写入变量 context 作为响应数据输出。

在 shopper 的 views.py 中定义路由 logout 的视图类 logoutView，定义过程如下：

```
# shopper 的 views.py
class MySessionAuthentication(SessionAuthentication):
    '''
    自定义 SessionAuthentication, 取消 CSRF 验证
    '''
    def authenticate(self, request):
        user = getattr(request._request, 'user', None)
        if not user or not user.is_active:
            return None
        return (user, None)


class logoutView(APIView):
    '''
    退出用户登录
    '''
```

```
authentication_classes=[MySessionAuthentication,BasicAuthentication]
permission_classes = [IsAuthenticated]

def post(self, request):
    context = {'state': 'fail', 'msg': '退出失败'}
    # 使用内置函数 logout 退出用户登录状态
    if request.user.username:
        logout(request)
        context = {'state': 'success', 'msg': '退出成功'}
    return Response(context)
```

视图类 logoutView 继承 DRF 的 APIView，主要处理路由 logout 的 POST 请求，整个响应过程说明如下：

- 视图类的 authentication_classes 使用自定义认证类 MySessionAuthentication，因为 DRF 内置认证类 SessionAuthentication 默认开启 CSRF 验证，如需取消 CSRF 验证，可以重写认证类 SessionAuthentication 的 authenticate()。
- 退出登录是从请求对象 request 获取用户信息，如果存在用户信息，那么说明用户处于已登录状态，调用内置函数 logout() 即可退出用户登录。

在 shopper 的 views.py 中定义路由 home 的视图类 shopperView，定义过程如下：

```
# shopper 的 views.py
class shopperView(APIView):
    '''
    个人中心
    '''
    authentication_classes=[MySessionAuthentication,BasicAuthentication]
    permission_classes = [IsAuthenticated]

    def get(self, request):
        context = {'state': 'success', 'msg': '获取成功', 'data': {}}
        t = request.GET.get('t', '')
        payTime = request.session.get('payTime', '')
        # 从 Session 获取并处理已支付的订单信息，写入订单信息表
        if t and payTime and t == payTime:
            payInfo = request.session.get('payInfo', '')
            OrderInfos.objects.create(**payInfo)
            del request.session['payTime']
            del request.session['payInfo']
        # 根据当前用户查询用户所有订单信息
        orders=OrderInfos.objects.filter(user_id=request.user.id
                                    ).order_by('-created').all()
        context['data']['orders']=OrderInfosSerializer(instance=orders,
                                            many=True).data
        return Response(context)
```

视图类 shopperView 继承 DRF 的 APIView，主要处理路由 home 的 GET 请求，整个响应过程说明如下：

- 视图类设置用户认证和权限验证，并且使用自定义认证类 MySessionAuthentication 实现用户认证。
- get() 方法处理路由 home 的 GET 请求，从请求对象 request 获取请求参数 t，再从会话对象 Session 获取数据 payTime 和 payInfo，通过参数 t 和 payTime 进行匹配，如果匹配成功，那么说明用户已完成在线支付，将支付的订单信息写入模型 OrderInfos，同时删除会话对象 Session 的 payTime 和 payInfo。
- 在模型 OrderInfos 中查询当前用户的所有订单信息，将查询结果进行序列化并作为响应数据输出。

在 shopper 的 views.py 中定义路由 shopcart 的视图类 shopcartView，定义过程如下：

```python
# shopper 的 views.py
class shopcartView(APIView):
    '''
    GET：获取购物车列表
    POST：商品加入购物车
    '''
    authentication_classes=[MySessionAuthentication,BasicAuthentication]
    permission_classes = [IsAuthenticated]

    def get(self, request):
        context = {'state': 'success', 'msg': '获取成功', 'data': []}
        # 根据当前用户信息查找对应的购物车信息
        c = CartInfos.objects.filter(user_id=request.user.id).all()
        context['data']=CartInfosSerializer(instance=c,many=True).data
        return Response(context)

    def post(self, request):
        context = {'state': 'fail', 'msg': '加购失败'}
        json_str = json.loads(request.body.decode())
        id = json_str.get('id', '')
        quantity = json_str.get('quantity', 1)
        userID = request.user.id
        commodityInfos=CommodityInfos.objects.filter(id=id).first()
        # 根据请求信息写入购物车
        if id and commodityInfos and quantity:
            d = dict(commodityInfos_id=commodityInfos,
                    user_id=userID, quantity=quantity)
            f = dict(commodityInfos_id=commodityInfos,user_id=userID)
            CartInfos.objects.update_or_create(d, **f)
            context = {'state': 'success', 'msg': '加购成功'}
        return Response(context)
```

视图类 shopcartView 继承 DRF 的 APIView，主要处理路由 shopcart 的 GET 和 POST 请求，整个响应过程说明如下：

- 视图类设置用户认证和权限验证，并且使用自定义认证类 MySessionAuthentication 实现用户认证。

- get() 方法处理路由 shopcart 的 GET 请求，在模型 CartInfos 中查询当前用户的购物车信息，将查询结果进行序列化并作为响应数据输出。
- post() 方法处理路由 shopcart 的 POST 请求，从请求对象 request 获取请求参数 id 和 quantity，根据参数 id 在模型 CommodityInfos 中查询商品信息，如果商品存在，则将用户信息、商品信息和购买数量（参数 quantity）写入模型 CartInfos。

在 shopper 的 views.py 中定义路由 pays 的视图类 paysView，定义过程如下：

```python
# shopper 的 views.py
class paysView(APIView):
    '''
    支付接口
    '''
    authentication_classes=[MySessionAuthentication,BasicAuthentication]
    permission_classes = [IsAuthenticated]

    def post(self, request):
        context = {'state': 'fail', 'msg': '支付失败', 'data': ''}
        json_str = json.loads(request.body.decode())
        total = json_str.get('total', 0)
        total = float(str(total).replace('¥', ''))
        if total:
            out_trade_no = str(int(time.time()))
            print(out_trade_no)
            user_id = request.user.id
            payInfo=dict(price=total,user_id=user_id,state='已支付')
            request.session['payInfo'] = payInfo
            request.session['payTime'] = out_trade_no
            # return_url 为前端的路由地址
            # 如果无法确认路由地址，那么前端可以通过请求参数传递
            return_url = 'http://localhost:8010/#/shopper'
            data = get_pay(out_trade_no, total, return_url)
            context={'state':'success','msg':'支付成功','data':data}
        return Response(context)
```

视图类 paysView 继承 DRF 的 APIView，主要处理路由 pays 的 POST 请求，整个响应过程说明如下：

- 视图类设置用户认证和权限验证，并且使用自定义认证类 MySessionAuthentication 实现用户认证。
- post() 方法处理路由 pays 的 POST 请求，从请求对象 request 获取请求参数 total，并对数据进行清洗处理，数据格式转为浮点类型；从请求对象 request 获取用户信息，将用户信息、支付金额（请求参数 total）和订单编号（变量 out_trade_no）分别写入会话对象 Session 的 payInfo 和 payTime。
- 调用支付函数 get_pay()，将订单编号、支付金额和回调地址作为函数参数，由支付函数 get_pay() 完成支付过程。支付成功后，函数返回值 data 写入变量 context，由变量 context 作为响应数据输出。

在 shopper 的 views.py 中定义路由 delete 的视图类 deleteView，定义过程如下：

```python
# shopper 的 views.py
class deleteView(APIView):
    '''
    购物车删除商品
    '''
    authentication_classes=[MySessionAuthentication,BasicAuthentication]
    permission_classes = [IsAuthenticated]

    def post(self, request):
        context = {'state': 'success', 'msg': '删除成功'}
        json_str = json.loads(request.body.decode())
        username = json_str.get('username', '')
        carId = json_str.get('carId', '')
        # 根据请求信息删除购物车信息
        if username:
            CartInfos.objects.filter(user_id=request.user.id).delete()
        elif carId:
            CartInfos.objects.filter(id=carId).delete()
        else:
            context = {'state': 'fail', 'msg': '删除失败'}
        return Response(context)
```

视图类 deleteView 继承 DRF 的 APIView，主要处理路由 delete 的 POST 请求，整个响应过程说明如下：

- 视图类设置用户认证和权限验证，并且使用自定义认证类 MySessionAuthentication 实现用户认证。
- post() 方法处理路由 delete 的 POST 请求，从请求对象 request 分别获取请求参数 username 和 carId。
- 如果请求参数 username 不为空，则在模型 CartInfos 中删除当前用户的所有购物车信息；如果请求参数 username 为空并且请求参数 carId 不为空，则在模型 CartInfos 中删除 id=carId 的购物车信息；如果请求参数 username 和 carId 都为空，则删除失败。

综上所述，视图类 logoutView、shopperView、shopcartView、paysView、deleteView 用于设置用户认证和权限验证，并且使用自定义认证类 MySessionAuthentication 实现用户认证。视图类 loginView、logoutView 用于实现模型 User 的数据操作，视图类 shopperView 用于实现模型 OrderInfos 的数据操作，视图类 shopcartView、deleteView 用于实现模型 CartInfos 的数据操作。

⚙ 13.6 本章小结 ◄◄◄

使用 Django 开发 API 必须为项目设置跨域访问，通常使用第三方模块 Django Cors Headers 实现。Django Cors Headers 常用配置说明如下。

（1）CORS_ORIGIN_ALLOW_ALL：默认值为 False，只允许 CORS_ORIGIN_WHITELIST 设置的域名列表发送 HTTP 请求；若为 True，则允许所有域名发送 HTTP 请求。

（2）CORS_ALLOW_CREDENTIALS：设置 HTTP 请求是否允许携带 Cookies 信息，默认值为 False。

（3）CORS_ORIGIN_WHITELIST：默认值为空列表，设置允许发送 HTTP 请求的域名，即部署 Vue 的服务器 IP 地址或域名。

（4）CORS_ALLOW_METHODS：设置 HTTP 的请求方式，如 POST、GET 或 PATCH 等。

（5）CORS_ALLOW_HEADERS：设置非标准的 HTTP 请求头。

使用 DRF 开发 API 必须为模型定义序列化类，通常使用 Serializer 或 ModelSerializer 进行定义，如无特殊情况，尽量使用 ModelSerializer，这样能减少代码冗余。如果模型之间有外键关联，外键字段最好使用 ForeignKey 类型，并且字段属性 db_constraint=False，执行数据迁移时，Django 不会在数据库创建外键约束，同时能使用 ORM 的外键查询语法实现多表查询。此外，还能实现 DRF 多个序列化对象的嵌套查询功能。

按照开发设计进行 API 开发，其实质是定义 API 的路由和视图。路由地址按照开发设计文档设置即可，如需设置路由变量，则还需知道路由变量的数据格式要求；视图可以使用视图函数、视图类和视图集进行定义，视图主要实现业务逻辑，实现过程中可能使用表单类、序列化类、模型、用户认证、权限验证等功能，同时还要构建响应数据的格式和内容。

13.7　动手练习

（1）商品列表信息 API 的视图类 commodityView 继承 APIView，因此分页需要自行处理，如果改为继承 GenericAPIView，那么视图类 commodityView 应如何修改？

（2）订单支付和生成订单信息通过会话 Session 实现数据传递，如果在支付过程中清空会话 Session，就会导致信息无法匹配，如果使用数据持久化存储，应如何实现？

第14章 ← Chapter 14

Vue 前端开发

Vue 是一套用于构建用户界面的渐进式框架，它被设计为可以自底向上逐层应用，其核心库只关注视图层，不仅易于上手，还便于与第三方包或已有的项目整合，目前 Vue 成为国内使用最多的前端开发框架。

14.1 前端框架概述

网站开发分为后端渲染和前后端分离，目前大多数采用前后端分离架构。前后端分离把前端与后端独立开发，两者的代码能放在不同服务器独立部署，将整个网站分为两个不同工程实现，工程之间通过 API 接口实现数据交互，前端只需要关注页面的样式与动态数据的解析和渲染，而后端专注于具体业务逻辑。

无论是前端还是后端，在网站开发过程中都离不开框架支持，这并不是说网站开发必须使用框架，但使用框架开发能避免重复造轮子，提高开发效率。

前端主要由 HTML、CSS 和 JavaScript 三部分组成，其中 CSS 和 JavaScript 都有相应的框架或模块，如 Bootstrap、jQuery 等。但是前后端分离的前端框架并非指 CSS、JavaScript 的某个框架或模块，它是将 HTML、CSS 和 JavaScript 按照约定规则使整个网站能独立运行的框架。

现在前端主流框架有 React、Vue 和 Angular。在国内，Vue 的市场份额相当大，许多企业都采用 Vue 框架开发网站，这归于 Vue 比 React 或 Angular 容易上手，国内生态和教程相对完善。

Vue 是一套用于构建用户界面的渐进式框架，它被设计为可以自底向上逐层应用。Vue 的核心库只关注视图层，不仅易于上手，还便于与第三方包或已有的项目整合。另一方面，当 Vue 与现代化的工具链以及各种类包结合使用时，Vue 完全能够为复杂的单页应用提供驱动。

简单的 Vue 入门可以在 HTML 网页中直接引入 Vue.js，这是将 Vue 当成 JavaScript 模块引入使用，示例代码如下：

```
<!DOCTYPE html>
<html>
<head>
```

```
    // 引入 Vue.js
    <script src="https://unpkg.com/vue@next"></script>
</head>
<body>
    <div id="app">
      {{ message }}
    </div>
    // 创建 Vue 对象
    <script>
    const app = {
      data() {
        return {
          message: 'Hello Vue!!'
        }
      }
    }
    // 挂载 Vue 对象
    Vue.createApp(app).mount('#app')
    </script>
</body>
</html>
```

从企业级开发角度来说，Vue 开发必须在 Node.js 和 WebPack 的开发环境下运行，使用 Vue 脚手架构建项目，并使用 npm 安装相关依赖库或模块，详细说明如下：

- Node.js 发布于 2009 年 5 月，它是基于 Chrome V8 引擎的 JavaScript 环境运行的，这是事件驱动、非阻塞式 I/O 模型，让 JavaScript 在服务端运行的开发平台，使得 JavaScript 成为与 PHP、Python、Java 等服务端语言平起平坐的脚本语言。简单来说，Node.js 就是使用 JavaScript 开发的后端语言。

- WebPack 称为模块打包机，主要用于分析项目结构，找到 JavaScript 模块以及浏览器不能直接运行的拓展语言（如 Scss 或 TypeScript 等），将其打包为合适的格式以供浏览器直接使用，并且 WebPack 必须通过 Node.js 环境完成模块打包过程。

- Vue 脚手架是一个基于 Vue.js 进行快速开发的完整系统，以实现项目的交互式搭建和零配置原型开发（通过指令以及提示完成项目搭建），它是基于 WebPack 构建项目的，并且带有合理的默认配置。

- npm 是 JavaScript 的包管理工具，并且是 Node.js 默认的包管理工具，可以实现下载、安装、共享、分发代码和管理项目依赖关系等功能。

从 Vue 的发展来说，目前主要分为 Vue2 和 Vue3 版本，Vue3 版本兼容大部分 Vue2 的特性，但两者在使用上还是有明显差异的。由于 Vue2 和 Vue3 的版本差异问题，导致 Vue 脚手架也分为 @vue/cli 和 vue-cli 版本，@vue/cli 兼容 Vue2 和 Vue3，vue-cli 只适用于 Vue2。

14.2 在 Windows 安装 Node.js

使用 Vue 开发项目必须学会搭建 Vue 开发环境，因此必须搭建 Node.js 的开发环境。接下来以 Windows 为例讲述如何安装 Node.js 的运行环境。

使用浏览器访问 Node.js 官网（https://
nodejs.org/en/），在官网首页就能看到
Windows 系统的安装包，如图 14-1 所示。

建议读者下载 LTS 版本，这是 Node.js 的
稳定版本，而 Current 是新版本，但可能存在
尚未发现的 Bug。如果是非 Windows 操作系
统，可以单击网页上的 DOWNLOADS 链接，
找到对应操作系统的安装包，如图 14-2 所示。

图 14-1 Node.js 官网

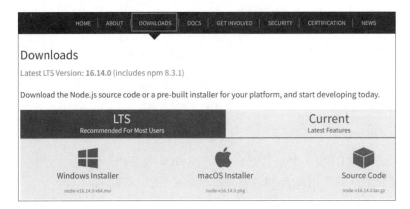

图 14-2 Node.js 下载页面

Windows 系统下载的 Node.js 安装包是 .msi 文件格式的，只要双击 .msi 文件即可看到程序
安装提示框，如图 14-3 所示。

一般情况下，使用 .msi 文件安装 Node.js 会默认设置 Node.js 的环境变量和安装 npm 工具，
安装选项在安装界面也有相关提示，如图 14-4 所示。

图 14-3 Node.js 安装界面

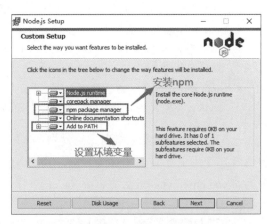

图 14-4 安装选项

只要按照安装提示和操作即可完成整个安装过程，我们将 Node.js 的安装目录设置在 C:\
Program Files\nodejs。安装完成后，打开 CMD 窗口输入并执行指令 node -v 即可查看 Node.js 版
本信息，如图 14-5 所示。

Node.js 是默认安装 npm 工具的，在 CMD 窗口输入并执行指令 npm -v 查看 npm 工具的版本信息，如图 14-6 所示。

图 14-5 Node.js 版本信息

图 14-6 npm 工具的版本信息

如果在 CMD 窗口输入 node -v 无法查看 Node.js 的版本信息，则说明 Node.js 没有添加到系统的环境变量中。以 Windows 10 为例，在桌面找到"此电脑"图标，右击选择"属性(R)"将自动出现"设置"界面，如图 14-7 所示。

在"设置"界面找到并单击"高级系统配置"，将出现"系统属性"界面，然后单击"环境变量(N)"按钮；找到"系统变量"的变量 Path 并双击打开"编辑环境变量"界面，将 Node.js 安装目录写入变量 Path 即可，如图 14-8 所示。

图 14-7 打开"设置"界面

图 14-8 设置 Node.js 环境变量

14.3　npm 的配置与使用

Node.js 安装成功后，打开 C:\Users\Administrator\AppData\Roaming 文件夹，分别找到 npm 和 npm-cache 文件夹，如图 14-9 所示。如果没有使用过 npm 指令，则不会生成文件夹 npm-cache。

默认情况下，只要使用 npm 进行包管理操作，所有包信息都会存放在图 14-9 的 npm 和 npm-cache 文件夹。此外，npm 允许用户自行设置包信息的存放路径，只要在 CMD 窗口分别输入以下指令即可：

图 14-9 npm 和 npm-cache 文件夹

```
// 设置包信息的存放路径
npm config set prefix " 路径信息 "
// 设置包信息缓存的存放路径
npm config set cache " 路径信息 "
```

如果没有特殊需要，建议不要更改包信息的存放路径，因为设置过程中可能需要设置 npm 在操作系统中的环境变量。

由于国内网络问题，有些包无法在国内网络下载，因此允许用户设置 npm 下载镜像的网站，以淘宝源为例，在 CMD 窗口输入以下指令即可：

```
// 设置 npm 下载镜像的网站
npm config set registry=http://registry.npm.taobao.org
```

下一步在 CMD 窗口输入 npm config list 指令查看 npm 的配置信息，本书 npm 的配置信息如图 14-10 所示。

```
C:\Users\Administrator>npm config list
; "builtin" config from C:\Program Files\nodejs\node_modules\npm\npmrc

prefix = "C:\\Users\\Administrator\\AppData\\Roaming\\npm"

; "user" config from C:\Users\Administrator\.npmrc

registry = "http://registry.npm.taobao.org/"

; node bin location = C:\Program Files\nodejs\node.exe
; cwd = C:\Users\Administrator
; HOME = C:\Users\Administrator
; Run `npm config ls -l` to show all defaults.
```

图 14-10 npm 的配置信息

从图 14-10 发现，C:\Program Files\nodejs\node_modules\npm 存在 npmrc 和 .npmrc 文件，这是 npm 的默认配置信息；而 C:\Users\Administrator 存在 .npmrc 文件，这是用户自行设置 npm 的配置信息。

最后在 CMD 窗口输入 npm list -global 查看 npm 已下载的包信息，如图 14-11 所示。

```
C:\Users\Administrator>npm list -global
C:\Users\Administrator\AppData\Roaming\npm
-- (empty)
```

图 14-11 npm 已下载的包信息

从图 14-11 看到，当前操作系统尚未使用 npm 下载任何程序包，而搭建 Vue 开发环境需要使用 npm 下载 Vue 脚手架。我们在 CMD 窗口输入 npm install -g @vue/cli 指令即可下载 @vue/cli 版本。下载成功后，在 C:\Users\Administrator\AppData\Roaming\npm 文件夹就能找到 @vue/cli 版本信息，如图 14-12 所示。

图 14-12 @vue/cli

我们也能在 CMD 窗口输入 npm list -global
查看当前已下载的程序包信息，如图 14-13 所示。

图 14-13 查看程序包信息

从上述例子发现，npm 主要通过指令方式实现程序包管理，有关 npm 指令说明与使用可
以参考官方文档（https://www.npmjs.com.cn/）。

14.4　Vue 脚手架搭建与运行项目

我们通过 npm 指令下载了 Vue 脚手架 @vue/cli，下一步使用 @vue/cli 创建 Vue 项目。打
开 CMD 窗口分别输入以下指令：

```
\\ 将 CMD 当前路径切换到 e 盘
C:\Users\Administrator>e:
\\ 使用 vue create 创建项目，myvue3 为项目名称
E:\>vue create myvue3
```

使用 vue create 指令创建 Vue 项目，项目名称不能有大写字母，所有字母必须小写，否则
指令将提示异常，如图 14-14 所示。

执行 vue create 指令之后，CMD 界面将出现操作提示，如图 14-15 所示。

图 14-14　异常信息　　　　　　　　　　图 14-15　操作提示

图 14-15 一共出现了 3 条操作提示，每条操作提示说明如下：

（1）Default ([Vue 2] babel, eslint) 是创建 Vue2 版本的项目。

（2）Default (Vue 3) ([Vue 3] babel, eslint) 是创建 Vue3 版本的项目。

（3）Manually select features 是自定义创建的项目，允许用户自行选择 Vue 版本、Vue 插
件等功能配置。

我们选择 Default (Vue 3) ([Vue 3] babel, eslint) 创建 Vue3 项目，项目创建过程如图 14-16 所示。

根据图 14-16 的操作提示，将当前 CMD 窗口切换到文件夹 myvue3，并执行 npm run serve 指令即可启动 Vue，如图 14-17 所示。

图 14-16 创建 Vue3 项目

图 14-17 启动 Vue

在浏览器访问 http://localhost:8080/ 或 http://192.168.3.95:8080/（192.168.3.95 是当前计算机所在局域网的 IP 地址）即可看到 Vue 页面，如图 14-18 所示。

图 14-18 Vue 页面

14.5 PyCharm 配置 Vue 编码环境

我们已在 E 盘下成功创建项目 myvue3，下一步对新建的项目 myvue3 进行开发。程序开发最好在集成开发环境（Integrated Development Environment，IDE）下进行，不同编程语言有不同的集成开发环境，也有一些集成开发环境能兼容多种编程语言。

集成开发环境主要用于提供程序开发环境的应用程序，一般包括代码编辑器、编译器、调试器和图形用户界面等工具。简单来说，集成开发环境就是允许用户编写和运行代码的软件。

前端常用的集成开发环境有 HBuilder、WebStorm、Atom、Visual Studio Code 等。其中 Atom 和 Visual Studio Code 支持多种编程语言，只要在软件中安装编程语言的插件即可。

本书涉及前后端分离的项目开发，后端采用 Python 的 Django 框架实现，为了兼容前后端的项目开发，我们将前端的集成开发环境选用 PyCharm。

PyCharm 配置 Vue 编码环境只需在 PyCharm 中安装 Vue 插件即可。使用 PyCharm 打开项目文件夹 myvue3，在 PyCharm 界面左上方单击 File 按钮，找到 Settings... 选项，如图 14-19 所示。

在 Settings 界面单击 Plugins 选项，然后在 Plugins 界面下搜索 Vue，从搜索结果中找到并安装 Vue.js 插件，如图 14-20 所示。

图 14-19　打开 PyCharm 设置

图 14-20　安装 Vue.js 插件

安装 Vue.js 插件后，PyCharm 将提示重启软件，单击 Restart 按钮后等待 PyCharm 重启即可，如图 14-21 所示。

PyCharm 再次打开项目文件夹 myvue3 后，下一步在 PyCharm 配置 Vue 的运行指令。单击界面右上方的 Add Configuration... 打开 Run/Debug Configurations 界面；然后在当前界面单击 "+" 按钮并选择 npm 选项；最后在 npm 配置界面的 Scripts 中填写 serve 即可，如图 14-22 所示。

图 14-21　重启软件

图 14-22　配置 Vue 运行指令

在 PyCharm 界面的右上方选择刚才创建的 npm 指令并单击 Run 按钮即可在 PyCharm 中运行 Vue 项目，如图 14-23 所示。

图 14-23　运行 Vue 项目

14.6　Vue 目录结构与依赖安装

在 PyCharm 成功搭建 Vue 的编码环境后，下一步在 PyCharm 中开发 Vue 项目。首先明确开发需求，本书主要实现两个页面：用户登录和产品查询，每个页面的功能说明如下：

（1）当用户在登录页面输入账号和密码之后，前端将进行简单的判断，如果账号和密码不为空，则向后端发送 HTTP 请求验证用户信息，当验证成功之后，浏览器自动跳转到产品查询页面。

（2）产品查询页面允许用户设置条件进行查询，并且能够根据查询结果删除部分数据，删除功能只是删除网页上展示的数据，原则上不会删除后端的数据。

明确开发需求之后，下一步打开项目文件夹 myvue3 查看 Vue3 的目录结构，如图 14-24 所示。

在 Vue3 项目中，每个文件夹与文件的说明如下。

（1）node_modules：npm 加载项目的依赖模块或程序包。

（2）public：公共资源目录，如 CSS、首页 index.html、JavaScript、ICO 图标或图片等，这些静态资源主要用于整个网站。

（3）src：Vue 开发文件夹，包含 assets 和 components 文件夹，以及 App.vue 和 main.js 文件。

（4）src/assets：用于存放图片、CSS 或 JavaScript 等文件，这些静态资源主要用于网站的部分页面。

（5）src/components：用于存放 vue 组件文件。组件是 Vue 最强大的功能之一，可以扩展 HTML 元素，封装可重用代码。

图 14-24　Vue3 的目录结构

（6）src/App.vue：项目入口文件。

（7）src/main.js：项目的核心文件，用于创建和挂载 Vue 对象、定义路由等。

（8）.gitignore：用于 Git 管理项目版本。

（9）babel.config.js：这是 JavaScript 编译器，将 ECMAScript 2015 及以上版本的代码转换为能向后兼容的 JavaScript 语法，以解决浏览器兼容性问题。

（10）package.json：项目配置文件，用于定义项目中需要依赖的包，在创建项目的时候会自动生成。

（11）package-lock.json：记录所有模块的版本号，包括主模块和所有依赖子模块。

（12）README.md：项目的说明文档。

了解 Vue3 的目录结构之后，下一步在项目中安装相关依赖模块或程序包。大部分 Vue 项目必须用到路由和 Ajax 请求，而路由功能大多数选择 vue-router 实现，Ajax 请求则选择 axios 和 vue-axios 实现。

因此，在项目文件夹 myvue3 中分别安装 vue-router、axios 和 vue-axios。打开 CMD 窗口并将路径切换为项目文件夹 myvue3，然后分别输入 npm 安装指令，代码如下：

```
\\ 切换 E 盘
C:\Users\Administrator>e:
\\ 切换 E 盘的 myvue3 文件夹
E:\>cd myvue3
\\ 安装 vue-router
E:\myvue3>npm install vue-router
\\ 安装 axios
E:\myvue3>npm install axios
\\ 安装 vue-axios
E:\myvue3>npm install vue-axios
```

```
package.json
1  ⊟{
2      "name": "myvue3",
3      "version": "0.1.0",
4      "private": true,
5  ⊟    "scripts": {
6          "serve": "vue-cli-service serve",
7          "build": "vue-cli-service build",
8          "lint": "vue-cli-service lint"
9      },
10 ⊟    "dependencies": {
11         "axios": "^0.25.0",
12         "core-js": "^3.6.5",
13         "vue": "^3.0.0",
14         "vue-axios": "^3.4.1",
15         "vue-router": "^4.0.12"
```

相关依赖模块或程序包安装成功后，打开项目文件 package.json 就能看到模块或程序包的版本信息，如图 14-25 所示。

图 14-25　package.json

14.7　设置项目公共资源

我们选择 Bootstrap 框架编写网页的 CSS 样式，因此将 Bootstrap 框架的代码文件放在项目的公共资源文件夹 public。首先在 public 下删除 favicon.ico 文件，然后分别放置 bootstrap.css、bootstrap.js、jquery-3.3.1.js 和 xxyy.ico 文件，整个文件夹的目录结构如图 14-26 所示。

图 14-26　public 文件夹

在 PyCharm 中打开 public 的 index.html 文件，设置 HTML 的 <title> 并导入 public 的 CSS、JS 和 ICO 图标文件，完整代码如下：

```html
<!DOCTYPE html>
<html>
<head>
    <meta charset="utf-8">
    <meta name="viewport" content="width=device-width,initial-scale=1.0">
    <!-- Favicon and Touch Icons-->
    <link rel="shortcut icon" href="xxyy.ico"/>
    <link rel="stylesheet" href="bootstrap.css">
    <title> 数据平台 </title>
</head>
    <body>
    <div id="app"></div>
    <!-- Javascript Files -->
    <script src="jquery-3.3.1.js"></script>
    <script src="bootstrap.js"></script>
    </body>
</html>
```

上述代码中，在 <head> 标签中使用 <link> 将 bootstrap.css 和 xxyy.ico 导入 HTML 代码，而 <body> 标签的最后两行代码使用 <script> 导入 bootstrap.js 和 jquery-3.3.1.js。

整个 index.html 文件为项目所有页面提供基础的 <head> 标签和 <body> 标签，也就是说，整个项目的 <head> 标签都是相同的，<body> 标签都会导入 bootstrap.js 和 jquery-3.3.1.js，唯独 <body> 标签中的 id="app" 的 <div> 标签内容各不相同。

从 Vue 的架构设计来看，index.html 文件类似于一个父类模板，它将整个网站所有页面相同的网页布局抽取出来，不同网页布局的部分保留一个 id="app" 的 <div> 标签作为扩展接口，这样能提高代码的复用性，便于维护和管理。

从代码布局来看，导入 JS 文件必须在 <body> 标签末端位置，因为浏览器加载网页的时候都是从上到下执行代码，在 <head> 标签开始导入 JS 文件，如果 JS 文件内容过多或存在阻塞程序，就会增加网页加载时间，这样对用户体验十分不友好。

14.8　功能配置与应用挂载

本章主要在 src 的 main.js 和 App.vue 中设置项目的功能配置和应用挂载。首先分析前端开发需求，项目主要实现用户登录和产品查询功能页面，在实现过程中需要对每个页面设置相应的路由和 Ajax 请求，因此 src 的 main.js 的代码如下：

```javascript
// 导入 Vue
import { createApp } from 'vue'
// 导入 Vue 扩展插件
import axios from 'axios'
```

```
import VueAxios from 'vue-axios'
import { createRouter, createWebHistory } from 'vue-router'
// 导入组件
import App from './App.vue'
import Product from './components/Product.vue'
import Signin from './components/Signin.vue'

// 定义路由
const routes = [
  { path: '/', component: Signin },
  { path: '/product', component: Product },
]
// 创建路由对象
const router = createRouter({
  // 设置历史记录模式
  history: createWebHistory(),
  // routes: routes 的缩写
  routes,
})
// 创建 Vue 对象
const app = createApp(App)
// 将路由对象绑定到 Vue 对象
app.use(router)
// 将 vue-axios 与 axios 关联并绑定到 Vue 对象
app.use(VueAxios,axios)
// 挂载使用 Vue 对象
app.mount('#app')
```

我们将 main.js 的代码划分为 4 部分加以说明：

（1）导入 vue、axios、vue-axios 和 vue-router 的函数或变量。关键字 import 后面是导入模块的函数或变量，其中 Vue 和 vue-router 通过 {} 方式导入，这是 ES6 的语法，代表部分函数或变量，如果没有使用 {} 导入，则代表全部导入。除此之外，我们还导入了同一目录的 App.vue 以及 components 的 Product.vue 和 Signin.vue 文件。

（2）定义路由变量 routes，变量以数组表示，数组的每个元素以字典表示，每个字典有两个键－值对：键－值对 path 代表路由地址；键－值对 component 代表路由对应的组件名称，即 components 的 Product.vue 以及 Signin.vue 文件导入的 Product 和 Signin。

（3）由 vue-router 导入 createRouter() 函数创建路由对象 router，函数参数以字典表示。键－值对 history 代表历史记录模式，值为 createWebHistory() 函数；键－值对 routes 代表键和值都是 routes，其中键为 routes 代表名称，值为 routes 代表自定义路由变量 routes，两者虽然名字相同，但却有不同的意思。

（4）使用 Vue 框架导入 createApp() 函数创建 Vue 对象 app，函数参数 App 代表同一目录 App.vue 的变量 App。由 Vue 对象 app 调用 use() 添加路由对象 router，将 vue-axios 的 VueAxios 和 axios 的 axios 关联并绑定到 Vue 对象。最后由 Vue 对象 app 调用 mount() 挂载 Vue 对象（运行 Vue 对象），函数参数 #app 代表 App.vue 的 id="app" 的 <div> 标签。

综上所述，整个 Vue 功能配置说明如下：

（1）从 Vue 框架、依赖模块或程序包导入变量或函数，导入同一目录的 App.vue 和 components 的组件文件。

（2）如果依赖模块或程序包需要自定义变量，则按照语法规则定义变量；然后由 Vue 框架的函数创建 Vue 对象，并将依赖模块或程序包的变量传入 Vue 对象；最后由 Vue 对象调用 mount() 函数挂载运行。

下一步打开同一目录的 App.vue 文件，该文件的代码如下：

```
<template>
  <div id="app">
    <router-view/>
  </div>
</template>

<script>
export default {
  name: 'App'
}
</script>
```

我们将 App.vue 的代码分为 3 部分加以说明：

（1）<template> 用于设置组件内容，组件文件以 .vue 后缀名表示。id="app" 的 <div> 标签对应 public 的 index.html 的 id="app" 的 <div> 标签，同时也对应 main.js 的 app.mount('#app') 的参数 #app。换句话说，App.vue 的 id="app" 的 <div> 标签、index.html 的 id="app" 的 <div> 标签、main.js 的 app.mount('#app') 的参数 #app 构成整体关联。

（2）<template> 的 <router-view/> 用来渲染路由所对应的组件，比如 main.js 设置路由"/"，代表首页地址（http://localhost:8080）；当访问首页时，Vue 就会在 <router-view/> 中渲染组件文件 Signin.vue。

（3）<script> 的 export default 用于设置 App.vue 的导出变量，允许被其他文件导入使用。export default 的 name 是变量名，'App' 是变量 name 的值。整个 export default 与 main.js 的 import App from './App.vue' 的 App 对应，虽然 main.js 的 App 与 export default 中的 'App' 相同，但两者有不同的意思。

综上所述，src 的 main.js、App.vue 和 public 的 index.html 存在架构设计关联，若以图解方式表示，则三者的架构设计关系如图 14-27 所示。

图 14-27 src 的 main.js、App.vue 和 public 的 index.html 的架构设计关系图

14.9 用户登录组件

我们已在 src 的 main.js 中导入了组件文件 Signin.vue，本节讲述如何在组件文件 Signin. vue 中开发用户登录页面。

首先在项目文件夹 components 中新建 Signin.vue，然后在 PyCharm 中打开 Signin.vue 编写用户登录的网页代码，示例代码如下：

```
<template>
    <div class="main-layout card-bg-1">
    <div class="container d-flex flex-column">
    <div class="row no-gutters text-center align-items-center
    justify-content-center min-vh-100">
    <div class="col-12 col-md-6 col-lg-5 col-xl-4">
      <h1 class="font-weight-bold">用户登录 </h1>
      <p class="text-dark mb-3">民主、文明、和谐、自由、平等 </p>
      <div class="mb-3">
        <div class="form-group">
          <label for="username" class="sr-only">账号 </label>
          <input type="text" class="form-control form-control-md"
            id="username" placeholder=" 请输入账号 " v-model="username">
        </div>
        <div class="form-group">
          <label for="password" class="sr-only">密码 </label>
          <input type="password" class="form-control
            form-control-md" id="password" placeholder=" 请输入密码 "
            v-model="password">
        </div>
        <button class="btn btn-primary btn-lg btn-block
            text-uppercase font-weight-semibold" type="submit"
            @click="login()">登录
```

```
        </button>
      </div>
    </div>
    </div>
    </div>
    </div>
  </template>

  <script>
  export default {
    name: 'Signin',
    data () {
      return {
        username: '',
        password: ''
      }
    },
    methods: {
      login: function () {
        // 判断是否输入账号
        if (this.username.length > 0 && this.password.length > 0) {
          // 向后端发送 POST 请求
          let data = new FormData();
          data.append('username',this.username);
          data.append('password',this.password);
          this.axios.post('http://127.0.0.1:8000/',data).then((res)=>{
            // 若 POST 请求发送成功，则获取响应结果的 result
            // 如果 result 为 true，则说明存在此用户
            if (res.data.result) {
              // 将访问路由 chat，并设置参数
              this.$router.push({
                path: '/product'
              })
            } else {
              // 当前用户不存在后端的数据库
              window.alert(' 账号不存在或异常 ')
              // 清空用户输入的账号和密码
              this.username = ''
              this.password = ''
            }}).catch(function () {
            // PSOT 请求发送失败
            window.alert(' 账号获取失败 ')
            // 清空用户输入的账号和密码
            this.username = ''
            this.password = ''
          })
        } else {
          // 提示没有输入账号或密码
          window.alert(' 请输入账号或密码 ')
        }
      }
```

```
  }
}
</script>

<style scoped>
  .text-center {
    text-align: center!important;
  }
  .min-vh-100 {
    min-height: 100vh!important;
  }
  .align-items-center {
    align-items: center!important;
  }
  .justify-content-center {
    justify-content: center!important;
  }
  .no-gutters {
    margin-right: 0;
    margin-left: 0;
  }
  .row {
    display: flex;
    flex-wrap: wrap;
    margin-right: -15px;
    margin-left: -15px;
  }
  *, :after, :before {
    box-sizing: border-box;
  }
</style>
```

分析上述代码，我们将代码分为 4 部分进行说明：

（1）<template> 供开发者编写网页的 HTML 代码，网页样式使用 Bootstrap 框架实现，分别设有账号和密码输入框、"登录"按钮。账号和密码输入框使用 Vue 语法的 v-model 实现网页元素和数据的双向绑定，用于监听用户输入和程序更新数据。"登录"按钮使用 @click 绑定函数 login()，用于触发用户登录请求。

（2）<script> 的 export default 用于设置 Signin.vue 的导出变量，它将被 Vue 框架导入并执行。一共设置了 3 个变量：name、data 和 methods，这 3 个变量名是 Vue 语法规定的。变量 name 用于设置组件名称，变量 data 为开发者提供自定义变量，变量 methods 为开发者提供自定义函数方法。

（3）代码中的变量 data 分别定义了变量 username 和 password，对应 <template> 的 v-model="username" 和 v-model="password"；变量 methods 用于定义函数 login()，使用 Ajax 向后端发送 HTTP 请求验证用户完成登录，其中 this.axios 代表 main.js 绑定 vue-axios 的 VueAxios 和 axios 的 axios，this.$router.push 代表 main.js 绑定路由对象 router 执行路由跳转，this.username 和 this.password 用于变量 data 自定义变量 username 和 password。

（4）<style scoped> 用于设置组件文件的私有化 CSS 样式，scoped 属性保证当前 CSS 样式只在当前组件文件中生效。

14.10 产品查询组件

产品查询组件在用户登录成功后通过 this.$router.push 方式进行访问，它主要实现产品的条件查询、数据展示和数据删除功能。

首先在项目文件夹 components 中新建 Product.vue，然后在 PyCharm 中打开 Product.vue 编写产品查询的网页代码，示例代码如下：

```
<template>
<div class="container">
<hr>
<form role="form">
  <div class="form-group"><!- …………①………… ->
    <label class="text-info text-center" for="q">
    <h4> 查询条件 </h4>
    </label>
    <!-- v-model 是创建双向数据绑定 -->
    <input type="text" id="q" class="form-control"
        placeholder=" 输入产品名 " v-model="q">
  </div>
  <div>
    <!--@click 指定触发的函数，即绑定事件 --><!- …………②………… ->
    <input type="button" value=" 查询 "
        class="btn btn-primary" @click="add()">
  </div>
</form>
<hr>
<div class="text-info text-center">
    <h2> 产品信息表 </h2>
</div>
<table class="table table-bordered table-hover">
  <tr class="text-danger text-center">
    <th> 序号 </th>
    <th> 产品 </th>
    <th> 数量 </th>
    <th> 类型 </th>
    <th> 操作 </th>
  </tr>
  <!-- 遍历输出 Vue 定义的数组 --><!- …………③………… ->
  <tr class="text-center" v-for="(item,index) in myData" :key="index">
    <th>{{index+1}}</th>
    <th>{{item.name}}</th>
    <th>{{item.quantity}}</th>
    <th>{{item.kinds}}</th>
```

```html
        <th>
          <!--data-target 指向模态框 -->
          <!-- 为每个按钮设置变量 nowIndex，用于识别行数 -->
          <button data-toggle="modal" class="btn btn-primary btn-sm"
            @click="nowIndex=index,message=0" data-target="#layer"
          > 删除
          </button>
        </th>
      </tr>
      <tr v-show="myData.length!==0"><!- …………④………… ->
        <td colspan="5" class="text-right">
          <!-- 变量 nowIndex 设为 -2，在 deleteMsg 函数清空数组 myData-->
          <button data-toggle="modal" class="btn btn-danger btn-sm"
            @click="nowIndex=-2,message=-1" data-target="#layer">
            删除全部
          </button>
        </td>
      </tr>
      <tr v-show="myData.length===0">
        <td colspan="5" class="text-center text-muted">
          <p> 暂无数据 ...</p>
        </td>
      </tr>
    </table>
    <!-- 模态框（提示框）-->
    <div role="dialog" class="modal fade bs-example-modal-sm" id="layer">
      <div class="modal-dialog">
        <div class="modal-content">
          <div class="modal-header">
            <!-- 判断 message，选择删除提示语 -->
            <h4 class="modal-title" v-if="message===0"> 删除吗 </h4>
            <h4 class="modal-title" v-else> 删除全部吗 </h4>
            <button type="button" class="close" data-dismiss="modal">
              <span>&times;</span>
            </button>
          </div>
          <div class="modal-body text-right">
            <!-- 触发删除函数 deleteMsg-->
            <button data-dismiss="modal"
                class="btn btn-primary btn-sm"> 取消 </button>
            <button data-dismiss="modal" class="btn btn-danger btn-sm"
                @click="deleteMsg(nowIndex)"> 确认
            </button>
          </div>
        </div>
      </div>
    </div>
  </div>
</div>
</template>
```

```
<script>
export default {
  name: 'Product',
  data () {
    return {
      q: '',
      myData: [],
      nowIndex: -100,
      message: 0
    }
  },
  methods: {
    // 定义 add 函数，访问后台获取数据并写入数组 myData
    add: function () {
      this.axios.get('http://127.0.0.1:8000/product.html',
        {params: {q: this.q}}).then(response => {
          this.myData = response.data
        })
        .catch(function (error) {
          console.log(error)
        })
    },
    // 定义 deleteMsg 函数
    // 单击"删除"按钮即可删除当前数据
    // 通过 nowIndex 确认行数
    deleteMsg: function (n) {
      if (n === -2) {
        this.myData = []
      } else {
        this.myData.splice(n, 1)
      }
    }
  }
}
</script>
```

上述代码主要分为 \<template\> 和 \<script\>，由于 \<template\> 涉及的网页代码较多，因此分别设置了标注①、②、③、④，每个标注实现的功能说明如下：

（1）标注①使用 v-model 创建双向数据绑定，如 v-model="q"，当用户在文本框输入数据时，Vue 自动把数据赋值给变量 q，当变量 q 的值发生变化时，文本框的数据也会随之变化，只要有一方的数据发生变化，另一方的数据也会随之变化。

（2）标注②使用 @click 设置事件触发的函数方法，@click 是 v-on:click 的简易写法，如 @click="add()"，click 代表鼠标单击事件，add() 代表 Vue 对象定义的函数方法。当用户单击按钮时，网页将触发函数方法 add()。

（3）标注③使用 v-for 遍历输出变量 myData 的数据，其中 item 代表每次遍历的数据内容，index 代表当前遍历的次数。当单击"删除"按钮时，Vue 将重新遍历输出变量 myData 的数据。

（4）标注④使用 v-show 控制网页元素内容，如果 myData.length!==0 的判断结果为 True，就显示"删除全部"按钮，否则显示"暂无数据"。v-if 是 Vue 的条件控制语法，通过判断条件是否成立来隐藏或显示网页元素，比如 v-if="message===0"，如果变量 message 等于 0，就提示"删除吗"，否则提示"删除全部吗"。

<script> 设置导出变量 name、data 和 methods，每个变量的说明如下：

（1）变量 name 用于设置组件名称。

（2）变量 data 用于自定义变量 q、myData、nowIndex 和 message，自定义变量将用于控制和执行网页的业务逻辑。

（3）变量 methods 分别定义了函数 add() 和 deleteMsg()，函数 add() 通过 Ajax 从后端获取产品数据并写入自定义变量 myData，再由 Vue 完成数据渲染展示；函数 deleteMsg() 通过判断自定义变量 nowIndex 修改自定义变量 myData 的数据，当自定义变量 myData 发生变化时，网页展示的数据也会随之变化。

14.11 网站运行效果

我们已完成整个前端的网页开发，下一步运行项目代码，测试网页效果是否符合开发需求。使用 PyCharm 运行项目文件夹 myvue3，在浏览器访问 http://localhost:8080/，浏览器将显示用户登录页面，如图 14-28 所示。

由于后端还没有开发 API 接口，因此直接在浏览器访问 http://localhost:8080/product 查看产品查询页面，如图 14-29 所示。

从业务逻辑角度分析，用户是不能直接通过链接查看产品查询页面的，因此产品查询页面还需要添加用户登录的权限管理，由于篇幅所限，这部分功能留给读者自行实现。

图 14-28　用户登录页面

图 14-29　产品查询页面

14.12 本章小结

Vue 开发必须在 Node.js 和 WebPack 的开发环境下运行，使用 Vue 脚手架构建项目，并使用 npm 安装相关依赖库或模块，详细说明如下：

- Node.js 发布于 2009 年 5 月，它是基于 Chrome V8 引擎的 JavaScript 环境运行的，这是事件驱动、非阻塞式 I/O 模型，让 JavaScript 在服务端运行的开发平台，使得 JavaScript 成为与 PHP、Python、Java 等服务端语言平起平坐的脚本语言。简单来说，Node.js 就是使用 JavaScript 开发的后端语言。
- WebPack 称为模块打包机，主要用于分析项目结构，找到 JavaScript 模块以及浏览器不能直接运行的拓展语言（如 Scss 或 TypeScript 等），将其打包为合适的格式以供浏览器直接使用，并且 WebPack 必须通过 Node.js 环境完成模块打包过程。
- Vue 脚手架是一个基于 Vue.js 进行快速开发的完整系统，以实现项目的交互式搭建和零配置原型开发（通过指令以及提示完成项目搭建），它是基于 WebPack 构建项目的，并且带有合理的默认配置。
- npm 是 JavaScript 的包管理工具，并且是 Node.js 默认的包管理工具，可以实现下载、安装、共享、分发代码和管理项目依赖关系等功能。

在 Vue3 项目中，核心文件夹有 public、src 和 src\components；核心文件有 public\index.html、src\ main.js、src\ App.vue 和 src\components 自定义的组件文件。

核心文件夹清楚知道每个文件夹应放置什么文件，放置的文件负责实现什么功能；核心文件必须掌握文件代码内容和实现功能，以及文件之间的架构关联。

本章只是从入门角度介绍了 Vue 的项目开发，此外还有 Vue 的状态权限管理、组件之间的数据通信、钩子函数和生命周期等功能尚未详细讲述，这部分功能建议读者自行学习。

14.13 动手练习

（1）尝试了解 Vue 的状态权限管理、父子组件、钩子函数等相关概念与应用。

（2）结合本章示例，分别为用户登录和产品查询功能开发相应 API。

（3）了解并掌握 Vue 的生命周期（钩子函数）。

第15章 ← Chapter 15

Vue 开发商城项目

在前后端分离的架构模式下，使用 Vue 作为前端开发框架，除需要通过指令搭建项目外，还需要为项目配置 Axios、Vuex 或 Vue Router 等 Vue 组件库，本章将以商城项目为例讲述如何使用 Vue 开发前端项目。

15.1 项目的创建与配置

如果项目采用前后端分离的架构模式，使用 Vue 作为前端开发框架，第一步需要创建前端项目，我们使用 vue create 指令创建前端项目 babys，选择 Vue3 作为开发环境，打开 CMD 窗口，输入 vue create babys 创建项目，根据指示选择 Default (Vue 3) ([Vue 3] babel, eslint) 并按回车键确认，项目创建成功后如图 15-1 所示。

从图 15-1 看到，E 盘新建了前端项目文件夹 babys，使用 PyCharm 以项目方式打开 babys，其目录结构如图 15-2 所示。

```
Vue CLI v4.5.15
□ Creating project in E:\babys.
□□  Installing CLI plugins. This might take a while...


added 1313 packages in 36s
❖ Invoking generators...
❖ Installing additional dependencies...


added 71 packages in 5s
□ Running completion hooks...

❖ Generating README.md...

❖ Successfully created project babys.
❖ Get started with the following commands:

$ cd babys
$ npm run serve
```

图 15-1 创建项目 babys

图 15-2 babys 目录结构

在 babys 目录下创建并打开 vue.config.js，在该文件中写入 Vue 代理配置，前端通过配置代理可以解决前后端跨域问题，详细配置如下：

```
// babys 的 vue.config.js
const path = require('path')
module.exports = {
  publicPath: '/',
  outputDir: 'dist',
  assetsDir: 'static',
  productionSourceMap: false,
  devServer: {
    hot: true,
    port: 8010,
    open: true,
    proxy: {
      '/': {
        target: 'http://127.0.0.1:8000/',
        changeOrigin: true,
        pathRewrite: { '^/': '' },
      },
    },
  },
  configureWebpack: {
    name: 'system',
    resolve: {
      alias: {
        "~@": __dirname,
        "@": path.resolve(__dirname, "./src")
      }
    }
  },
}
```

在上述配置中，我们只需按照实际情况修改属性 port 和 target 即可。属性 prot 是前端项目的运行端口；属性 target 是后端 API 的访问地址和端口。

下一步在 babys 的 public 中创建文件夹 css、js、img、layui 并放入网站图标（favicon.ico），分别在文件夹 css、js、img、layui 中放入相应的文件。总的来说，public 中放置的文件都是网页所需的 CSS、JS 和 IMG 文件，目录结构如图 15-3 所示。

最后在 babys 的 src 中创建文件夹 axios、router 和 store，在 assets 中放入样式文件 style.css，其目录结构如图 15-4 所示，每个文件与文件夹说明如下：

- axios 用于配置 vue-axios。
- router 用于配置与定义 Vue 的路由信息。
- store 用于配置 vuex，实现 Vue 的状态管理。
- style.css 用于编写异常页面的样式，仅在异常页面使用，因此不能放在 public 的 css 文件夹。

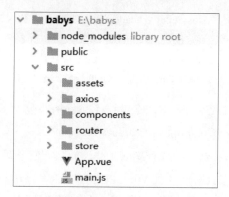

图 15-3　public 目录结构　　　　　　　图 15-4　src 目录结构

15.2 配置 Axios 与 Vuex

Axios 是一个基于 Promise 的 HTTP 库，在浏览器或 Node.js 发送 HTTP 请求，本质上是对原生 XHR 的封装，只不过它是 Promise 的实现版本，符合最新的 ES 规范，有以下特点：

- 可以从浏览器中创建 XMLHttpRequests 对象。
- 可以从 Node.js 创建 HTTP 请求。
- 支持 Promise API。
- 拦截请求和响应。
- 转换请求数据和响应数据。
- 取消 HTTP 请求。
- 自动转换 JSON 数据。
- 客户端支持防御 XSRF。

简单来说，Vue 想要从后端提供的 API 获取数据，必须通过 Axios 向 API 发起 HTTP 请求并获取响应数据。在 Vue 使用 Axios 之前必须安装 Vue3 组件库 vue-axios，在前端项目 babys 中打开 CMD 窗口，输入安装指令 npm i axios vue-axios 即可。

Axios 安装成功后，在 babys 的 axios 文件夹创建文件 index.js，打开 index.js 并写入 Axios 的功能配置，配置代码如下：

```
// 文件夹 axios 的 index.js
import axios from 'axios'
axios.defaults.baseURL = '/'
axios.defaults.headers.post["Content-Type"] = 'application/json'
axios.defaults.timeout = 60000
axios.defaults.withCredentials = true;
export default axios
```

Axios 配置说明如下：

- axios.defaults.baseURL 设置 HTTP 请求地址。

- axios.defaults.headers.post["Content-Type"] 设置 POST 请求的数据类型。
- axios.defaults.timeout 设置 HTTP 请求超时，单位是毫秒。
- axios.defaults.withCredentials 默认值为 false，代表跨域请求不提供凭据（例如 Cookie、HTTP 认证及客户端 SSL 证明等）。如果属性值设置为 true，那么允许请求携带凭据。

上述示例只简单讲述了 Axios 部分配置，如果想全面了解 Axios，建议参考官方文档 https://axios-http.com/zh/docs/req_config。

Vuex 是专门为 Vue.js 设计的状态管理库，利用 Vue.js 的细粒度数据响应机制来进行高效的状态更新，并且 Vuex 在内存中能保存用户数据，但是用户刷新页面，浏览器重新加载 Vue 实例后，Vuex 保存的数据也会重新初始化。

为了解决 Vuex 重新初始化的问题，可以使用 Vuex-persistedstate 实现数据持久化。总的来说，Vuex+Vuex-persistedstate 可以实现 Vue 的状态管理持久化，如果仅使用 Vuex，那么很容易出现因刷新页面而丢失数据的问题。

我们在前端项目 babys 中打开 CMD 窗口，输入安装指令 npm i vuex vuex-persistedstate 即可安装 Vuex+Vuex-persistedstate；在 babys 的 store 文件夹创建文件 index.js，打开 index.js 并写入 Vuex+Vuex-persistedstate 的配置信息，代码如下：

```
// 文件夹 store 的 index.js
import {createStore} from 'vuex'
import createPersistedState from "vuex-persistedstate";

const store = createStore({
    state: {
        lookImgUrl: 'http://127.0.0.1:8000',
        username: '',
        last_login: ''
    },
    mutations: {
        setUserName(state, username){
            state.username = username
        },
        setLastLogin(state, last_login){
            state.last_login = last_login
        },
    },
    actions: {},
    modules: {},
    // 所有数据缓存到本地
    plugins: [createPersistedState()],
})
export default store
```

上述配置说明如下：

- 从 Vuex 导入函数 createStore 并实例化生成 store 对象。createStore 设有参数 state、mutations、actions、modules 和 plugins。

- 参数 state 设置 Vuex 需要保存的数据。lookImgUrl 是后端 API 的访问路径，用于设置图片访问地址；username 和 last_login 用于保存用户名和登录时间，数据在个人中心页展示。
- 参数 mutations 用于修改参数 state 的数据，并且只能同步执行。
- 参数 actions 用于解决参数 mutations 无法执行的异步问题。
- 参数 modules 用于模块化处理，每个模块具有 state、mutation、action 等参数，其设计理念与 Django 路由分发一致，并支持模块嵌套。
- 参数 plugins 用于为 Vuex 引入插件，将 Vuex-persistedstate 的 createPersistedState() 写入参数 plugins 即可实现 Vuex 的数据持久化。

上述示例只简单讲述了 Vuex 的配置说明，如果想全面了解 Vuex，建议参考官方文档 https://vuex.vuejs.org/zh/。

15.3　Vue Router 定义路由

在前后端分离架构中，前后端都需要定义路由，后端路由作为 API 访问地址，前端路由作为浏览器显示的网址。前端路由是通过 Vue Router 进行定义的，Vue Router 是 Vue 官方路由，它与 Vue 核心深度集成，使构建单页应用变得轻而易举。Vue Router 具有以下功能：

- 嵌套路由映射。
- 动态路由选择。
- 模块化、基于组件的路由配置。
- 提供路由参数、查询、通配符。
- 由 Vue 提供的过渡效果。
- 自动激活 CSS 类的链接。
- 提供 HTML 的 History 模式或 Hash 模式。
- 可定制的滚动行为。

使用 Vue Router 定义路由之前，我们需要为前端项目 babys 安装 Vue Router，打开 CMD 窗口，输入安装指令 npm i vue-router 即可。

Vue Router 安装成功后，在 babys 的 router 中创建并打开文件 index.js，根据需求分别定义首页、商品列表页面、商品详细页面、个人中心页面、注册登录页面、我的购物车、异常页面的路由信息，详细定义过程如下：

```
// 文件夹 router 的 index.js
import {createRouter, createWebHashHistory} from 'vue-router'
import Home from '../components/Home.vue'
import Commodity from '../components/Commodity.vue'
import Detail from '../components/Detail.vue'
import Shopper from '../components/Shopper.vue'
import Login from '../components/Login.vue'
import Shopcart from '../components/Shopcart.vue'
import Error from '../components/Error.vue'
```

```
    // 定义路由
    const routes = [
        {path: '/', component: Home, meta: {title: '首页'}},
        {path: '/commodity', component: Commodity, meta: {title: '商品列表页面'}},
        // :id 是设置路由变量
        {path: '/commodity/detail/:id',component:Detail,meta:{title:'商品详细页
面'}},
        {path: '/shopper', component: Shopper, meta: {title: '个人中心页面'}},
        {path: '/shopper/login', component: Login, meta: {title: '注册登录页面'}},
        {path: '/shopper/shopcart',component:Shopcart, meta:{title:'我的购物车'}},
        // 路由匹配
        {path: '/:pathMatch(.*)*', component: Error, meta: {title: '页面丢失'}},
    ]

    // 创建路由对象
    const router = createRouter({
        // 设置历史记录模式
        history: createWebHashHistory(),
        // routes: routes 的缩写
        routes,
    })
    export default router
```

从上述代码发现，Vue Router 和 Django 的路由定义方式大致相同，详细定义说明如下：

- 定义变量 routes，数据类型为数组格式，数组的每个元素代表一条路由信息，元素以字典格式表示。
- 路由信息必须设置 path 和 component，path 代表路由地址，支持路由变量和正则匹配；component 代表 Vue 组件，Vue 组件负责页面数据渲染，等同于 Django 视图。除设置 path 和 component 外，还可以按需设置 name（路由命名）、children（路由嵌套）、redirect（重定向）、props（路由传参）、meta（路由元信息）等。
- 从 Vue Router 导入函数 createRouter 和 createWebHashHistory，对 createRouter 实例化生成路由对象 router，并将路由历史记录设为 Hash 模式，同时将变量 routes 传入，路由对象 router 根据变量 routes 创建相应路由。

通过上述示例简单讲述了如何使用 Vue Router 定义路由，如果想全面了解 Vue Router，建议参考官方文档 https://router.vuejs.org/zh/introduction.html。

15.4 组件应用与设计

在定义路由的过程中，我们必须为每个路由设置相应的组件，Vue 根据浏览器输入的路由地址找到相应的组件，再由组件进行数据渲染，并以网页形式呈现在浏览器中。

Vue 组件默认存放在文件夹 components，根据项目 babys 的路由定义，在项目文件夹 components 中分别创建网页组件 Home.vue、Commodity.vue、Detail.vue、Shopper.vue、Login.vue、Shopcart.vue、Error.vue。

除创建网页组件外，还需要创建子组件 Base.vue 和 Footer.vue，分别负责显示网页的顶部和底部数据，网页组件（称为父组件）通过调用子组件即可完成整个网页输出。

父子组件是组件设计中最常用的设计方案，子组件通常保存网页的公共元素，例如网页 A 和网页 B 有相同的文本搜索框，将文本搜索框写入子组件，网页 A 和网页 B 只需调用子组件即可，这样能提高代码的复用性。

按照项目设计得知，网站顶部的 Logo、文本搜索框和导航栏在首页、商品列表页面、商品详细页面、个人中心页面、我的购物车、注册登录页面均有出现，因此可以将这部分网页元素写入子组件 Base.vue，示例代码如下：

```
// 文件夹 components 的 Base.vue
<template>
    <div class="header">
        <div class="headerLayout w1200">
        <div class="headerCon">
        <h1 class="mallLogo">
        <a href="/" title=" 首页 ">
            <img src="img/logo.png">
        </a>
        </h1>
        <div class="mallSearch">
        <div class="layui-form"><!- ············①··········· ->
            <input type="text" v-model="search"
                required lay-verify="required" autocomplete="off"
                    class="layui-input"
                    placeholder=" 请输入需要的商品 ">
            <button class="layui-btn" lay-submit
                lay-filter="formDemo" @click="mySearch">
                <i class="layui-icon layui-icon-search"></i>
            </button>
        </div></div></div></div>
    </div>
        <div class="content content-nav-base" :class="activation">
        <div class="main-nav">
        <div class="inner-cont0">
        <div class="inner-cont1 w1200">
        <div class="inner-cont2"><!- ···········②··········· ->
        <router-link :to="'/'"
            :class="activation == '' ?'active':''">
            首页
        </router-link>
        <router-link :to="'/commodity'"
            :class="activation == 'commodity' ?'active':''">
            所有商品
        </router-link>
        <router-link :to="'/shopper/shopcart'"
            :class="activation == 'shopcart' ?'active':''">
            购物车
        </router-link>
```

```
            <router-link :to="'/shopper'"
                :class="activation == 'shopper' ?'active':''">
                个人中心
            </router-link>
        </div></div></div></div></div>
    </template>
    <script><!- ……………③………… ->
        export default {
            data() {
                return {
                    search: ''
                }
            },
            props: {
                activation: {
                    type: String, // 设置数据类型
                    default: ''    // 设置默认值
                },
            },
            methods: {
                // 搜索商品
                mySearch: function () {
                    this.$router.push({path: '/commodity',
                    query: {search: this.search, page: 1}})
                },
            }
        }
    </script>
    <style scoped>
    </style>
```

上述代码设有标注①、②、③，每个标注实现的功能说明如下：

- 标注①是文本搜索框的网页元素，其中 v-model="search" 将 `<script></script>` 定义的变量 search 绑定在网页元素中，当变量 search 发生变化时，文本内容也会随之变化，在文本框输入内容，程序也能从变量 search 获取文本内容。@click="mySearch" 将 `<script></script>` 定义的函数方法 mySearch 绑定在网页元素中，当用户单击时将自动触发函数方法 mySearch。

- 标注②实现网站导航栏功能，其中 `<script></script>` 定义的变量 activation 用于设置网页样式，如果 activation 等于某个值，对应的网页元素就会显示选中效果，例如首页（:class="activation == '' ?'active':''"），当 activation 等于空字符串，样式属性 class=active 时，导航栏的首页出现选中效果，如图 15-5 所示。`<router-link></router-link>` 来自 Vue Router 语法，用于创建网页链接（HTML 标签 `<a>`）。

- 标注③是组件的 `<script></script>` 部分，负责变量和函数方法的定义、访问 API 以及业务逻辑处理等，其中 data() 通过函数方法定义变量，并且变量只在当前组件有效。props 设置父子组件通信变量，当父组件调用子组件时，父组件在 data() 中设置变量 activation 直接赋值给子组件变量 activation。methods 负责定义函数方法，例如 JS 事件触发函数、API 访问请求、数据处理等。

图 15-5 首页的选中效果

网站底部负责展示服务保证和咨询渠道，在首页、商品列表页、商品详细页、注册登录页均有出现，因此可以将这部分网页元素写入子组件 Footer.vue，示例代码如下：

```
// 文件夹 components 的 Footer.vue
<template>
    <div class="footer">
    <div class="ng-promise-box">
    <div class="ng-promise w1200">
    <p class="text">
        <a class="icon1" href="javascript:;">
        7 天无理由退换货 </a>
        <a class="icon2" href="javascript:;">
        满 99 元全场免邮 </a>
        <a class="icon3" style="margin-right: 0"
        href="javascript:;">100% 品质保证 </a>
    </p>
    </div>
    </div>
    <div class="mod_help w1200">
    <p>
    <a href="javascript:;"> 关于我们 </a>
    <span>|</span>
    <a href="javascript:;"> 帮助中心 </a>
    <span>|</span>
    <a href="javascript:;"> 售后服务 </a>
    <span>|</span>
    <a href="javascript:;"> 母婴资讯 </a>
    <span>|</span>
    <a href="javascript:;"> 关于货源 </a>
    </p>
    </div>
    </div>
</template>
<script>
    export default {
        name: "Footer"
    }
</script>
<style scoped>
</style>
```

分析上述代码得知，网站底部组件 Footer.vue 在 <template></template> 中编写静态网页元素，并且标签 <a> 没有设置网站链接，整个组件只实现简单的数据展示。

综上所述，从组件 Base.vue 和 Footer.vue 的代码结构分析得知：

- 组件由 3 部分组成：<template></template>、<script></script>、<style scoped></style>。
- <template></template> 负责编写 HTML 网页信息和设置变量，变量由 <script></script> 负责定义和赋值。
- <script></script> 实现变量和函数方法的定义、访问 API 以及业务逻辑处理等。
- <style scoped></style> 负责编写网页 CSS 样式，并且仅作用于当前组件。

15.5 实例化 Vue 对象

我们已经完成 Vue 常用功能的配置，包括 Axios 的 HTTP 请求配置、Vuex 的状态管理配置、路由定义与组件文件创建。本章将讲述如何实例化 Vue 对象，将已配置的功能挂载到 Vue 对象，再由 Vue 对象启动运行整个项目。

打开 src 的 main.js，分别导入已配置的功能对象，并对 Vue 进行实例化和挂载，代码实现如下：

```
// 文件夹 src 的 main.js
import { createApp } from 'vue'
import VueAxios from 'vue-axios'
import App from './App.vue'
import router from './router'
import store from './store'
import axios from './axios'
import base from './components/Base'
import footer from './components/Footer'

// 创建 Vue 对象
const app = createApp(App)
// 注册组件
app.component('base-page', base)
app.component('footer-page', footer)
// 将路由对象绑定到 Vue 对象
app.use(router)
app.use(store)
// 将 vue-axios 与 axios 关联并绑定到 Vue 对象
app.use(VueAxios, axios)
// 挂载使用 Vue 对象
app.mount('#app')
```

分析上述代码，Vue 实例化过程说明如下：

- 分别导入已配置的功能对象，包括路由对象 router、状态管理对象 store、HTTP 请求对象 axios、子组件 base 和 footer；此外，还需要导入 Vue 的函数方法 createApp、根组件 App.vue 和 vue-axios。
- 调用函数方法 createApp，并将 App.vue 的 App 作为参数，实例化生成 Vue 对象 app。

- 由 app 调用 component 注册组件 base 和 footer，子组件需要注册才能被父组件调用。component 的参数分别为组件注册名和组件对象，组件注册名建议采用驼峰命名（basePage 或 BasePage）或短横线隔开式（base-page）。
- 由 app 调用 use 绑定功能对象 router、store、axios，将路由配置、状态管理、HTTP 请求功能加载在实例化对象 app。
- 由 app 调用 mount 实现对象挂载，mount 的参数 rootContainer 等于 #app，参数值来自文件夹 public 的 index.html 的 <div id="app">。

从 Vue 实例化过程得知，实例化对象 app 最终挂载在 index.html 的 <div id="app">，同时 index.html 的 <div id="app"> 与 App.vue 的 <div id="app"> 相互对应，因此打开 App.vue 和 index.html 分别编写相应的示例代码：

```
// src 文件夹的 App.vue
<template>
  <div id="app">
    <router-view/>
  </div>
</template>

<script>
export default {
  name: 'App'
}
</script>

// public 文件夹的 index.html
<!DOCTYPE html>
<html lang="en">
<head>
    <title>母婴商城</title>
    <link rel="stylesheet" type="text/css" href="<%= BASE_URL %>css/main.css">
    <link rel="icon" href="<%= BASE_URL %>favicon.ico">
    <link rel="stylesheet" type="text/css" href="<%= BASE_URL %>layui/css/
layui.css">
    <script type="text/javascript" src="<%= BASE_URL %>layui/layui.js"></
script>
</head>
<body>
<div id="app"></div>
</body>
</html>
```

分析 App.vue 和 index.html 的代码得知：

- 在 App.vue 的 <div id="app"> 中必须添加 <router-view/>，用于加载和渲染路由对象 router，如果没有添加 <router-view/>，那么网页将无法正常显示。
- 在 index.html 的 <head> 中引入 public 的静态文件，<%= BASE_URL %> 是 JS 模板语法，代表 vue.config.js 的配置属性 publicPath；<body> 必须设置 <div id="app">，它与 App.vue 的 id="app" 相互对应。

综上所述，Vue 实例化配置说明如下：

- 在 src 的 main.js 中调用函数方法 createApp，并将 App.vue 的 App 作为参数，实例化生成 Vue 对象 app，并将已配置的功能对象加载到 app，最后将 app 挂载到 index.html 的 <div id="app">。
- main.js 的 app.mount('#app')、App.vue 和 index.html 的 <div id="app"> 相互对应，元素名称没有硬性规定为 app，但三者的元素名称必须相同。
- 在 App.vue 的 <div id="app"> 中必须添加 <router-view/>，否则网页无法正常显示。

15.6 商城首页

网站首页一共划分了 5 个不同的功能区域：商品搜索功能、网站导航、广告轮播、商品分类热销、网站底部。其中商品搜索功能、网站导航和网站底部由子组件 Base.vue 和 Footer.vue 实现，因此首页组件 Home.vue 需要实现广告轮播、商品分类热销，示例代码如下：

```
// 文件夹 components 的 Home.vue
<template>
    <!- …………①………… ->
    <base-page :activation="activation"></base-page>
    <div class="category-con">
    <div class="category-banner">
    <!- …………②………… ->
    <div class="w1200">
    <img src="img/banner1.jpg">
    </div></div></div>
    <div class="floors">
    <div class="sk">
    <div class="sk_inner w1200">
    <div class="sk_hd">
    <a href="javascript:;">
    <img src="img/s_img1.jpg">
    </a>
    </div>
    <div class="sk_bd">
    <div class="layui-carousel" id="test1">
    <div carousel-item>
    <div class="item-box"
        v-for="(commodityInfo, k) in commodityInfos" :key="k">
    <div class="item" v-for="(c, key) in commodityInfo" :key="key">
        <router-link :to="`/commodity/detail/${c.id}`">
            <img :src="path + c.img">
        </router-link>
        <div class="title">{{ c.name }}</div>
        <div class="price">
          <span>¥{{ c.discount }}</span>
          <del>¥{{ c.price }}</del>
```

```
        </div>
</div></div></div></div></div></div></div>
<div class="product-cont w1200" id="product-cont">
<div class="product-item product-item1 layui-clear">
<div class="left-title1">
<h4><i>1F</i></h4>
<img src="img/icon_gou.png">
<h5>宝宝服饰</h5>
</div>
<div class="right-cont">
<a href="javascript:;" class="top-img">
<img src="img/img12.jpg" alt=""></a>
<div class="img-box">
  <router-link v-for="(c, key) in clothes"
        :key="key" :to="`/commodity/detail/${c.id}`">
      <img :src="path + c.img">
  </router-link>
</div></div></div>
<div class="product-item product-item2 layui-clear">
<div class="left-title2">
<h4><i>2F</i></h4>
<img src="img/icon_gou.png">
<h5>奶粉辅食</h5>
</div>
<div class="right-cont">
<a href="javascript:;" class="top-img">
<img src="img/img12.jpg" alt=""></a>
<div class="img-box">
  <router-link v-for="(c, key) in food"
        :key="key" :to="`/commodity/detail/${c.id}`">
      <img :src="path + c.img">
  </router-link>
</div></div></div>
<div class="product-item product-item3 layui-clear">
<div class="left-title3">
<h4><i>3F</i></h4>
<img src="img/icon_gou.png">
<h5>宝宝用品</h5>
</div>
<div class="right-cont">
<a href="javascript:;" class="top-img">
<img src="img/img12.jpg"></a>
<div class="img-box">
  <router-link v-for="(c, key) in goods"
        :key="key" :to="`/commodity/detail/${c.id}`">
      <img :src="path + c.img">
  </router-link>
</div></div></div></div>
<!- ⋯⋯⋯⋯①⋯⋯⋯⋯ ->
<footer-page></footer-page>
</template>
```

```
<script>
    export default {
        <!- ·············③············· ->
        name: "Index",
        data() {
            return {
            activation: "",
            commodityInfos: [[], []],
            clothes:[],
            food: [],
            goods: [],
            path: this.$store.state.lookImgUrl // 获取状态管理的 lookImgUrl
            }
        },
        <!- ·············④············· ->
        mounted: function(){
            this.getcode(); // 页面加载时自动执行
            // 执行 layui 的 JS 脚本
            window.layui.config({
                base: 'js/'
            }).use(['mm', 'carousel'], function () {
                var carousel = window.layui.carousel;
                var option = {
                    elem: '#test1'
                    , width: '100%'
                    , arrow: 'always'
                    , height: '298'
                    , indicator: 'none'
                }
                carousel.render(option);
            });
        },
        methods: {
            getcode: function () {
            this.axios.get('/api/v1/home/'
            ).then(response => {
                this.commodityInfos = response.data.
                                      data.commodityInfos
                this.clothes = response.data.data.clothes
                this.food = response.data.data.food
                this.goods = response.data.data.goods
                console.log(this.commodityInfos)
            })
                .catch(function (error) {
                    console.log(error)
                })
        },
        }
    }
</script>
```

```
<style scoped>
</style>
```

上述代码设有标注①、②、③、④，每个标注实现的功能说明如下：

标注①通过调用子组件 Base.vue 和 Footer.vue 实现商品搜索功能、网站导航和网站底部，详细说明如下：

- 子组件调用方式为：<组件注册名称></组件注册名称>，如 <base-page :activation="activation"></base-page>。
- <base-page> 是 main.js 注册组件 app.component('base-page', base) 的 base-page。
- :activation="activation" 是将 Home.vue 定义的变量 activation 传值给子组件 Base.vue 的 props 的 activation，从而控制子组件导航栏的选中效果。

标注②实现广告轮播和商品分类热销，详细的实现过程如下：

- 广告轮播是以静态图片形式展示的。
- 商品分类热销分为今日必抢和分类商品，其中组件变量 commodityInfos 实现今日必抢的数据渲染，组件变量 clothes、food、goods 实现分类商品的数据渲染。
- 数据渲染是在 <router-link> 语法下使用 v-for 语法循环遍历组件变量 commodityInfos、clothes、food、goods，生成商品展示图和商品详细链接地址。

标注③定义 Home.vue 的变量，每个变量说明如下：

- 变量 activation 负责控制导航栏的选中效果。
- 变量 commodityInfos、clothes、food、goods 负责网页数据渲染。
- 变量 path 获取状态管理对象 store 的变量 lookImgUrl，用于补全后端图片访问地址。

标注④定义 Home.vue 的函数方法和钩子函数，每个函数说明如下：

- 自定义函数 getcode 通过 Axios 访问后端接口 /api/v1/home/，将响应数据分别赋值给变量 commodityInfos、clothes、food、goods，再由变量完成数据渲染过程。
- 钩子函数 mounted 在初始化页面完成后调用函数 getcode 和执行 layui 的 JS 脚本。

15.7 商品列表页

商品列表页分为 5 个功能区域：商品搜索功能、网站导航、商品分类、商品列表信息、网站底部。其中商品搜索功能、网站导航和网站底部由子组件 Base.vue 和 Footer.vue 实现，因此商品列表组件 Commodity.vue 需要实现商品分类和商品列表信息，示例代码如下：

```
// 文件夹 components 的 Commodity.vue
<template>
    <base-page :activation="activation"></base-page>
    <div class="commod-cont-wrap">
    <div class="commod-cont w1200 layui-clear">
    <div class="left-nav">
```

```
<div class="title"> 所有分类 </div>
<div class="list-box">
<!- ···········①··········· ->
<dl v-for="(t, key) in typesList" :key="key">
<dt>{{t.name}}</dt>
<dd v-for="(s, key) in t.value" :key="key">
    <router-link :to="{ path: '/commodity', query: { types: s,
                    search:this.$route.query.search, page: 1,
                    sort: this.$route.query.sort }}">{{s}}
    </router-link>
</dd></dl></div></div>
<div class="right-cont-wrap">
<div class="right-cont">
<div class="sort layui-clear">
<!- ···········②··········· ->
<router-link :class="this.$route.query.sort == 'sold' ?'active':''"
            :to="{ path: '/commodity', query: { types:
            this.$route.query.types,
            search:this.$route.query.search, sort: 'sold'}}"> 销量
</router-link>
<router-link :class="this.$route.query.sort == 'price' ?'active':''"
            :to="{ path: '/commodity', query: { types:
            this.$route.query.types,
            search:this.$route.query.search, sort: 'price'}}"> 价格
</router-link>
<router-link :class="this.$route.query.sort == 'created' ?'active':''"
            :to="{ path: '/commodity', query: { types:
            this.$route.query.types,
            search:this.$route.query.search, sort: 'created'}}"> 新品
</router-link>
<router-link :class="this.$route.query.sort == 'likes' ?'active':''"
            :to="{ path: '/commodity', query: { types:
            this.$route.query.types,
            search:this.$route.query.search, sort: 'likes'}}"> 收藏
</router-link>
</div>
<div class="prod-number">
<!- ···········③··········· ->
<a href="javascript:;"> 商品列表 </a>
<span>></span>
<a href="javascript:;"> 共 {{ count }} 件商品 </a>
</div>
<div class="cont-list layui-clear" id="list-cont">
<div class="item" v-for="(c, key) in commodityInfos" :key="key">
<div class="img">
    <router-link :to="'/commodity/detail/${c.id}'">
    <img height="280" width="280" :src="path + c.img">
    </router-link>
</div>
<div class="text">
    <p class="title">{{ c.name }}</p>
```

```
        <p class="price">
        <span class="pri">¥{{ c.price }}</span>
        <span class="nub">{{ c.sold }} 付款</span>
        </p>
    </div></div></div></div></div>
    <div id="demo0" style="text-align: center;">
    <div class="layui-box layui-laypage
        layui-laypage-default" id="layui-laypage-1">
    <router-link class="layui-laypage-prev" v-if="previous > 0"
            :to="{ path: '/commodity', query: { types:
            this.$route.query.types,
            sort:this.$route.query.sort, page:previous,
            search: this.$route.query.search}}">上一页
    </router-link>
    <a v-if="previous <= 0" class="layui-laypage-next">上一页</a>
    <router-link v-if="previous > 0" :to="{ path: '/commodity',
            query: { types: this.$route.query.types,
            sort:this.$route.query.sort, page:previous,
            search: this.$route.query.search}}">{{previous}}
    </router-link>
    <span class="layui-laypage-curr"><em
        class="layui-laypage-em">
        </em><em>{{ current ? current : 1 }}</em>
    </span>
    <router-link v-if="pageCount >= next && current < pageCount"
            :to="{ path: '/commodity', query:{types:
            this.$route.query.types,
            sort:this.$route.query.sort, page:next,
            search: this.$route.query.search}}">{{next}}
    </router-link>
    <a v-if="pageCount < next">{{next}}</a>
    <router-link class="layui-laypage-next" v-if="pageCount >= next"
            :to="{ path: '/commodity', query: { types:
            this.$route.query.types,
            sort:this.$route.query.sort, page:next,
            search: this.$route.query.search}}">下一页
    </router-link>
    <a v-if="pageCount < next" class="layui-laypage-next">下一页</a>
    </div></div></div></div>
    <footer-page></footer-page>
</template>

<script>
    export default {
        name: "Commodity",
        <!- …………④………… ->
        data() {
            return {
                activation: "commodity",
                typesList: [{}],
                count: 0,
```

```
            next: 0,
            current: 1,
            pageCount: 0,
            previous: 0,
            commodityInfos: [],
            path: this.$store.state.lookImgUrl
        }
    },
    <!- ··········⑤·········· ->
    mounted: function () {
        this.getcode(); // 页面加载时自动执行
    },
    methods: {
        getcode: function () {
            // 如果当前参数 page 不等于 undefined
            // 就说明参数 page 存在,将其赋值给变量 current
            if (typeof(this.$route.query.page)!="undefined"){
                this.current = this.$route.query.page
            }
            this.axios.get('/api/v1/commodity/list/',
                {
                    params: {
                        search: this.$route.query.search,
                        sort: this.$route.query.sort,
                        types: this.$route.query.types,
                        page: this.current,
                    }
                }
            ).then(response => {
                this.typesList = response.data.data.types
                this.commodityInfos = response.data.
                                    data.commodityInfos.data
                this.count = response.data.
                                    data.commodityInfos.count
                this.previous = response.data.
                                    data.commodityInfos.previous
                this.next = response.data.
                                    data.commodityInfos.next
                this.pageCount = response.data.
                                    data.commodityInfos.pageCount
                console.log(this.commodityInfos)
            })
                .catch(function (error) {
                    console.log(error)
                })
        },
    },
    watch: {
        "$route.query": function () {
            this.getcode()
        }
```

```
        }
    }
</script>
<style scoped>
</style>
```

上述代码设有标注①、②、③、④、⑤，每个标注实现的功能说明如下。

标注①实现商品分类列表功能，详细实现过程如下：

- 通过循环变量 typesList 生成商品分类列表，变量 typesList 的数据来自后端接口 /api/v1/
commodity/list/，由自定义函数 getcode 调用接口和变量赋值。
- 每个商品分类由 <router-link> 创建相应的网页链接并设有请求参数 types、search、page 和
sort，分别代表商品分类、文本搜索框内容、分页页数和商品排序。参数 types 的值是当前循
环的商品分类名称、参数 search、page 和 sort 的值来自当前网址的请求参数，也就是说，如
果商品列表页设有多个筛选条件，单击切换筛选某个商品，只会改变商品分类的筛选，其他
筛选条件保持不变。

标注②实现商品排序功能，详细实现过程如下：

- 每个商品排序由 <router-link> 创建相应的网页链接并设有请求参数 types、search、page 和
sort，参数设置逻辑与商品分类列表相同。
- 如果当前网址已存在参数 sort 并且等于某个值，那么对应的商品排序链接通过样式设置选中
效果。

标注③实现商品列表和分页功能，详细实现过程如下：

- 通过循环变量 commodityInfos 创建商品列表数据，变量值来自后端接口 /api/v1/commodity/
list/，商品列表数据包含商品标题、图片、价钱和销量。
- 分页是从变量 current、next、pageCount、previous 根据逻辑判断实现分页功能，除了当前页之外，
所有页数的网页链接都设有请求参数 types、search、page 和 sort。

标注④定义 Commodity.vue 的变量，每个变量说明如下：

- 变量 typesList、count、next、pageCount、previous、commodityInfos 的值均来自后端接口 /
api/v1/commodity/list/。
- 变量 activation 默认为 commodity，导航栏 "所有商品" 设为选中效果。
- 变量 current 默认为 1，如果当前网页设有参数 page，则变量 current 等于参数 page。
- 变量 path 获取状态管理对象 store 的变量 lookImgUrl，用于补全后端图片的访问地址。

标注⑤定义 Commodity.vue 的函数方法、钩子函数和侦听器，每个函数说明如下：

- 自定义函数 getcode 访问后端接口 /api/v1/commodity/list/，将响应数据分别赋值给相应的变量，
再由变量完成数据渲染过程。
- 钩子函数 mounted 在初始化页面完成后调用函数 getcode。
- 侦听器 watch 侦听当前网址请求参数的变化情况，如果网址的请求参数发生变化，就说明用
户在网页上执行分页筛选等操作，程序将再次调用函数 getcode 获取响应数据进行数据渲染。

15.8 商品详细页

　　商品详细页分为 6 个功能区域：商品搜索功能、网站导航、商品基本信息、商品详细介绍、热销推荐、网站底部。其中商品搜索功能、网站导航和网站底部由子组件 Base.vue 和 Footer.vue 实现，因此商品详细组件 Detail.vue 需要实现商品基本信息、商品详细介绍、热销推荐，示例代码如下：

```
// 文件夹 components 的 Detail.vue
<template>
    <base-page :activation="activation"></base-page>
    <div class="data-cont-wrap w1200">
    <!- ………①………… ->
    <div class="crumb">
        <a href="/"> 首页 </a>
        <span>></span>
        <router-link :to="'/commodity'"> 所有商品 </router-link>
        <span>></span>
        <a href="javascript:;"> 产品详情 </a>
    </div>
    <div class="product-intro layui-clear">
    <div class="preview-wrap">
        <img height="300" width="300" :src="path+commoditys.img">
    </div>
    <div class="itemInfo-wrap">
    <div class="itemInfo">
    <div class="title">
        <h4>{{ commoditys.name }}</h4>
        <span @click="myLike(commoditys.id)">
        <i class="layui-icon"
        :class="likes ?'layui-icon-rate-solid':'layui-icon-rate'">
        </i> 收藏 </span>
    </div>
    <div class="summary">
        <p class="reference"><span> 参考价 </span>
            <del>¥{{ commoditys.price }}</del>
        </p>
        <p class="activity"><span> 活动价 </span>
            <strong class="price">
            <i>¥</i>{{ commoditys.discount }}
            </strong><
        /p>
        <p class="address-box">
            <span> 送      至 </span>
            <strong class="address">
            广东    广州    天河区
            </strong>
```

```
        </p>
</div>
<div class="choose-attrs">
    <div class="color layui-clear">
    <span class="title"> 规      格
    </span>
        <div class="color-cont"><span class="btn active">
        {{ commoditys.sezes }}
        </span></div>
    </div>
    <div class="number layui-clear">
    <span class="title"> 数      量
    </span>
    <div class="number-cont"><span class="cut btn">-</span>
        <input onkeyup="if(this.value.length==1)
            {this.value=this.value.replace(/[^1-9]/g,'')}
            else{this.value=this.value.replace(/\D/g,'')}"
            onafterpaste="if(this.value.length==1)
            {this.value=this.value.replace(/[^1-9]/g,'')}
        else{this.value=this.value.replace(/\D/g,'')}"
            maxlength="4" type="" id="quantity" :value="quantity">
        <span class="add btn">+</span></div>
    </div>
</div>
<div class="choose-btns">
    <a class="layui-btn  layui-btn-danger car-btn"
        @click="addCar(commoditys.id, quantity)">
    <i class="layui-icon layui-icon-cart-simple">
    </i> 加入购物车
    </a>
</div>
</div></div></div>
<div class="layui-clear">
<div class="aside">
<!- …………②………… ->
<h4> 热销推荐 </h4>
<div class="item-list">
<div class="item" v-for="(r, key) in recommend" :key="key">
    <router-link :to="'/commodity/detail/${r.id}'">
        <img height="280" width="280" :src="path + r.img">
    </router-link>
    <p>
        <span title="{{ r.name }}">{{ r.name }}</span>
        <span class="pric">¥{{ r.discount }}</span>
    </p>
</div>
</div></div>
<div class="detail">
<h4> 详情 </h4>
<div class="item">
    <img width="800" :src="path + commoditys.details">
```

```
        </div></div></div></div>
        <footer-page></footer-page>
    </template>


    <script>
        export default {
            name: "Detail",
            <!- …………③………… ->
            data() {
                return {
                    activation: "commodity",
                    commoditys: {},
                    recommend: [],
                    likes: false,
                    quantity: 1,
                    path: this.$store.state.lookImgUrl
                }
            },
            <!- …………④………… ->
            mounted: function () {
                this.getcode(); // 页面加载时自动执行
                // 加载 layui 的 JS 脚本，购买数量的加减按钮触发的函数
                window.layui.config({
                    base: 'js/'
                }).use(['jquery'], function () {
                    var $ = window.layui.$;
                    var cur = $('.number-cont input').val();
                    $('.number-cont .btn').on('click', function () {
                        if ($(this).hasClass('add')) {
                            cur++;
                        } else {
                            if (cur > 1) {
                                cur--;
                            }
                        }
                        $('.number-cont input').val(cur)
                    })
                })
            },
            methods: {
                // 定义 add 函数，访问后台获取数据并写入数组 myData
                myLike: function (id) {
                    this.axios.post('/api/v1/commodity/collect/',
                    {id: id}).then(response => {
                        if (response.data.state === 'success'){
                            this.likes = true
                        }
                    })
                        .catch(function (error) {
                            console.log(error)
                        })
```

```
            },
            addCar: function (id, quantity) {
                if (this.$store.state.username === '') {
                    this.$router.push({path: '/shopper/login'})
                }
                this.axios.post('/api/v1/shopper/shopcart/',
                    {id: id, quantity: quantity}).then(response => {
                    if (response.data.state === 'success') {
                        // 加购成功跳转到购物车页面
                        this.$router.push({path:'/shopper/shopcart/'})
                    }
                })
                    .catch(function (error) {
                        console.log(error)
                    })
            },
            getcode: function () {
                this.axios.get('/api/v1/commodity/detail/' +
                    this.$route.params.id).then(response => {
                    this.commoditys=response.data.data.commoditys
                    this.recommend=response.data.data.recommend
                    this.likes=response.data.data.likes
                    console.log(this.commoditys)
                })
                    .catch(function (error) {
                        console.log(error)
                    })
            }
        },
        watch: {
            "$route.query": function () {
                this.getcode()
            }
        }
    }
}
</script>
<style scoped>
</style>
```

上述代码设有标注①、②、③、④，每个标注实现的功能说明如下：

标注①实现商品基本信息和商品详细介绍，详细实现过程如下：

- 商品信息包含商品标题、图片、售价、规格、购买数量、商品收藏、加入购物车。
- 商品标题、图片、售价、规格来自变量 commoditys，变量值来自后端接口 /api/v1/commodity/
  detail/<int:id>/，由自定义函数 getcode 调用接口和变量赋值。
- 商品购买数量通过 JS 实现递增或递减功能。
- 商品收藏和加入购物车功能通过元素单击触发函数 myLike 和 addCar，由函数调用后端接口
  完成相应的功能。

标注②实现商品热销推荐，详细实现过程如下：

- 通过循环遍历变量 recommend 生成商品列表，对每种商品展示商品标题、价钱、图片和商品详细链接。
- 变量 recommend 的值来自后端接口 /api/v1/commodity/detail/<int:id>/，由自定义函数 getcode 调用接口和变量赋值。

标注③定义 Detail.vue 的变量，每个变量说明如下：

- 变量 commoditys、recommend、likes 的值来自后端接口 /api/v1/commodity/detail/<int:id>/。
- 变量 activation 默认为 commodity，导航栏"所有商品"设为选中效果。
- 变量 quantity 默认为 1，当增加或减少商品购买数量时，变量值也会随之变化。
- 变量 path 用于获取状态管理对象 store 的变量 lookImgUrl，用于补全后端图片的访问地址。

标注④定义 Detail.vue 的函数方法、钩子函数和侦听器，每个函数说明如下：

- 自定义函数 myLike 实现商品收藏，将当前商品 id 作为请求参数并调用后端接口 /api/v1/commodity/collect/，当接口调用成功后，将变量 likes 设为 true，网页上的星星图标设为选中效果。
- 自定义函数 addCar 实现商品加入购物车功能，如果状态管理对象 store 的 username 等于空字符串，则说明用户尚未登录，程序将跳转到登录页面；如果用户已登录，则调用后端接口 /api/v1/shopper/shopcart/，将商品 id 和购买数量作为请求参数，当接口调用成功后，浏览器将自动跳转到购物车页面。
- 自定义函数 getcode 调用后端接口 /api/v1/commodity/detail/<int:id>/ 获取当前商品详细信息，后端接口的路由变量 id 来自网页地址的路由变量 id。
- 钩子函数 mounted 在初始化页面完成后调用函数 getcode 和加载 layui 的 JS 脚本。
- 侦听器 watch 侦听当前网址请求参数的变化情况，如果浏览器的网址发生变化，那么程序将再次调用函数 getcode 获取响应数据进行数据渲染。

15.9　用户注册与登录

用户登录注册页面分为 4 个功能区域：商品搜索功能、网站导航、登录注册表单和网页底部。其中商品搜索功能、网站导航和网站底部由子组件 Base.vue 和 Footer.vue 实现，因此用户登录注册组件 Login.vue 需要实现登录注册表单，示例代码如下：

```
// 文件夹 components 的 Login.vue
<template>
    <base-page :activation="activation"></base-page>
    <div class="login-bg">
    <div class="login-cont w1200">
    <div class="form-box">
    <div class="layui-form">
    <!- …………①………… ->
    <legend> 手机号码注册登录 </legend>
```

```
    <div class="layui-form-item">
    <div class="layui-inline iphone">
    <div class="layui-input-inline">
        <i class="layui-icon layui-icon-cellphone iphone-icon"></i>
        <input name="username" id="username" v-model="username"
            lay-verify="required|phone" placeholder=" 请输入手机号码 "
            class="layui-input">
    </div></div>
    <div class="layui-inline iphone">
    <div class="layui-input-inline">
        <i class="layui-icon layui-icon-password iphone-icon"></i>
        <input id="password" type="password" v-model="password"
            name="password" lay-verify="required|password"
            placeholder=" 请输入密码 " class="layui-input">
    </div></div>
    </div>
    <p>{{ msg }}</p>
    <div class="layui-form-item login-btn">
    <div class="layui-input-block">
        <button class="layui-btn" lay-submit=""
        @click="loginAndRegister">注册 / 登录 </button>
    </div>
    </div></div></div></div></div>
    <footer-page></footer-page>
</template>


<script>
    export default {
        name: "Login",
        <!- …………②………… ->
        data() {
            return {
                activation: "login",
                msg: "",
                username: "",
                password: ""
            }
        },
        <!- …………③………… ->
        methods: {
            loginAndRegister: function () {
                this.axios.post('/api/v1/shopper/login/',
                {username: this.username, password: this.password}
                ).then(response => {
                this.msg = response.data.msg
                if (response.data.state === 'success') {
                    // 登录成功后跳转到个人主页
                    // 将数据写入状态管理的变量 username 和 last_login
                    this.$store.commit('setUserName',this.username)
                    this.$store.commit('setLastLogin',
                                        response.data.last_login)
```

```
            console.log(this.state)
            this.$router.push({path: '/shopper'})
          }
        })
        .catch(function (error) {
            console.log(error)
        })
      }
    }
  }
</script>
<style scoped>
</style>
```

上述代码设有标注①、②、③，每个标注实现的功能说明如下：

标注①实现用户登录和注册功能，详细实现过程如下：

- 用户登录和注册设有文本输入框 username 和 password，并分别绑定变量 username 和 password，当用户在文本输入框输入数据后，程序就能从变量 username 和 password 获取相应的数据。
- 注册 / 登录按钮的单击事件绑定函数 loginAndRegister。

标注②定义 Login.vue 的变量，每个变量说明如下：

- 变量 activation 默认为 login，即导航栏所有导航按钮没有选中效果。
- 变量 msg 默认为空字符串，当用户单击注册 / 登录按钮时，将对变量重新赋值，将接口返回的登录信息展示在网页上。
- 变量 username 和 password 的默认值为空字符串，在对应的文本输入框实现数据双向绑定。

标注③定义 Login.vue 的函数方法，函数说明如下：

- 自定义函数 loginAndRegister 实现注册或登录功能，当用户单击注册 / 登录按钮时被调用，并访问后端接口 /api/v1/shopper/login/ 进行用户注册或登录，用户注册或登录成功后，使用 this.$store.commit() 调用状态管理对象 store 的 mutations 的 setUserName 和 setLastLogin，将用户信息写入状态管理对象 store 的变量 username 和 last_login；最后通过 this.$router.push 跳转到个人中心页。

15.10 购物车功能

购物车页面分为 3 个功能区域：商品搜索功能、网站导航、商品的购买费用核算。其中商品搜索功能、网站导航由子组件 Base.vue 实现，因此购物车组件 Shopcart.vue 需要实现商品的购买费用核算功能，示例代码如下：

```
// 文件夹 components 的 Shopcart.vue
<template>
    <base-page :activation="activation"></base-page>
```

```html
<div class="banner-bg w1200">
<h3>夏季清仓 </h3>
<p>宝宝被子、宝宝衣服 3 折起 </p>
</div>
<div class="carts w1200">
<div class="cart-table-th">
<div class="th th-chk">
<div class="select-all">
<div class="cart-checkbox">
<input class="check-all check"
    id="allCheckked" type="checkbox" value="true">
</div>
<label>   全选 </label>
</div>
</div>
<div class="th th-item">
<div class="th-inner"> 商品 </div>
</div>
<div class="th th-price">
<div class="th-inner"> 单价 </div>
</div>
<div class="th th-amount">
<div class="th-inner"> 数量 </div>
</div>
<div class="th th-sum">
<div class="th-inner"> 小计 </div>
</div>
<div class="th th-op">
<div class="th-inner"> 操作 </div>
</div>
</div>
<div class="OrderList">
<div class="order-content" id="list-cont">
<!- ············①············ ->
<ul class="item-content layui-clear"
    v-for="(c, key) in cartInfos" :key="key">
    <li class="th th-chk">
    <div class="select-all">
    <div class="cart-checkbox">
    <input class="CheckBoxShop check" id=""
            type="checkbox" num="all"
            name="select-all" value="true">
    </div>
    </div>
    </li>
    <li class="th th-item">
    <div class="item-cont">
        <a href="javascript:;">
        <img :src="path + c.commodityInfos_id.img">
        </a>
        <div class="text">
```

```html
            <div class="title">
            {{ c.commodityInfos_id.name }}
            </div>
            <p><span>
            {{ c.commodityInfos_id.sezes }}
            </span></p>
            </div>
        </div>
        </li>
        <li class="th th-price">
        <span class="th-su">
            {{ c.commodityInfos_id.price }}
        </span>
        </li>
        <li class="th th-amount">
        <div class="box-btn layui-clear">
            <div class="less layui-btn" >-</div>
            <input class="Quantity-input"
                :value="c.quantity" disabled="disabled">
            <div class="add layui-btn" >+</div>
        </div>
        </li>
        <li class="th th-sum">
        <span class="sum">0</span>
        </li>
            <li class="th th-op" @click="delCarInfo(c.id)">
            <span> 删除 </span>
            <p hidden="hidden">{{ c.id }}</p>
        </li>
    </ul>
    </div></div>
    <!- …………②………… ->
    <div class="FloatBarHolder layui-clear">
    <div class="th th-chk">
    <div class="select-all">
    <div class="cart-checkbox">
    <input class="check-all check" name="select-all"
            type="checkbox" value="true">
    </div>
    <label>   已选
        <span class="Selected-pieces">0</span> 件
    </label>
    </div></div>
    <div class="th batch-deletion" @click="delCarInfo(username)">
        <span class="batch-dele-btn"> 删除全部 </span>
        <p hidden="hidden" id="userId">{{ username }}</p>
    </div>
    <div class="th Settlement">
        <button class="layui-btn" @click="pays"> 结算 </button>
    </div>
```

```
        <div class="th total">
            <p>应付: <span class="pieces-total">¥0.00</span></p>
    </div></div></div>
</template>

<script>
export default {
    name: "Shopcart",
    <!- …………③………… ->
    data() {
        return {
            activation: 'shopcart',
            cartInfos: [],
            username: this.$store.state.username,
            path: this.$store.state.lookImgUrl
        }
    },
    <!- …………④………… ->
    beforeMount: function(){
        this.getcode(); // 页面加载时自动执行
    },
    updated: function () {
        this.getSum(); // 页面更新完成执行 JS 计算价钱
    },
    methods: {
        getcode () {
            this.axios.get('/api/v1/shopper/shopcart/')
                .then(response => {
                this.cartInfos = response.data.data
                this.getSum()})
                .catch(function (error) {
                    console.log(error)
                })
        },
        pays: function () {
            var d={'total':window.layui.$(".pieces-total").text()}
            this.axios.post('/api/v1/shopper/pays/', d)
                .then(response => {
                if (response.data.data !== ''){
                    window.location.href = response.data.data
                }})
                .catch(function (error) {
                    console.log(error)
                })
        },
        delCarInfo(style) {
            var d
            if (style === this.username) {
                d = {username: this.username}
            } else {
                d = {carId: style}
```

```
        }
        this.axios.post('/api/v1/shopper/delete/', d)
            .then(response => {
            if (response.data.state === 'success') {
                // 删除成功
                this.getcode(); // 重新加载购物车
            }})
            .catch(function (error) {
                console.log(error)
            })
    },
    getSum: function () {
        window.layui.config({
            base: 'js/'
        }).use(['jquery','element','car'],function(){
        var $ = window.layui.$;
        var car = window.layui.car;
        car.init();
        $(function () {
        var counts = 0;
        $(".sum").each(function (i, e) {
            var quantity = $('.th-su')[i].innerHTML
            var price = $('.Quantity-input')[i].value
            e.innerHTML = (quantity * price).toFixed(2)
            counts = counts * 1 + e.innerHTML * 1
        });
        $(".pieces-total").text("¥" + counts.toFixed(2))
        });});
        }
    },
}
</script>
<style scoped>
</style>
```

上述代码设有标注①、②、③、④，每个标注实现的功能说明如下：

标注①实现购物列表展示，详细实现过程如下：

- 通过循环遍历变量 cartInfos 生成当前用户的购物列表，变量值来自后端接口 /api/v1/shopper/shopcart/，由自定义函数 getcode 调用接口和变量赋值。
- 购物列表数据包含商品标题、图片、规格、价钱和购买数量，对每种商品设置了相应的"删除"按钮，单击按钮将触发函数 delCarInfo。

标注②实现所有商品的购买费用核算，该功能包含支付费用、删除全部和结算，详细实现过程如下：

- 支付费用是根据商品勾选情况进行汇总计算的，计算过程由 JS 完成。
- 删除全部是将单击事件绑定函数 delCarInfo，并将当前用户名（变量 username）作为函数参数，当用户单击"删除全部"按钮时，程序将自动调用函数 delCarInfo。

- 结算是将单击事件绑定函数 pays，当用户单击"删除全部"按钮时，程序将自动调用函数 pays。

标注③定义 Shopcart.vue 的变量，每个变量说明如下：

- 变量 cartInfos 的值来自后端接口 /api/v1/shopper/shopcart/，用于生成当前用户的购物列表。
- 变量 activation 默认为 shopcart，导航栏"购物车"设为选中效果。
- 变量 path 来自状态管理对象 store 的变量 lookImgUrl，用于补全后端图片访问地址。
- 变量 username 来自状态管理对象 store 的变量 username，用于删除当前用户的购物车信息。

标注④定义 Shopcart.vue 的函数方法和钩子函数，每个函数说明如下：

- 自定义函数 getcode 调用后端接口 /api/v1/shopper/shopcart/ 获取用户购物车信息并赋值给变量 cartInfos，同时调用函数 getSum 加载 JS 脚本执行费用计算功能。
- 自定义函数 pays 调用后端接口 /api/v1/shopper/pays/，通过后端访问在线支付接口，接口调用成功后，后端返回的响应数据包含支付宝在线支付链接，使用 window.location.href 将网页跳转到支付宝在线支付链接。
- 自定义函数 delCarInfo 调用后端接口 /api/v1/shopper/delete/ 删除购物车信息，函数设有参数 style，如果参数 style 等于变量 username，则删除用户整个购物车数据，如果参数 style 不等于变量 username，则删除购物车某个商品信息。
- 自定义函数 getSum 调用并执行 layui 的 JS 脚本，实现商品支付费用汇总计算。
- 钩子函数 beforeMount 在页面加载时自动调用函数 getcode。
- 钩子函数 updated 在页面更新完成后自动调用函数 getSum。

15.11　个人中心页面

个人中心页面分为 4 个功能区域：商品搜索功能、网站导航、用户基本信息和订单列表。其中商品搜索功能、网站导航由子组件 Base.vue 实现，因此个人中心组件 Shopper.vue 需要实现用户基本信息和订单列表，示例代码如下：

```
// 文件夹 components 的 Shopper.vue
<template>
<base-page :activation="activation"></base-page>
<div class="info-list-box">
<div class="info-list">
<div class="item-box layui-clear">
<div class="item">
<!- …………①………… ->
<div class="img">
    <img src="img/portrait.png">
</div>
<div class="text">
<h4>用户：{{ username }}</h4>
<p class="data">登录时间：{{ last_login }}</p>
```

```
<div class="left-nav">
<div class="title">
    <router-link :to="`/shopper/shopcart`">我的购物车 </router-link>
</div>
    <div class="title" @click="logout"><a>退出登录 </a></div>
</div></div></div>
<div class="item1">
<div class="cart">
<div class="cart-table-th">
<div class="th th-items">
<div class="th-inner">
    订单编号
</div>
</div>
<div class="th th-price">
<div class="th-inner">
    订单价格
</div>
</div>
<div class="th th-amount">
<div class="th-inner">
    购买时间
</div>
</div>
<div class="th th-sum">
<div class="th-inner">
    订单状态
</div>
</div>
</div>
<div class="OrderList">
<!- …………②………… ->
<div class="order-content" id="list-cont">
<ul class="item-contents layui-clear" v-for="(o, key) in orders" :key="key">
    <li class="th th-items">{{ o.id }}</li>
    <li class="th th-price">¥{{ o.price }}</li>
    <li class="th th-amount">{{ o.created }}</li>
    <li class="th th-sum">{{ o.state }}</li>
</ul>
</div></div></div></div></div></div>
<div style="text-align: center;">
<div class="layui-box layui-laypage
        layui-laypage-default" id="layui-laypage-1">
    <a href="javascript:;" class="layui-laypage-prev">上一页 </a>
    <a href="javascript:;">1</a>
    <span class="layui-laypage-curr"><em class="layui-laypage-em">
    </em><em>2</em>
    </span>
    <a href="javascript:;">3</a>
    <a href="javascript:;" class="layui-laypage-next">下一页 </a>
</div></div></div>
```

```
</template>

<script>
export default {
    name: "Shopper",
    <!- ···········③··········· ->
    data() {
        return {
            activation: 'shopper',
            orders: [{}],
            username: this.$store.state.username,
            last_login: this.$store.state.last_login,
        }
    },
    <!- ···········④··········· ->
    mounted: function () {
        if (this.$store.state.username === '') {
            this.$router.push({path: '/shopper/login'})}
        this.getcode(); // 页面加载时自动执行
    },
    methods: {
        getcode: function () {
            var url = '/api/v1/shopper/home/'
            var href = window.location.href.split('?')[1]
            var t = new URLSearchParams('?' + href).get('t')
            if (t !== null){
                url += '?t=' + t
            }
            console.log(url)
            this.axios.get(url).then(response => {
                this.orders = response.data.data.orders
                if (typeof(this.orders) == "undefined") {
                    this.orders = [{}]
                }
                console.log(this.orders)})
                .catch(function (error) {
                    console.log(error)
                })
        },
        logout: function () {
            this.axios.post('/api/v1/shopper/logout/')
                .then(response => {
                    if (response.data.state === 'success') {
                        // 退出登录后跳转到个人主页
                        this.$store.commit('setUserName','')
                        this.$store.commit('setLastLogin','')
                        console.log(this.state)
                        this.$router.push({path: '/'})
                }})
                .catch(function (error) {
                    console.log(error)
```

```
        })
      }
    },
  }
</script>
<style scoped>
</style>
```

上述代码设有标注①、②、③、④，每个标注实现的功能说明如下：

标注①实现用户基本信息展示，包含用户名、登录时间、购物车链接和退出登录，实现过程如下：

- 用户名和登录时间由变量 username 和 last_login 提供数据支持，变量值来自状态管理对象 store 的 username 和 last_login。
- 购物车链接使用 <router-link> 语法创建网页链接，"退出登录"按钮的单击事件绑定函数 logout。

标注②实现用户订单列表和数据分页功能，实现过程如下：

- 通过循环遍历变量 orders 生成用户订单列表，包含订单编号、订单价格、购买时间、订单状态。
- 变量 orders 的值来自后端接口 /api/v1/shopper/home/，由自定义函数 getcode 调用接口和变量赋值。
- 数据分页在上述示例尚未实现，读者不妨参考商品列表页的分页功能，尝试自行实现。

标注③定义 Shopper.vue 的变量，每个变量说明如下：

- 变量 activation 默认为 shopper，导航栏"个人中心"设为选中效果。
- 变量 orders 的值来自后端接口 /api/v1/shopper/home/，用于生成当前用户的订单列表。
- 变量 username 和 last_login 来自状态管理对象 store 的变量 username 和 last_login，用于展示当前用户的基本信息。

标注④定义 Shopper.vue 的函数方法和钩子函数，每个函数说明如下：

- 自定义函数 getcode 调用后端接口 /api/v1/shopper/home/ 获取用户订单信息并赋值给变量 orders。如果当前网址存在请求参数 t，说明用户完成在线支付，支付宝跳转个人中心页并设置请求参数 t，因此函数调用后端接口 /api/v1/shopper/home/ 也要设置请求参数 t，后端根据请求参数 t 和会话 Session 数据创建订单信息，并将用户所有订单信息作为响应数据返回，前端再将响应数据赋值给变量 orders。
- 自定义函数 logout 调用后端接口 /api/v1/shopper/logout/ 实现用户退出登录，接口调用成功后，使用 this.$store.commit 将状态管理对象 store 的变量 username 和 last_login 改为空字符串，同时使用 this.$router.push 跳转到首页。
- 钩子函数 mounted 在页面加载时判断用户登录状态，如果状态管理对象 store 的变量 username 为空字符串，那么说明用户尚未登录，程序将使用 this.$router.push 跳转到注册登录页；如果用户已登录，那么程序将调用自定义函数 getcode。

15.12 网站异常页

网站异常是一个普遍存在的问题，常见的异常以 404 或 500 为主，出现异常是网站自身数据缺陷或者不合理的非法访问所导致的。例如访问 /commodity/details.html，由于前端项目 babys 中没有定义相应的路由，当用户访问不存在的网址时，Vue 将自动匹配路由 /:pathMatch(.*)*，由异常页组件 Error.vue 返回相应的网页内容，示例代码如下：

```
// 文件夹 components 的 Error.vue
<template>
<nav>
<div class="menu">
<p class="website_name"> 母婴商城 </p>
</div>
</nav>
<div class="wrapper">
<div class="container">
<div id="scene" class="scene" data-hover-only="false">
<div class="circle" data-depth="1.2"></div>
<div class="one" data-depth="0.9">
<div class="content">
    <span class="piece"></span>
    <span class="piece"></span>
    <span class="piece"></span>
</div></div>
<div class="two" data-depth="0.60">
<div class="content">
    <span class="piece"></span>
    <span class="piece"></span>
    <span class="piece"></span>
</div></div>
<div class="three" data-depth="0.40">
<div class="content">
    <span class="piece"></span>
    <span class="piece"></span>
    <span class="piece"></span>
</div></div>
<p class="p404" data-depth="0.50">404</p>
<p class="p404" data-depth="0.10">404</p>
</div>
<div class="text">
<article>
    <button><router-link :to="'/'">
    返回首页 </router-link>
    </button>
</article></div></div></div>
</template>
```

```
<script>
    export default {
        name: "Error"
    }
</script>
// 导入文件夹 assets 的 style.css
<style src="@/assets/style.css" scoped>
</style>
```

异常页组件 Error.vue 只设置了首页链接和导入 CSS 样式文件 style.css，详细说明如下：

- 首页链接使用 <router-link> 语法创建。
- 导入 CSS 样式文件 style.css 在 <style scoped></style> 中设置属性 src 即可，属性值的 "@" 来自 vue.config.js 的 "@": path.resolve(__dirname, "./src")。

⚙ 15.13　本章小结　◀◀◀

在前后端分离的架构模式下，使用 Vue 作为前端开发框架，除需要通过指令搭建项目外，还需要为项目配置 Axios、Vuex 或 Vue Router 等 Vue 组件库。

Axios 是一个基于 Promise 的 HTTP 库，在浏览器或 Node.js 发送 HTTP 请求时，本质上是对原生 XHR 的封装，只不过它是 Promise 的实现版本，符合最新的 ES 规范，有以下特点：

- 可以从浏览器中创建 XMLHttpRequests 对象。
- 可以从 Node.js 创建 HTTP 请求。
- 支持 Promise API。
- 拦截请求和响应。
- 转换请求数据和响应数据。
- 取消 HTTP 请求。
- 自动转换 JSON 数据。
- 客户端支持防御 XSRF。

Vuex 是专门为 Vue.js 设计的状态管理库，利用 Vue.js 的细粒度数据响应机制来进行高效的状态更新，并且 Vuex 在内存中能保存用户数据，但是用户刷新页面，浏览器重新加载 Vue 实例后，Vuex 保存的数据也会重新初始化。

为了解决 Vuex 重新初始化的问题，可以使用 Vuex-persistedstate 实现数据持久化。总的来说，Vuex+Vuex-persistedstate 可以实现 Vue 的状态管理持久化，如果仅使用 Vuex，那么很容易出现因刷新页面而丢失数据的问题。

Vue Router 是 Vue 的官方路由，它与 Vue 核心深度集成，使构建单页应用变得轻而易举，它具有以下功能：

- 嵌套路由映射。
- 动态路由选择。

- 模块化、基于组件的路由配置。
- 提供路由参数、查询、通配符。
- 由 Vue 提供的过渡效果。
- 自动激活 CSS 类的链接。
- 提供 HTML 的 History 模式或 Hash 模式。
- 可定制的滚动行为。

父子组件是组件设计中最常用的设计方案，子组件通常保存网页的公共元素，例如网页 A 和网页 B 有相同的文本搜索框，将文本搜索框写入子组件，网页 A 和网页 B 只需调用子组件即可，这样能提高代码的复用性。

15.14 动手练习

（1）深入掌握 Vue Router 和父子组件的应用原理。

（2）项目在 Vue3 框架中引入了前端 UI 框架 layui，两者之间通过 index.html 实现关联，目前 Vue3 组件库已有 layui-vue，如果改用 layui-vue，应如何实现？

（3）public 的 css 存放所有页面的 CSS 样式，如果每个页面样式写在组件的 <style scoped> 中，应如何实现？

（4）前端访问后端 API 都在页面组件的 <script> 实现，HTTP 请求过程大致相同，请对该功能进行封装，使各个页面只需调用函数即可实现 HTTP 请求。

（5）首页今日必抢的商品轮播和购物车的金额计算都是通过 layui 实现 JS 功能的，请尝试使用 Vue3 语法实现相同的功能。

（6）个人中心页的订单信息设有分页功能，但项目中尚未实现，参考商品列表的分页功能实现个人中心页的订单数据分页。

项目上线与部署

目前，部署 Django 有两种主流方案：Nginx+uWSGI+Django 和 Apache+ uWSGI+Django。Nginx 或 Apache 作为服务器最前端，负责接收浏览器所有的 HTTP 请求并统一管理。静态资源的 HTTP 请求由 Nginx 或 Apache 自己处理；非静态资源的 HTTP 请求则由 Nginx 或 Apache 传递给 uWSGI 服务器，然后传递给视图应用，最后由 Django 进行处理并做出响应，从而完成一次 Web 请求。

部署 Vue 比部署 Django 简单，部署方案有 Nginx+Vue 和 Apache+Vue，只需将 Vue 打包后的 index.html 与 Nginx 或 Apache 绑定即可。

不同的计算机操作系统，项目部署方法有所不同，随着技术的发展，项目部署方式趋向多元化发展，比如 Docker、云服务器和云部署平台等，使项目部署变得更加简单和快捷，本章分别讲述如何在 Windows、Linux 和 Docker 下部署项目。

16.1 项目上线部署配置

当项目完成开发阶段并准备上线部署的时候，我们需要将项目的开发调试模式改为上线模式。以前后端不分离的项目 babys 为例，首先在项目的 settings.py 中设置配置属性 DEBUG 和 ALLOWED_HOSTS，同时添加配置属性 STATIC_ROOT，配置信息如下：

```
# babys 的 settings.py
DEBUG = False
ALLOWED_HOSTS = ['*']
STATIC_ROOT = BASE_DIR / 'static'
```

配置属性 STATIC_ROOT 指向项目的 static 文件夹，但创建项目的时候，我们并没有在项目中创建 static 文件夹，只是创建了静态资源文件夹 pstatic。因为项目的 static 文件夹可以使用 Django 内置指令 collectstatic 创建，所以在 PyCharm 的 Terminal 中输入 collectstatic 指令，如图 16-1 所示。

在 PyCharm 中打开项目的 static 文件夹，发现它复制了静态资源文件夹 pstatic 中的所有静态资源，并且复制了 Admin 后台系统的静态资源，如图 16-2 所示。

```
F:\babys>python manage.py collectstatic

266 static files copied to 'F:\babys\static'.
```

图 16-1　创建 static 文件夹　　　　　　　　图 16-2　static 文件夹

现在项目中存在两个静态文件夹，第一个是项目的 pstatic 文件夹，第二个是项目的 static 文件夹。Django 根据不同的运行模式读取不同的静态文件夹。这种设计方案已兼顾 Django 的两种运行模式，每次切换运行模式只需改变配置属性 DEBUG 的值即可，详细说明如下：

（1）如果将 Django 设为调试模式（DEBUG=True），那么项目运行时将读取项目的 pstatic 文件夹的静态资源。

（2）如果将 Django 设为上线模式（DEBUG=False），那么项目运行时将读取项目的 static 文件夹的静态资源。

当 Django 设为上线模式时，它不再提供静态资源服务，该服务应交由服务器来完成，因此在项目的路由列表中添加静态资源的路由信息，让 Django 知道如何找到静态资源文件，否则无法在浏览器上访问 static 文件夹的静态资源信息，路由信息如下：

```python
# babys 的 urls.py
from django.contrib import admin
from django.urls import path, include, re_path
from django.views.static import serve
from django.conf import settings

urlpatterns = [
    path('admin/', admin.site.urls),
    path('', include(('index.urls', 'index'), namespace='index')),
    path('commodity',include(('commodity.urls','commodity'),
namespace='commodity')),
    path('shopper',include(('shopper.urls','shopper'),
namespace='shopper')),
    # 配置媒体资源的路由信息
    re_path('media/(?P<path>.*)', serve,
{'document_root':settings.MEDIA_ROOT}, name='media'),
    # 定义静态资源的路由信息
    re_path('static/(?P<path>.*)', serve,
{'document_root':settings.STATIC_ROOT},name='static'),

]

# 设置 404 和 500
from index import views
```

```
handler404 = views.page_not_found
handler500 = views.page_error
```

综上所述，设置 Django 项目上线模式的操作步骤如下：

（1）在项目的 settings.py 中设置配置属性 STATIC_ROOT，该配置指向整个项目的静态资源文件夹，然后修改配置属性 DEBUG 和 ALLOWED_HOSTS。

（2）使用 collectstatic 指令收集整个项目的静态资源，这些静态资源将存放在配置属性 STATIC_ROOT 设置的文件路径下。

（3）在项目的 urls.py 中添加静态资源的路由信息，让 Django 知道如何找到静态资源文件。

16.2 基于 Windows 部署项目

Windows 系统内置 IIS 服务器，我们可以将 Django 部署在 IIS 服务器，因此无须下载和安装 Nginx 或 Apache 服务器，从而简化了项目的部署过程。本节以前后端不分离的项目 babys 为例，讲述如何在 IIS 部署，项目部署的系统及软件版本如下：

- Windows 10 操作系统。
- IIS 服务器为 6.0 及以上版本。
- Python 3.9 及以上版本。
- Django 4.0 及以上版本。

16.2.1 安装 IIS 服务器

默认情况下，Windows 10 操作系统没有开启 IIS 服务器，由于每个人的计算机系统设置可能不同，如果计算机上已开启 IIS 服务器，那么可以跳过本小节的内容，直接阅读下一小节。如果尚未开启 IIS 服务器，那么可以在计算机的"控制面板"找到"程序和功能"，如图 16-3 所示。

在"程序和功能"界面找到并单击"启用或关闭 Windows 功能"，如图 16-4 所示。进入"启用或关闭 Windows 功能"界面，只需勾选 Internet Information Services 的部分功能选项，然后单击"确定"按钮即可安装和开启 IIS 服务器，如图 16-5 所示。

图 16-3 控制面板

图 16-4 程序和功能

当 IIS 服务器安装成功后，打开 Windows 的"开始菜单"，在"Windows 管理工具"中单击"Internet Information Services (IIS) 管理器"，如图 16-6 所示。Windows 系统将运行 IIS 服务器，服务器界面如图 16-7 所示。

图 16-6　Windows 管理工具

图 16-5　启用或关闭 Windows 功能

图 16-7　IIS 服务器

16.2.2　IIS 服务器部署项目

在部署项目之前必须确保项目 babys 已设为上线模式。首先安装 wfastcgi 模块，在命令提示符窗口输入 pip install wfastcgi 指令即可完成模块的安装过程。该模块在 Python 与 IIS 服务器之间搭建桥梁，使两者之间实现有效连接。

下一步在 IIS 服务器配置项目站点，右击 IIS 服务器界面左侧的"网站"，选中并单击"添加网站"，在"添加网站"界面输入项目站点信息，如图 16-8 所示。

图 16-8　添加网站

我们将网站名称改为 babys；物理路径是网站的项目文件夹；端口号改为 80，默认值为 80。如果默认端口号 80 被其他应用程序占用，那么可以改为 8000 等其他端口，以防止端口重用的情况。

网站添加成功后，在 IIS 服务器界面可看到新增的网站 babys。单击新增的网站 babys，在 IIS 服务器界面的正中间就能看到网站的配置信息，双击"处理程序映射"进入相应的界面，如图 16-9 所示。然后在"处理程序映射"界面的空白处，右击并选择"添加模块映射 ..."，如图 16-10 所示。

图 16-9 处理程序映射

图 16-10 添加模块映射

在"添加模块映射"界面中分别输入请求路径、模块、可执行文件、名称等相关信息，并单击"请求限制 (R)..."按钮，取消勾选"仅当请求映射至以下内容时才调用处理程序"复选框。其中请求路径和模块是固定内容；可执行文件由"|"分为两部分，E:\Python\python.exe 代表 Python 解释器，E:\Python\Lib\site-packages\wfastcgi.py 代表 wfastcgi 模块。整个模块映射的配置如图 16-11 所示。

图 16-11 设置添加模块映射

模块映射添加成功后，在 IIS 服务器的主页可以看到新增的"FastCGI 设置"，如图 16-12 所示。双击"FastCGI 设置"进入相应的界面，然后在"FastCGI 设置"界面中双击打开当前路径信息，在"编辑 FastCGI 应用程序"界面中设置环境变量，如图 16-13 所示。

图 16-12 FastCGI 设置

图 16-13 设置环境变量

从图 16-13 看到，"编辑 FastCGI 应用程序"界面的完整路径 E:\Python\python.exe 来自图 16-11 新增的模块映射，我们需要对该路径添加 3 个环境变量，每个环境变量以键-值对表示，具体设置如下。

- Name: WSGI_HANDLER:Value: django.core.wsgi.get_wsgi_application()。
- Name: PYTHONPATH:Value: F:\babys（项目路径）。
- Name: DJANGO_SETTINGS_MODULE: Value: babys.settings（项目的配置文件）。

当环境变量设置成功后，在浏览器上访问 http://localhost/ 即可看到商城首页，如图 16-14 所示。

图 16-14　商城首页

16.2.3　部署静态资源

现在商城已部署在 IIS 服务器，但是网站的静态资源文件尚未部署在 IIS 服务器，本节讲述如何在 IIS 服务器部署静态资源文件。首先右击 IIS 服务器界面左侧的项目站点 babys，然后单击"添加虚拟目录 ..."，如图 16-15 所示。

图 16-15　添加虚拟目录

在"添加虚拟目录"界面输入别名和物理路径。一般情况下，静态资源文件的别名改为 static，物理路径指向项目 babys 的静态资源文件夹 static，如图 16-16 所示。

当静态资源的虚拟目录添加成功后，项目站点 babys 将会显示网站的目录结构，并为静态资源文件夹 static 设置虚拟目录，如图 16-17 所示。

图 16-16　设置虚拟目录

图 16-17　目录结构

综上所述，我们在 Windows 的 IIS 服务器已完成项目的上线部署，回顾整个部署过程，可以总结出以下操作步骤：

（1）从计算机的"控制面板"找到"程序和功能"，由"程序和功能"界面进入"启用或关闭 Windows 功能"，勾选 Internet Information Services 的部分功能选项并单击"确定"按钮即可安装和开启 IIS 服务器。

（2）使用 pip 指令安装 wfastcgi 模块，然后右击 IIS 服务器界面左侧的"网站"，选中并单击"添加网站"，在"添加网站"界面输入网站信息即可创建项目站点。

（3）在项目站点的"处理程序映射"界面，右击并选择"添加模块映射 ..."。在"添加模块映射"界面分别输入请求路径、模块、可执行文件、名称等相关信息，并单击"请求限制(R)..."按钮，取消勾选"仅当请求映射至以下内容时才调用处理程序"复选框。

（4）在 IIS 服务器的主页看到新增的"FastCGI 设置"，进入"FastCGI 设置"界面，找到路径信息为 E:\Python\python.exe，然后对该路径分别添加 3 个环境变量即可完成网站部署。

（5）在项目站点添加虚拟目录，虚拟目录实现网站的静态资源部署，只需在"添加虚拟目录"界面输入别名和静态资源的物理路径即可。

16.3 基于 Linux 部署项目

Linux 操作系统没有内置服务器功能，若想将项目部署在 Linux 系统，则可选择安装 Nginx 或 Apache 服务器。本节以前后端不分离的项目 babys 为例，讲述在 Linux 系统如何部署 Django。

16.3.1 安装 Linux 虚拟机

大多数开发者都是使用 Windows 操作系统进行项目开发的，而项目的部署以选择 Linux 操作系统为主。因此，我们在 Windows 上安装虚拟机 VirtualBox（全称为 Oracle VM VirtualBox）。读者可以在网上搜索相关资源下载并安装。

虚拟机 VirtualBox 安装成功后，运行虚拟机 VirtualBox，主界面如图 16-18 所示。在图 16-18 中单击"新建"按钮，在虚拟机中创建一个虚拟计算机，然后在"新建虚拟电脑"界面选择"专家模式"，分别输入虚拟计算机的名称、选择计算机系统的类型和设置内存大小，如图 16-19 所示。

图 16-18 虚拟机 VirtualBox

　　完成虚拟计算机的基本配置后，单击图 16-19 中的"创建"按钮，打开"创建虚拟硬盘"界面，如图 16-20 所示。在"创建虚拟硬盘"界面单击"创建"按钮即可完成虚拟计算机的创建。在虚拟机 VirtualBox 的主界面可以看到新建的虚拟计算机，如图 16-21 所示。

图 16-19 新建虚拟计算机　　　　　　　　　　　图 16-20 创建虚拟硬盘

图 16-21 新建的虚拟计算机

　　虚拟计算机 MyCentOS7 还没有安装相应的操作系统，相当于一台硬件已组装好的计算机。接下来，我们会为虚拟计算机 MyCentOS7 安装相应的操作系统。安装操作系统之前，首先设置虚拟计算机 MyCentOS7 的网络设置。选中虚拟计算机 MyCentOS7 并单击"设置"按钮，进入 MyCentOS7 的设置界面，单击"网络"并设置网卡 1 的网络连接方式，将网络连接方式设为"桥接网卡"，混杂模式改为"全部允许"，如图 16-22 所示。

图 16-22 网络连接方式

　　虚拟计算机 MyCentOS7 的网络连接方式改为桥接网卡后，就可以在虚拟计算机中使用本地系统的网络服务实现虚拟计算机和本地系统的网络通信。完成网络设置后，回到虚拟机 VirtualBox 的主界面，然后单击"启动"按钮，启动虚拟计算机 MyCentOS7，首次启动虚拟计算机会提示"选择启动盘"，如图 16-23 所示。

选择镜像文件 CentOS-7-x86_64-DVD-1804.iso，镜像文件可在 CentOS 的官方网站下载（www.centos.org/download/）。单击"启动"按钮，虚拟计算机 MyCentOS7 进入 CentOS 7 的安装界面，如图 16-24 所示。

图 16-23　选择启动盘　　　　　　　　　　图 16-24　CentOS 7 的安装界面

选择 Install CentOS 7 并按回车键，等待系统运行完成后即可进入 CentOS 7 的安装主界面。在安装主界面选择语言类型，如图 16-25 所示。

单击图 16-25 中的"继续"按钮进入系统安装的配置界面，在此界面只需简单设置安装位置，其他选项使用默认配置即可，如图 16-26 所示。

图 16-25　选择语言类型　　　　　　　　　　图 16-26　配置界面

在图 16-26 中单击"开始安装"按钮，虚拟计算机 MyCentOS7 会自动安装 CentOS 7 系统，在安装过程中需要设置 ROOT 密码。当系统安装完成后，单击"重启"按钮即可进入 CentOS 7 系统，如图 16-27 所示。

图 16-27　CentOS 7 系统

输入用户密码之后即可登录 CentOS 7 系统，首次登录 CentOS 7 系统需要设置虚拟机系统与本地系统的通信连接。首先修改 CentOS 7 系统的网络配置，将系统路径切换到 network-scripts，并且打开 ifcfg-enp0s3 文件，每个 Linux 系统的 ifcfg-eth0s3 文件可能有细微差异，但格式以 ifcfg-enpXXX 表示，如图 16-28 所示。

图 16-28 网络配置

使用 vi 指令打开 ifcfg-enp0s3 文件，并将 ONBOOT=no 改为 ONBOOT=yes，如图 16-29 所示，当文件修改完成后，输入 service network restart 指令重启网络配置即可。

当 CentOS 7 系统的网络重启后，虚拟机系统与本地系统已实现通信连接。然后安装网络功能 net-tools，在 CentOS 7 系统界面上输入安装指令 yum install net-tools，等待安装完成即可。然后关闭 CentOS 7 系统的防火墙，可以依次输入以下指令：

图 16-29 修改 ifcfg-enp0s3

```
sudosystemctl stop firewalld.service
sudosystemctl disable firewalld.service
```

关闭防火墙后，在 CentOS 7 系统中输入 ifconfig，查询 CentOS 7 系统的 IP 地址，如图 16-30 所示。

图 16-30 查询 CentOS 7 系统的 IP 地址

最后在本地系统使用 FileZilla 软件连接虚拟机 CentOS 7 系统，在 FileZilla 的站点管理输入虚拟机 CentOS 7 系统的 IP 地址、用户账号和密码即可实现连接。使用 FileZilla 软件实现本地系统与虚拟机系统间的 FTP 通信，这样方便两个系统之间的文件传输，有利于项目的维护和更新，如图 16-31 所示。

图 16-31 FileZilla 软件

16.3.2 安装 Python 3

CentOS 7 系统默认安装 Python 2.7 版本，但从 Django 3.0 开始不再支持 Python 2.7 版本，因此我们需要在 CentOS 7 系统中安装 Python 3 版本。本节主要讲述如何在 CentOS 7 系统中安装 Python 3。

在安装 Python 3 之前，我们分别需要安装 Linux 的 wget 工具、GCC 编译器环境以及 Python 3 使用的依赖组件，相关的安装指令如下：

```
# 安装 Linux 的 wget 工具，用于在网上下载文件
yum -y install wget
# GCC 编译器环境，安装 Python 3 时所需的编译环境
yum -y install gcc
# Python 3 使用的依赖组件
yum install openssl-devel bzip2-devel expat-develgdbm-devel
yum install readline-develsqlite*-develmysql-devellibffi-devel
```

完成依赖组件的安装后，使用 wget 指令在 Python 官网下载 Python 压缩包，在 CentOS 7 系统输入下载指令 wget "https://www.python.org/ftp/python/3.9.5/Python-3.9.5.tgz"。下载完成后，可以在当前路径查看下载的内容。

下一步对压缩包进行解压，在当前路径下输入解压指令 tar -zxvf Python-3.9.5.tgz。当解压完成后，在当前路径下会出现 Python-3.9.5 文件夹。

Python-3.9.5 文件夹是我们需要的开发环境，里面包含安装 Python 3 版本所需的组件。最后将 Python-3.9.5 编译到 CentOS 7 系统，编译指令如下：

```
# 进入 Python-3.9.5 文件夹
cd Python-3.9.5
# 依次输入编译指令
sudo ./configure
sudomake
sudomake install
```

编译完成后，我们在 CentOS 7 系统中输入指令 python3，即可进入 Python 交互模式，说明在 CentOS 7 中成功地安装了 Python 3。

16.3.3　部署 uWSGI 服务器

uWSGI 是一个 Web 服务器，它可以实现 WSGI、uWSGI 和 HTTP 等网络协议，而且 Nginx 的 HttpUwsgiModule 能与 uWSGI 服务器进行交互。WSGI 是一种 Web 服务器网关接口，它是 Web 服务器（如 Nginx 服务器）与 Web 应用（如 Django 框架实现的应用）通信的一种规范。

在部署 uWSGI 服务器之前，需要在 Python 3 中安装相应的模块，我们使用 pip3 安装即可，安装指令如下：

```
pip3 install mysqlclient
pip3 install django
pip3 install uwsgi
```

模块安装成功后，打开本地系统的项目 babys，修改项目的配置文件 settings.py，主要修改数据库连接信息，修改代码如下：

```
# 数据库连接本地的数据库系统
DATABASES = {
    'default': {
        'ENGINE': 'django.db.backends.mysql',
        'NAME': 'babys',
        'USER':'root',
        'PASSWORD':'1234',
    # 改为本地系统的 IP 地址
        'HOST':'192.168.88.178',
        'PORT':'3306',
    }
}
```

由于项目 babys 的数据库是连接本地系统的 MySQL 数据库，因此还需要设置本地系统的 MySQL 数据库的用户权限。我们使用 Navicat Premium 修改 MySQL 数据库的用户权限，首先连接本地的 MySQL 数据库，打开用户列表并编辑用户 root，将主机改为 "%" 并保存，如图 16-32 所示。

图 16-32　修改用户权限

下一步使用 FileZilla 工具软件将本地系统的项目 babys 转移到虚拟系统 CentOS 7, 项目 babys 存放在虚拟系统的 home 文件夹中。完成上述配置后, 在 CentOS 7 系统中输入 uwsgi 指令, 测试 uWSGI 服务器能否正常运行, 指令如下:

```
# /home/babys 是项目 babys 的绝对路径
# babys.wsgi 是项目 babys 的 wsgi.py 文件
uwsgi --http :8080 --chdir /home/babys -w babys.wsgi
```

指令运行后, 可以在本地系统的浏览器中输入虚拟系统的 IP 地址 +8080 端口查看测试结果, 比如在浏览器上访问 http://192.168.88.120:8080/, 我们可以看到项目 babys 的首页信息。

uWSGI 服务器测试成功后, 下一步为项目 babys 编写 uWSGI 配置文件。当项目运行上线时, 只需执行 uWSGI 配置文件即可运行项目 babys 的 uWSGI 服务器。在项目 babys 的目录下创建 babys_uwsgi.ini 配置文件, 文件代码如下:

```
[uwsgi]
# Django-related settings
socket= :8080

# the base directory (full path)
chdir=/home/babys

# Django s wsgi file
module=babys.wsgi

# process-related settings
# master
master=true

# maximum number of worker processes
processes=4

# ... with appropriate permissions - may be needed
# chmod-socket    = 664
# clear environment on exit
vacuum=true
```

我们在虚拟系统 CentOS 7 中查看项目 babys 的目录结构, 确保项目 babys 的根目录已存放配置文件 babys_uwsgi.ini, 然后输入 uwsgi (uwsgi --ini babys_uwsgi.ini) 指令, 通过配置文件启动 uWSGI 服务器也可以看到项目 babys 的首页信息。

注意: 因为配置文件设置了 socket= :8080, 所以通过配置文件 babys_uwsgi.ini 启动 uWSGI 服务器时, 本地系统不能使用浏览器访问项目 babys, 因为配置属性 socket= :8080 只能用于 uWSGI 服务器和 Nginx 服务器的通信连接。

16.3.4 安装 Nginx 并部署项目

项目的上线部署最后一个环节是部署 Nginx 服务器。由于虚拟系统 CentOS 7 的 yum 没有

Nginx 的安装源，因此将 Nginx 的安装源添加到 yum 中，然后使用 yum 安装 Nginx 服务器，
指令如下：

```
# 添加 Nginx 的安装源
rpm -ivh http://nginx.org/packages/centos/7/noarch/RPMS/
nginx-release-centos-7-0.el7.ngx.noarch.rpm
# 使用 yum 安装 Nginx
yum install nginx
```

Nginx 安装成功后，在虚拟系统 CentOS 7
上输入 Nginx 启动指令 systemctl start nginx，
然后在本地系统的浏览器中输入虚拟系统
CentOS 7 的 IP 地址，可以看到 Nginx 启动成
功，如图 16-33 所示。

下一步设置 Nginx 的配置文件，将 Nginx
服务器与 uWSGI 服务器实现通信连接。将虚

图 16-33　启动 Nginx

拟系统 CentOS 7 的路径切换到 /etc/nginx/conf.d，在当前路径创建并编辑 babys.conf 文件，在
babys.conf 文件中编写项目 babys 的配置信息，代码如下：

```
# 设置项目 babys 的 Nginx 服务器配置
server {
    listen      8090;
    server_name 127.0.0.1;
    charset     utf-8;

    client_max_body_size 75M;
    # 配置媒体资源文件
location /media {
        expires 30d;
        autoindex on;
        add_header Cache-Control private;
        alias /home/babys/media/;
    }
    # 配置静态资源文件
location /static {
        expires 30d;
        autoindex on;
        add_header Cache-Control private;
        alias /home/babys/static/;
    }
    # 配置 uWSGI 服务器
location / {
        include uwsgi_params;
        uwsgi_pass 127.0.0.1:8080;
        uwsgi_read_timeout 2;
    }
}
```

完成 Nginx 的相关配置后，在虚拟系统 CentOS 7 中结束 Nginx 的进程或重启系统，确保当前系统没有运行 Nginx。然后输入 Nginx 指令，重新启动 Nginx 服务器，当 Nginx 启动后，进入项目 babys，使用 uwsgi 指令运行 babys_uwsgi.ini，启动 uWSGI 服务器，输入的指令如下：

```
# 重新读取配置文件
cd etc/nginx/
sudo nginx -c nginx.conf
sudo nginx -s reload
# 启动 uWSGI 服务器
cd /home/babys/
uwsgi --ini babys_uwsgi.ini
```

当 Nginx 服务器和 uWSGI 服务器启动后，项目 babys 就已成功运行上线。在本地系统的浏览器上访问 http://192.168.88.120:8090/ 可以看到项目 babys 的首页信息，地址端口从 8080 改为 8090，因为 Nginx 的配置文件 babys.conf 监听 uWSGI 服务器的 8080 端口。

当用户访问 http://192.168.88.120:8090/ 的时候，Nginx 将 HTTP 请求交由 uWSGI 服务器处理，uWSGI 服务器再将 HTTP 请求交由 Django 处理和响应。

16.4　基于 Docker 部署项目

16.4.1　安装 Docker

Docker 支持 Windows、Linux 和 macOS 等主流操作系统，大多数情况下都选择 Linux 运行 Docker。不同版本的 Linux 发行版在安装 Docker 的过程中会存在细微差异，接下来以 CentOS 8 为例，讲述 CentOS 8 如何安装 Docker。

我们在腾讯云购买云服务器，操作系统选择 CentOS 8，然后使用 SSH 终端远程连接软件 SecureCRT 连接云服务器，如图 16-34 所示。

图 16-34　SSH 连接云服务器

使用官方安装脚本或者国内 daocloud 一键安装命令自动安装 Docker，在云服务器分别输入以下指令并执行：

```
# 官方安装脚本
curl -fsSL https://get.docker.com | bash -s docker --mirror Aliyun
# 国内 daocloud 一键安装命令
curl -sSL https://get.daocloud.io/docker | sh
```

比如使用官方安装脚本自动安装 Docker，安装成功后如图 16-35 所示。

```
To run Docker as a non-privileged user, consider setting up the
Docker daemon in rootless mode for your user:

    dockerd-rootless-setuptool.sh install

Visit https://docs.docker.com/go/rootless/ to learn about rootle

To run the Docker daemon as a fully privileged service, but gra
users access, refer to https://docs.docker.com/go/daemon-access

WARNING: Access to the remote API on a privileged Docker daemon
         to root access on the host. Refer to the 'Docker daemo
         documentation for details: https://docs.docker.com/go/

==============================================================
[root@VM-0-17-centos /]#
```

图 16-35　自动安装 Docker

下一步设置 Docker 镜像仓库，镜像仓库负责镜像内容的存储和分发，简单来说，它是供用户下载各种软件的平台。设置仓库之前需要在系统中安装相应的依赖软件，安装指令如下：

```
# 安装相应的依赖软件
sudo yum install -y yum-utils device-mapper-persistent-data lvm2
```

然后通过 yum-config-manager 指令设置 Docker 镜像仓库，由于国内外网络问题，读者可以根据自身网络情况选择不同网站的镜像仓库，详细设置指令如下：

```
# 官方的镜像仓库
sudo yum-config-manager --add-repo
https://download.docker.com/linux/centos/docker-ce.repo
# 阿里云的镜像仓库
sudo yum-config-manager --add-repo
http://mirrors.aliyun.com/docker-ce/linux/centos/docker-ce.repo
# 清华大学源的镜像仓库
sudo yum-config-manager --add-repo https://mirrors.tuna.tsinghua.edu.cn/
docker-ce/linux/centos/docker-ce.repo
```

最后安装 Docker 引擎，只需通过 yum 指令安装即可，指令如下：

```
# 安装 Docker 引擎
sudo yum install docker-ce docker-ce-cli containerd.io --allowerasing
```

安装指令可以选择参数 –allowerasing、–skip-broken 或 –nobest，如果没有设置参数，安装将提示异常，每个参数说明如下。

- --allowerasing：用来替换冲突的软件包。
- --skip-broken：跳过无法安装的软件包。
- --nobest：不使用最佳选择的软件包。

至此，我们已在 CentOS 8 成功安装 Docker。下一步在系统中运行 Docker，使用 systemctl 指令启动 Docker，然后输入 Docker 指令查看 Docker 版本信息，操作指令分别如下：

```
# 运行 Docker
sudo systemctl start docker
#  查看 Docker 版本信息
docker version
```

Docker 成功运行之后，其版本信息如图 16-36 所示。

图 16-36 版本信息

16.4.2　Docker 常用指令

学习 Docker 必须掌握它的操作指令，将指令按照操作类型划分，可分为 4 种类型：基础指令、容器指令、镜像指令、运维指令。

基础指令包含启动 Docker、停止 Docker、重启 Docker、开机自启动 Docker、查看运行状态、查看版本信息、查看帮助信息等。

启动 Docker、停止 Docker、重启 Docker、开机自启动 Docker 和查看运行状态是在操作系统层面实现的，等同于在计算上运行或关闭软件等操作，其详细指令如下：

```
# 启动 Docker
systemctl start docker
# 停止 Docker
systemctl stop docker
# 重启 Docker
systemctl restart docker
# 开机自启动 Docker
systemctl enable docker
# 查看运行状态
systemctl status docker
```

查看版本信息和查看帮助信息是查看 Docker 的基本信息，其详细指令如下：

```
# 查看版本信息
docker version
# 查看版本信息
docker info
```

```
# 查看帮助信息
docker --help
# 查看某个指令的参数格式
docker pull --help
```

容器指令包含查看正在运行的容器、查看所有容器、运行容器、删除容器、进入容器、停止容器、重启容器、启动容器、杀死容器、容器文件复制、更换容器名、查看容器日志等，详细指令如下：

```
# 查看正在运行的容器
docker ps
# 查看所有容器
docker ps -a
# 运行容器，以运行 redis 为例
docker run -itd --name myRedis -p 8000:6379 redis
# 删除容器
docker rm -f 容器名 / 容器 ID（容器名 / 容器 ID 可以通过 docker ps -a 获取）
# 删除全部容器
docker rm -f $(docker ps -aq)
# 进入容器
# 使用 exec 进入
docker exec -it 容器名 / 容器 ID /bin/bash
# 使用 attach 进入
docker attach 容器名 / 容器 ID
# 停止容器
docker stop 容器 ID/ 容器名
# 重启容器
docker restart 容器 ID/ 容器名
# 启动容器
docker start 容器 ID/ 容器名
# 杀死容器
docker kill 容器 ID/ 容器名
# 容器文件复制
# 从容器内复制出来
docker cp 容器 ID/ 名称：容器内路径　容器外路径
# 从外部拷贝到容器内
docker  cp 容器外路径 容器 ID/ 名称：容器内路径
# 更换容器名
docker rename 容器 ID/ 容器名　新容器名
# 查看容器日志
# 参数 tail 用于查看行数，不设置默认为 all
docker logs -f --tail=30 容器 ID
```

在所有容器指令中，以运行容器最为核心，并且指令参数也是最多的，常用的参数说明如下。

- -a：指定标准输入输出的内容类型，参数值分别为 STDIN、STDOUT 和 STDERR。
- -d：以后台方式运行容器，并返回容器 ID。
- -i：以交互模式运行容器，通常与 -t 同时使用。
- -t：为容器重新分配一个伪输入终端，通常与 -i 同时使用。
- -P：随机端口映射，容器内部端口随机映射到主机端口。

- -p：指定端口映射，参数格式：主机端口：容器端口。
- -name：容器指定一个名称。
- -dns：指定容器使用 DNS 服务器，默认使用主机的 DNS 服务器。
- -h：指定容器的 hostname。
- -e：设置环境变量，参数格式：环境变量名 = 变量值，如 username="XXYY"。
- -m：设置容器使用内存的最大值。
- -net：指定容器的网络连接类型，参数值分别为 bridge、host、none 和 container。
- -link：向另一个容器添加网络连接，实现两个容器之间的数据通信。
- -expose：使容器开放一个端口或一组端口，但不会与主机实现端口映射。
- -volume 或 -v：将主机文件目录挂载到容器中，实现数据持久化，参数格式：主机目录：容器目录。

镜像指令包含查看镜像、搜索镜像、拉取镜像、删除镜像、强制删除镜像、保存镜像、加载镜像和镜像标签，详细指令如下：

```
# 查看镜像
docker images
# 搜索镜像
docker search 镜像名
# 搜索 mysql
docker search mysql
# 拉取镜像
docker pull 镜像名
# tag 用于拉取镜像指定版本
docker pull 镜像名 :tag
# 删除镜像
# 删除一个
docker rmi -f 镜像名 / 镜像 ID
# 删除多个，多个镜像 ID 或镜像名使用空格隔开即可
docker rmi -f 镜像名 / 镜像 ID 镜像名 / 镜像 ID 镜像名 / 镜像 ID
# 删除全部镜像，参数 -a 的意思为显示全部，参数 -q 的意思为只显示 ID
docker rmi -f $(docker images -aq)
# 强制删除镜像
docker image rm 镜像名 / 镜像 ID
# 保存镜像
docker save 镜像名 / 镜像 ID -o 保存的文件路径
# 加载镜像
docker load -i 镜像保存文件位置
# 镜像标签
docker tag 源镜像名 : 标签名 新镜像名 : 新标签
```

运维指令用于查看 Docker 运行情况以及清理闲置容器和镜像等操作，例如查看 Docker 工作目录、磁盘占用情况、磁盘使用情况、删除无用容器和镜像。删除没有被使用的镜像，详细指令如下：

```
# 查看 Docker 工作目录
sudo docker info | grep "Docker Root Dir"
# 磁盘占用情况
```

```
du -hs /var/lib/docker/
# 磁盘使用情况
docker system df
# 删除无用容器和镜像
# 删除异常停止的容器
docker rm `docker ps -a | grep Exited | awk '{print $1}'`
# 删除名称或标签为 none 的镜像
docker rmi -f  `docker images | grep '<none>' | awk '{print $3}'`
# 删除没有被使用的镜像
docker system prune -a
```

至此，我们只是简单说明了 Docker 常用的指令，如果能熟练使用这些指令，基本上达到入门水平。在实际工作中，还需要结合 Dockerfile、Docker Compose、Docker Swarm 或 Kubernetes 一并使用。

关于 Dockerfile、Docker Compose、Docker Swarm 或 Kubernetes 的教程不作深入讲述，但有必要知道每个工具所实现的功能。

- Dockerfile 用来定制镜像，它是一个文本文件，文件包含一条或多条指令，每条指令是镜像的某一层，主要对当前镜像的某一层执行修改或安装等操作。Docker 的镜像是以分层结构实现的，每个功能是通过一层一层叠加的。例如创建一个 Nginx 容器，那么最底层用的操作系统是 CentOS，在 CentOS 系统上叠加一层安装 Nginx 服务。
- Docker Compose 用来定义和管理容器，当 Docker 需要运行成千上百个容器的时候，如果一个个容器依次启动就要花费很多时间，而 Docker Compose 只需编写配置文件，在文件中声明需要启动的容器以及参数，Docker 就会按照配置文件启动所有容器。但是 Docker Compose 只能启动当前服务器的 Docker，如果是其他服务器，则无法启动。
- Docker Swarm 用来管理多服务器的 Docker 容器，它能启动不同服务器的 Docker 容器、监控容器状态、重启容器、提供负载均衡服务等功能，全面并多方位管理 Docker 容器。虽然 Docker Swarm 是 Docker 公司研发的，但目前基本弃用。

Kubernetes 与 Docker Swarm 的功能定位是一样的，但它是由谷歌研发的，并且成为当前追捧的热门工具。

16.4.3　安装 MySQL

使用 Docker 安装 MySQL 对比直接在操作系统安装 MySQL 较为简单，并且一台服务器能轻易部署多个 MySQL。

首先使用 SecureCRT 等终端远程软件连接腾讯云服务器，前提是保证云服务器已安装 Docker。下一步在云服务器创建文件夹 /home/mysql10/conf，在文件夹下创建 mysql.cnf 并写入配置信息，代码如下：

```
[mysqld]
pid-file=/var/run/mysqld/mysqld.pid
socket=/var/run/mysqld/mysqld.sock
datadir=/var/lib/mysql
secure-file-priv= NULL
```

上述操作包括创建文件夹、创建和编辑文件，每个操作指令如下：

```
# 切换当前路径
[root@VM-0-17-centos /]# cd /home/
# 查看文件夹 home 的目录信息
[root@VM-0-17-centos home]# ls
# 创建文件夹 mysql10/conf 并切换路径
[root@VM-0-17-centos home]# mkdir mysql10
[root@VM-0-17-centos home]# cd mysql10/
[root@VM-0-17-centos mysql10]# mkdir conf
[root@VM-0-17-centos mysql10]# cd conf/
# 创建并编辑配置文件 mysql.cnf
[root@VM-0-17-centos conf]# vim mysql.cnf
# 查看配置文件内容
root@VM-0-17-centos conf]# cat mysql.cnf
[mysqld]
pid-file=/var/run/mysqld/mysqld.pid
socket=/var/run/mysqld/mysqld.sock
datadir=/var/lib/mysql
secure-file-priv= NULL
```

最后在云服务器输入 Docker 指令运行 MySQL 服务，指令如下：

```
docker run --name mysql10 -p 3306:3306
-v /home/mysql10/conf:/etc/mysql/conf.d
-v /home/mysql10/data:/var/lib/mysql
-e MYSQL_ROOT_PASSWORD=1234 -d mysql
```

上述 Docker 指令通过 docker run 运行 MySQL 服务，指令各个参数说明如下：

（1）--name mysql10：设置 Docker 容器名称。

（2）-p 3306:3306：将云服务器端口对接 Docker 端口，通过云服务器端口访问对应 Docker 端口的服务。参数 p 后面的第一个端口 3306 是云服务器端口，第二个端口 3306 是 Docker 端口。

（3）-v /home/mysql10/conf:/etc/mysql/conf.d：将 Docker 的 MySQL 配置文件 /etc/mysql/conf.d 挂载到云服务器的文件夹 /home/mysql10/conf。参数 v 后面的第一个路径是云服务器文件夹路径，第二个路径是 MySQL 在 Docker 中的配置文件路径。

（4）-v /home/mysql/data:/var/lib/mysql：将 Docker 的 MySQL 数据 /var/lib/mysql 挂载到云服务器的文件夹 /home/mysql10/data。

（5）-e MYSQL_ROOT_PASSWORD=1234：设置 MySQL 的 root 用户密码。

（6）-d mysql：镜像名称，如果没有规定 MySQL 版本，那么默认安装新版本；如果规定了 MySQL 版本，那么可以加上版本信息，如 -d mysql5.7。

运行上述指令之后，如果从未拉取 MySQL 镜像，Docker 就会自动下载并运行 MySQL 服务，运行结果如图 16-37 所示。

图 16-37　运行结果

由于 MySQL 8.0 以上版本更换了加密方式，使用 Navicat Premium 等远程连接软件可能无法连接，并且 MySQL 没有开启远程访问，因此还需要对 MySQL 进行修改。

我们输入 docker exec -it mysql10 bash 进入 MySQL 所在的 Docker，其中 mysql10 是 Docker 容器名称，如图 16-38 所示。

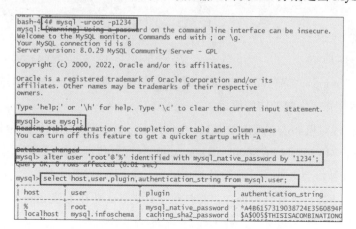

图 16-38　进入容器

进入容器之后，我们依次登录 MySQL、选中数据表 mysql、修改 root 用户的密码加密方式、开启远程访问、查看修改结果，每个操作指令如下：

```
# 登录 MySQL
mysql -uroot -p1234
# 选中数据表 mysql
use mysql;
# 修改 root 用户的密码加密方式和开启远程访问
alter user 'root'@'%' identified with mysql_native_password by '1234';
查看修改结果
select host,user,plugin,authentication_string from mysql.user;
```

上述操作指令运行结果如图 16-39 所示，最后输入两次 exit 分别退出 MySQL 和 Docker。

图 16-39　运行结果

我们使用 Navicat Premium 远程连接云服务器的 MySQL，连接信息如图 16-40 所示。

如需在同一台服务器部署多个 MySQL 服务，那么使用 docker run 运行 MySQL 服务必须将每个 MySQL 对应的云服务器的端口、挂载配置文件和挂载 MySQL 数据文件夹单独分开，也就是说多个 MySQL 服务不能共用云服务器的一个端口、配置文件和 MySQL 数据文件夹。

图 16-40 连接 MySQL

16.4.4 Docker 部署 Vue

我们通过 Docker 基础指令部署了 MySQL 服务，但在实际工作中很少使用 Docker 基础指令部署服务，不妨试想一下，当网站架构变得越来越庞大，所需的 Docker 容器数量也会相应增加，容器数量越多，越不方便管理和维护，因此 Kubernetes、Docker Swarm、Docker Compose 成为当下管理 Docker 的主流技术。

由于本书篇幅有限，我们选择 Docker Compose 部署 Docker 容器，它执行 YML 配置文件定义和运行多个容器。使用 Docker Compose 之前，必须对它进行安装，以前端商城项目为例，分别执行以下安装指令：

```
# 安装 pip 所需的依赖
yum -y install epel-release
# 安装 pip
yum install python3-pip
# 升级 pip 版本
pip3 install --upgrade pip
# 通过 pip 安装 Docker Compose
pip3 install docker-compose
# 查看 Docker Compose 的版本信息
docker-compose version
```

```
[root@VM-0-17-centos /]# docker-compose version
/usr/local/lib/python3.6/site-packages/paramiko/tra
port for it is deprecated in cryptography and will
  from cryptography.hazmat.backends import default_
docker-compose version 1.29.2, build unknown
docker-py version: 5.0.3
CPython version: 3.6.8
OpenSSL version: OpenSSL 1.1.1k  FIPS 25 Mar 2021
[root@VM-0-17-centos /]#
```

Docker Compose 安装成功后，其版本信息如图 16-41 所示。

图 16-41 Docker Compose 的版本信息

使用 Docker Compose 部署 Vue，首先分析 Vue 的运行环境，Vue 主要通过 Nginx、Apache 或 IIS 等服务器运行并提供向外访问服务。

我们将状态管理对象 store 的变量 lookImgUrl 改为 CentOS 服务器的外网 IP 地址 +8000 端口，如 lookImgUrl: 'http://43.138.149.6:8000'，而 vue.config.js 配置代理则无须修改，因为项目打包后，vue.config.js 配置代理将会失效，只能通过 Nginx 为 Vue 配置代理。

对修改后的 Vue 项目进行打包处理，将打包文件夹 dist 放在 E 盘 client 文件夹中，目录结构如图 16-42 所示。

下一步在 client 文件夹创建 nginx.conf 文件，这是用于配置 Nginx 服务器，打开文件并写入配置信息，具体代码如下：

图 16-42 Vue 项目文件

```
worker_processes 1;
events {
    worker_connections 1024;
}

http {
    include mime.types;
    default_type application/octet-stream;
    sendfile on;
    keepalive_timeout 65;
    server {
    # Web 运行端口
    listen 80;
    # 设置域名, localhost 代表本机 IP 地址
    server_name localhost;
    # 设置 Nginx 的编码格式
    charset utf-8;
    # root 代表 Vue 打包后的 dist 文件夹在服务器的文件路径
    # index.html 代表 Vue 程序运行文件
    location / {
            root /home/client/dist;
            index index.html;
        }
    # 设置代理
    location /api/ {
        proxy_pass http://43.138.149.6:8000/api/;
        }
    }
}
```

在上述配置中，配置参数 listen、server_name、charset 和 location 需要根据实际情况进行配置，详细说明如下。

（1）listen：设置 Nginx 对外服务的访问端口。

（2）server_name：设置 Nginx 对外服务的 IP 地址，一般使用服务器外网 IP。

（3）charset：设置 Nginx 的编码格式，防止中文内容出现乱码情况。

（4）location：设置 Vue 程序运行入口，location 后面的 "/" 代表根路由（网站首页）；参数 root 指向 /home/client/dist 路径，即 dist 文件夹在 CentOS 的具体路径；参数 index 执行 dist 的 index.html 文件，这是设置 Vue 程序运行文件。

（5）location /api/：设置 Vue 代理，location 后面的 "/api/" 代表含有 api 的路由都会通过代理访问。当 Vue 打包项目后，vue.config.js 配置代理将会失效，导致前端无法调用后端接口，只能在 Nginx 为前端配置代理。

我们继续在 client 创建 docker-compose.yml 文件，该文件用于定义和运行容器，从而完成 Nginx+Vue 的部署。配置代码如下：

```
version: "3.8"

services:
  nginx:
    # 拉取最新的 Nginx 镜像
    image: nginx:latest
    # 设置端口映射
    ports:
        - "80:80"
    # always 表示容器运行发生错误时一直重启
    restart: always
    # 设置挂载目录
    volumes:
        - /home/client/nginx.conf:/etc/nginx/nginx.conf
        - /home/client/dist/:/home/client/dist/
    # 设置 Docker 编码
    environment:
        - LANG=C.UTF-8
        - LC_ALL=C.UTF-8
```

在上述配置中，每个配置参数说明如下。

（1）version：设置配置文件的版本信息，它与 Docker 引擎版本存在关联，详细信息请查看 Docker 官方文档（https://docs.docker.com/compose/compose-file/compose-versioning/）。

（2）services：用于定义和运行一个或多个容器。

（3）nginx：创建一个名称为 nginx 的容器，容器名称可以自定义，它对应 docker run 指令参数 --name。

（4）image：为容器设置镜像，镜像来自 Docker 镜像仓库，它对应 docker run 指令参数 -d。

（5）ports：设置服务器和容器的端口映射，使容器能提供向外访问服务，它对应 docker run 指令参数 -p。

（6）restart：设置容器的重启策略，它对应 docker run 指令参数 --restart。

（7）volumes：将服务器文件目录挂载到容器中，实现数据持久化，它对应 docker run 指令参数 -volume 或 -v。

（8）environment：将 Docker 的编码改为 C.UTF-8，否则项目部署后，网页的中文内容会出现乱码情况。

从上述配置说明得知，Docker Compose 的容器配置参数与 docker run 指令参数是一一对应的，并且语法格式也是相同的。

最后使用 FileZilla Client 等 FTP 客户端软件连接 CentOS，将整个 client 文件夹复制并粘贴到 CentOS 的 home 目录中，再通过 SecureCRT 等软件远程连接服务器，将当前路径切换到 client 文件夹并执行 docker compose up -d 指令启动容器，详细指令如下：

```
[root@VM-0-17-centos /]# cd home/
[root@VM-0-17-centos home]# cd client/
[root@VM-0-17-centos client]# docker compose up -d
```

当容器成功启动之后，可以通过 docker ps -a 查看容器运行状态或者在浏览器访问服务器外网 IP 地址，查看网页能否访问。

16.4.5　Docker 部署 Django

前端部署只需搭建一个 Nginx 运行 Vue 即可，而后端部署则需要搭建数据库、后端程序运行环境和 Nginx 等。以第 13 章的 Django 项目为例，详细部署方案如下：

（1）部署 MySQL 数据库，包括 MySQL 安装配置、设置 MySQL 的用户加密方式、创建项目数据库。

（2）部署后端程序运行环境，包括安装 Python、安装 Django 和 uWSGI 等相关模块、编写并运行配置文件 uwsgi.ini。

（3）部署 Nginx 服务，编写并运行配置文件 nginx.conf。

整个部署方案分为 3 个步骤，每一个步骤代表创建一个容器，也就是说整个后端一共需要 3 个容器完成部署，并且每个容器之间能相互通信，整个部署架构如图 16-43 所示。

从图 16-43 的部署架构得知，整个项目的数据通信说明如下：

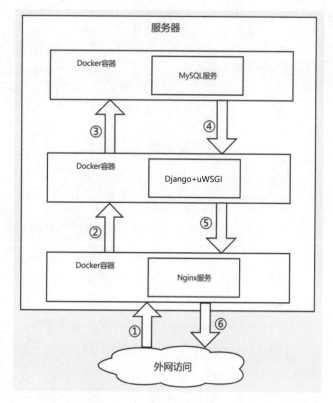

图 16-43　后端部署方案

（1）图中①是用户通过服务器 IP+端口或域名等方式访问服务器，由于服务器端口与容器端口实现映射，因此用户的访问请求最终交由容器 Nginx 处理。

（2）图中②是指容器 Nginx 收到用户请求后，将请求转发给另一个容器 Django+uWSGI 进行处理。Django 收到用户请求之后，首先找到对应的路由和视图函数进行数据处理。

（3）图中③是在 Django 处理数据的过程中，当程序数据与数据库发生交互时，会从另一个容器 MySQL 进行数据读写操作。

（4）图中④是数据库完成数据操作并返回执行结果，Django 收到数据库返回的结果并进行下一步处理。

（5）图中⑤是 Django 将最终处理结果返回给容器 Nginx。

（6）图中⑥是 Nginx 收到 Django 处理结果之后转发并返回给用户。

由于 3 个容器之间存在数据通信关系，因此在部署过程中必须保证 3 个容器在同一个网络中，并且容器之间的通信端口设置符合实际需求，这些都是在部署过程中需要注意的细节，只要某个细节出错都会导致整个部署失败。

我们在 E 盘创建 servers 文件夹，然后在 servers 中分别创建文件夹 django 和 mysql10，创建文件 docker-compose.yml、Dockerfile 和 nginx.conf，目录结构如图 16-44 所示。

图 16-44 servers 目录结构

servers 的每个文件夹和文件说明如下：

（1）django 文件夹用于存放 Django 项目文件、配置文件 uwsgi.ini 和 Python 模块安装文件 requirements.txt。

（2）mysql10 文件夹含有 conf 和 init 文件夹，conf 文件夹中面存放 MySQL 配置文件 mysql.cnf；init 文件夹中面存放 init.sql 文件，它用于设置 MySQL 的用户加密方式。

（3）docker-compose.yml 用于定义和运行容器，实现后端项目的部署。

（4）Dockerfile 用于定义容器镜像，构建 Python 运行环境、安装模块依赖以及通过 uWSGI 运行 Django。

（5）nginx.conf 用于配置 Nginx，通过 Nginx 与 uWSGI 实现数据通信和配置 Django 静态资源文件。

按照后端部署方案，第一步应该搭建 MySQL，项目搭建顺序并没有先后之分，但为了更好地梳理搭建过程以及各个服务之间的通信关系，建议从底层服务开始搭建，然后向外延伸扩展。

首先在 mysql10 创建 conf 文件夹，并在 conf 中创建 mysql.cnf 文件，文件目录如图 16-45 所示。

图 16-45 mysql.cnf 文件目录

打开 mysql.cnf 文件，在该文件中写入 MySQL 的配置信息并保存退出，配置代码如下：

```
[mysqld]
pid-file=/var/run/mysqld/mysqld.pid
socket=/var/run/mysqld/mysqld.sock
datadir=/var/lib/mysql
secure-file-priv= NULL
```

然后在 mysql10 中创建 init 文件夹，并在 init 中创建 init.sql 文件，文件目录如图 16-46 所示。

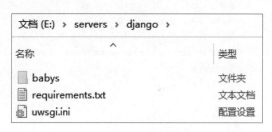

图 16-46　init.sql 文件目录

打开 init.sql 文件，在该文件中写入修改 MySQL 用户密码的加密方式和开启 root 用户远程访问的 SQL 语句，代码如下：

```
alter user 'root'@'%' identified with mysql_native_password by 'QAZwsx1234!';
```

从 MySQL 搭建过程得知，root 用户密码为 QAZwsx1234!，它将用于 Django 的配置文件 settings.py。

下一步搭建 Django 应用程序，将第 2 章的 Django 项目（babys 文件夹）放在 django 文件夹，并创建配置文件 uwsgi.ini 和模块安装文件 requirements.txt，文件目录如图 16-47 所示。

图 16-47　文件目录

打开模块安装文件 requirements.txt，写入并保存 Django 运行所需的模块名称，代码如下：

```
django
django-cors-headers
uwsgi
mysqlclient
pycryptodome
alipay-sdk-python
dajngorestframework
```

然后打开 Django 项目的配置文件 settings.py，将 MySQL 的基本信息写入配置属性 DATABASES，详细配置如下：

```
DATABASES = {
    'default': {
        'ENGINE': 'django.db.backends.mysql',
        # 数据库名称
        'NAME': 'babys',
        # 数据库用户名
```

```
            'USER': 'root',
            # 数据库密码
            'PASSWORD': 'QAZwsx1234!',
            # db 是 MySQL 在 docker-compose.yml 中的命名
            # 此处是 MySQL 与 Django 对接
            'HOST': 'db',
            'PORT': '3306',
        },
    }
```

注意: 现在对项目部署线上运行, Django必须将开发模式改为生产模式, 详细调整过程可以参考16.1节。

最后打开配置文件 uwsgi.ini, 写入并保存 uWSGI 服务器的配置信息, 代码如下:

```
[uwsgi]
# Django-related settings
socket= 0.0.0.0:8080

# 代表 babys 的项目目录
chdir=/home/servers/django/babys

# 代表 babys 的 wsgi.py 文件
module=babys.wsgi

# process-related settings
# master
master=true

# maximum number of worker processes
processes=4

# chmod-socket = 664
# clear environment on exit
vacuum=true
max-requests=5000
```

完成 MySQL 和 Django 的配置之后, 下一步构建和运行容器。在 servers 文件夹分别创建 Dockerfile、nginx.conf 和 docker-compose.yml 文件, 并对每一个文件写入相应的配置信息。

首先打开 Dockerfile 文件, 这是自定义构建 Python 运行环境的容器镜像文件, 配置代码如下:

```
# 建立 Python 3.9.5 环境
FROM python:3.9.5
# 镜像作者
MAINTAINER HYX
# 设置容器内的工作目录
WORKDIR /home
# 将当前目录 django 复制到容器的 /home/servers/django
COPY ./django /home/servers/django
# 在容器内安装 Python 模块
```

```
RUN pip install -r /home/servers/django/requirements.txt
-i https://mirrors.aliyun.com/pypi/simple/
```

从 Dockerfile 配置得知，镜像自定义过程如下：

（1）从镜像仓库拉取 Python 3.9.5 版本，并安装在容器中。

（2）将 Dockerfile 同一目录的 django 文件夹复制到容器的 /home/servers/django。

（3）在容器内使用 pip 指令对模块安装文件 requirements.txt 执行模块安装。

下一步打开 Nginx 的配置文件 nginx.conf，实现 Django 静态资源文件配置和 Nginx 和 uWSGI 的通信设置，详细代码如下：

```
worker_processes 1;

events {
    worker_connections 1024;
}

http {
    include mime.types;
    default_type application/octet-stream;
    sendfile on;
    keepalive_timeout 65;
    server {
        listen 8000;
        server_name 127.0.0.1;
        charset utf-8;
        client_max_body_size 75M;
        # 配置静态资源文件
        location /static {
            expires 30d;
            autoindex on;
            add_header Cache-Control private;
            alias /home/servers/django/babys/static/;
        }
        # 配置 uWSGI 服务器
        location / {
            include uwsgi_params;
            # web 是 Django 在 docker-compose.yml 中的命名
            # 此处是 Django 与 Nginx 对接
            uwsgi_pass web:8080;
            uwsgi_read_timeout 2;
        }
    }
}
```

在上述配置中，配置属性 listen、server_name、alias 和 uwsgi_pass 是要根据情况设置的，每个配置说明如下：

（1）listen 的端口设置为 8000，这与前端的 Ajax 请求地址端口相互对应。

（2）server_name 的 IP 地址设为本地 IP 地址，即 CentOS 的本地 IP 地址，它与前端的 Ajax 请求地址（CentOS 的外网 IP 地址）相互对应。

（3）alias 是 Nginx 容器内部的 Django 静态文件路径，由 CentOS 的文件挂载到容器内，以实现数据持久化。

（4）uwsgi_pass 与 Django+uWSGI 容器实现通信对接，它等同于配置文件 uwsgi.ini 的 socket=0.0.0.0:8080。Django+uWSGI 容器以 web 命名进行使用，而容器命名来自配置文件 docker-compose.yml。

最后编写配置文件 docker-compose.yml，分别将 MySQL、Django+uWSGI 和 Nginx 容器分别命名为 db、web 和 nginx，并通过自定义网络 my_network 将 db、web 和 nginx 容器捆绑在一起，使各个容器之间能够相互通信，详细配置代码如下：

```
version: "3.8"

networks: # 自定义网络（默认桥接）
  my_network:
    driver: bridge

services:
  db:
    # 拉取最新的 MySQL 镜像
    image: mysql:latest
    # 设置端口
    ports:
      - "3306:3306"
    environment:
      # 数据库密码
      - MYSQL_ROOT_PASSWORD=QAZwsx1234!
      # 数据库名称
      - MYSQL_DATABASE=babys
    # 设置挂载目录
    volumes:
      - /home/servers/mysql10/conf:/etc/mysql/conf.d # 挂载配置文件
      - /home/servers/mysql10/data:/var/lib/mysql
      - /home/servers/mysql10/init:/docker-entrypoint-initdb.d/
    # 容器运行发生错误时一直重启
    restart: always
    # 设置网络
    networks:
      - my_network

  web:
    # 通过同目录下的 Dockerfile 构建镜像
    build: ./
    # 容器启动后执行 uWSGI 启动 Django
    command: uwsgi --ini /home/servers/django/uwsgi.ini
    # 设置端口
```

```
        ports:
            - "8080:8080"
        volumes:
            - /home/servers/django:/home/servers/django
        # 容器运行发生错误时一直重启
        restart: always
        # 设置网络
        networks:
            - my_network
        depends_on:
            - db

    nginx:
        # 拉取最新的 Nginx 镜像
        image: nginx:latest
        # 设置端口
        ports:
            - "8000:8000"
        # always 表示容器运行发生错误时一直重启
        restart: always
        # 设置挂载目录
        volumes:
            - /home/servers/nginx.conf:/etc/nginx/nginx.conf
            - /home/servers/django/babys/static/:/home/servers/django/babys/
static/
        # 设置网络
        networks:
            - my_network
        # 设置容器启动的先后顺序
        depends_on:
            - db
            - web
```

在上述配置中，自定义网络 my_network 以桥接方式搭建，并且分别创建和运行容器 db、web 和 nginx，每个容器说明如下：

（1）db 容器用于创建 MySQL，从镜像仓库拉取最新的 MySQL 版本安装在容器内，并且分别设置端口映射、root 用户密码和创建数据库 babys；然后将 CentOS 的 mysql10 文件夹挂载到容器中；最后将容器设置在自定义网络 my_network 中。

（2）web 容器用于创建 Django+uWSGI 应用程序，通过配置属性 build 将自定义镜像安装在容器内，属性值等于“./”代表在 docker-compose.yml 同一目录下寻找 Dockerfile 文件；然后分别设置端口映射，挂载 CentOS 的 /home/servers/django 到容器中，设置自定义网络 my_network；最后使用 uwsgi 指令启动 Django，配置属性 command 若要执行多条指令，则每条指令之间使用“&&”隔开即可。

（3）nginx 容器用于创建 Nginx，从镜像仓库拉取最新的 Nginx 版本安装在容器内，并且分别设置端口映射，将 CentOS 的 Django 静态文件夹 static 挂载到容器内，由配置文件 nginx.

conf 在容器内配置 Django 静态资源文件；最后将容器设置在自定义网络 my_network 中，并通过配置属性 depends_on 先后排序并依次启动 db、web 和 nginx 容器。

使用 FileZilla Client 软件连接 CentOS，将整个 servers 文件夹复制并粘贴到 CentOS 的 home 目录中，再通过 SecureCRT 等软件远程连接服务器，将当前路径切换到 servers 文件夹并执行 docker compose up -d 指令启动容器，详细指令如下：

```
[root@VM-0-17-centos /]# cd /home/servers/
[root@VM-0-17-centos servers]# ls
django  docker-compose.yml  Dockerfile  mysql10  nginx.conf
[root@VM-0-17-centos servers]# docker compose up -d
```

当容器启动成功后，输入 docker ps -a 指令查看容器的运行状态，如果容器能正常运行，打开浏览器访问 Django 后台管理，如图 16-48 所示。

当使用 Navicat Premium 远程连接 MySQL 时，如果打开数据库 babys 没有发现数据表，就表示 Django 还没有执行数据迁移，可以通过 docker exec -it 容器名 / 容器 ID /bin/ bash 指令进入 web 容器，分别执行数据迁移和创建超级管理员账号，操作过程如下：

图 16-48 Django 后台管理

```
# 进入 web 容器
[root@VM-0-17-centos servers]# docker exec -it xxx /bin/bash
# 在 web 容器切换 Django 所在的项目路径
root@xxx:/home# cd servers/django/babys/
# 执行数据迁移
root@xxx:/home/servers/django/babys# python manage.py migrate
# 创建超级管理员账号
root@xxx:/home/servers/django/babys# python manage.py createsuperuser
# 退出 web 容器
root@xxx:/home/servers/django/babys# exit
```

数据迁移后，将开发阶段的数据库文件导入线上数据库，在浏览器访问商城首页，如果网页能正常访问，则说明项目部署成功，反之则说明在某个环节中出现异常，可以使用指令 "docker logs -f --tail=30 容器 ID" 查看各个容器的运行情况，从报错信息制定相应的解决方案。

综上所述，整个项目部署方案的总结说明如下：

（1）前后端独立部署，如果容器之间没有设置在同一个网络，那么前端的 Ajax 请求以外网访问方式与后端通信。

（2）后端部署涉及多个应用服务，如数据库、Web 应用程序、Nginx 等服务，多个服务可以部署在同一个容器或独步部署，部署方案应根据实际需求灵活制定。

（3）如果后端部署涉及多个容器，那么每个容器之间最好部署在同一个网络内，尽量不要以外网访问方式实现通信，因为外网访问不仅不稳定，而且访问速度慢，容易被攻击入侵等。

（4）根据后端功能架构制定每个功能之间的通信策略，特别在分布式系统中，如果系统设有多个数据库和多个 Web 应用程序，那么两者之间的访问策略必须清晰明确，否则系统一旦宕机，就很难找出问题所在。

16.5　本章小结

在 Windows 的 IIS 服务器中部署项目的操作步骤如下：

（1）从计算机的"控制面板"找到"程序和功能"，由"程序和功能"界面进入"启用或关闭 Windows 功能"，勾选 Internet Information Services 的部分功能选项并单击"确定"按钮即可安装和开启 IIS 服务器。

（2）使用 pip 指令安装 wfastcgi 模块，然后右击 IIS 服务器界面左侧的"网站"，选中并单击"添加网站"，在"添加网站"界面输入网站信息即可创建项目站点。

（3）在项目站点的"处理程序映射"界面，右击并选择"添加模块映射..."。在"添加模块映射"界面分别输入请求路径、模块、可执行文件、名称等相关信息，并单击"请求限制(R)..."按钮，取消勾选"仅当请求映射至以下内容时才调用处理程序"复选框。

（4）在 IIS 服务器的主页可以看到新增的"FastCGI 设置"，进入"FastCGI 设置"界面，找到路径信息为 D:\Python\python.exe，然后对该路径分别添加 3 个环境变量即可完成网站部署。

（5）在项目站点添加虚拟目录，在虚拟目录实现网站的静态资源部署，只需在"添加虚拟目录"界面中输入别名和静态资源的物理路径即可。

在 Linux 下部署项目的操作步骤如下：

（1）在虚拟机中安装 Linux 系统需要设置虚拟机和本地系统之间的网络通信、安装 Linux 辅助工具以及本地系统与虚拟系统的文件传输。这部分知识属于 Linux 的基本知识，如果读者在实施过程中遇到其他问题，那么可以自行在网上搜索相关解决方案。

（2）安装 Python 3 之前必须安装 Linux 的 wget 工具、GCC 编译器环境以及 Python 3 使用的依赖组件，否则会导致安装失败。

（3）uWSGI 服务器是由 Python 编写的服务器，由 uWSGI 模块实现。uWSGI 服务器的启动是由配置文件 babys_uwsgi.ini 执行的，其作用是将 uWSGI 服务器与 Django 应用进行绑定。

（4）Nginx 服务器负责接收浏览器的请求并将请求传递给 uWSGI 服务器。Nginx 的配置文件 babys.conf 用于实现 Nginx 服务器和 uWSGI 服务器的通信连接。

在 Docker 部署项目的操作步骤如下：

（1）安装 Docker 和 Docker Compose。

（2）前端部署划分为 3 个步骤，每个步骤的操作说明如下：

① 修改 Vue 访问后端的 IP 地址，如状态管理对象 store 的变量 lookImgUrl 改为 CentOS 服务器的外网 IP 地址 +8000 端口，再对项目进行打包处理。

② 编写 Nginx 配置文件，必须为 Vue 配置代理，例如在 location /api/ 中配置属性 proxy_pass，当前端访问含有 api 的路由时都会通过 proxy_pass 配置代理进行访问。

③ 编写 docker-compose.yml 文件实现 Nginx 部署，文件必须设置 environment，将 Docker 的编码改为 C.UTF-8，否则项目部署后，网页的中文内容会出现乱码情况。

（3）后端部署划分为 4 个步骤，每个步骤的操作说明如下：

① 将 Django 从开发模式改为上线模式，并使用 collectstatic 指令创建后台管理和 DRF 的静态资源文件。

② 编写 MySQL 的配置文件 mysql.cnf 和初始化文件 init.sql。

③ 编写 Django 模块依赖文件 requirements.txt 和 Dockerfile，由 Dockerfile 执行 requirements.txt 安装过程，最后编写 uWSGI 配置文件 uwsgi.ini。

④ 编写 Nginx 的配置文件 nginx.conf 和 docker-compose.yml 文件，由 docker-compose.yml 根据配置文件依次安装部署 MySQL、Django+uWSGI、Nginx。

16.6 动手练习

（1）在 Windows 系统内置 IIS 服务器部署前后端分离的商城项目，要求 Django 和 Vue 在同一个 IIS 服务器部署两个独立运行的服务。

（2）在 Linux 系统使用 Nginx 服务器部署前后端分离的商城项目，要求 Django 和 Vue 在同一个 Nginx 服务器部署两个独立运行的服务。

（3）在 Docker 部署前后端不分离的商城项目，要求 Django 和 MySQL 部署两个独立运行的服务。